SHENBU HANGDAO

WEIYAN SONGDONG POSUI SHIWEN JI KONGZHI JISHU YANJIU

深部巷道围岩松动破碎失稳及控制技术研究

吴德义
杨 翎
陈志文
李金斗 等著

化学工业出版社
·北京·

内容简介

本书结合典型巷道工程实际，采用理论分析、数值模拟、实验室实验以及现场实测的方法分析深部巷道围岩典型部位松动破碎的时空分布特征及其影响因素，分析了围岩表面碎胀程度、围岩松动圈厚度以及围岩表面变形与围岩稳定性的关联性，提出了围岩稳定性的工程判据及分类方法，确定了围岩易于失稳的关键部位，在此基础上提出了通过增加支护强度、改变围岩岩性以及重新分配围岩应力分布以保持深部巷道围岩整体稳定性的综合治理方法。本书的研究成果应用于工程实际，提高了巷道的掘进速度与工效，保证了深部煤炭的安全高效开采，取得了较好效果。

本书可为从事地下工程方面工作和研究的技术人员、科研人员、教师及学生提供参考。

图书在版编目（CIP）数据

深部巷道围岩松动破碎失稳及控制技术研究 / 吴德义等著. -- 北京 : 化学工业出版社, 2024. 12.

ISBN 978-7-122-46958-8

Ⅰ. TD263

中国国家版本馆 CIP 数据核字第 2024J0J192 号

责任编辑：毕小山
文字编辑：邹　宁
责任校对：宋　玮
装帧设计：刘丽华

出版发行：化学工业出版社
（北京市东城区青年湖南街 13 号　邮政编码 100011）
印　　装：涿州市般润文化传播有限公司
787mm × 1092mm　1/16　印张 15　字数 338 千字
2025 年 4 月北京第 1 版第 1 次印刷

购书咨询：010-64518888
售后服务：010-64518899
网　　址：http://www.cip.com.cn
凡购买本书，如有缺损质量问题，本社销售中心负责调换。

定　　价：98.00 元

前言

中国各大矿区煤炭开采进入深部后，深部巷道围岩地质条件复杂多变，围岩难以保持稳定。用围岩的松动圈厚度、表面位移梯度以及表面位移等来反映围岩松动破碎特征的指标分布及其影响因素，依据围岩松动破碎的时空分布来合理选择围岩稳定性的判别方法及对围岩的失稳进行分类、确定围岩易于失稳的关键部位、提出保持围岩整体稳定性的综合治理方案，对于提高深部巷道的掘进速度和工效、保持深部煤炭的安全高效开采至关重要。为此，笔者申报了国家自然科学基金项目“深部煤岩稳定性量化判别研究”（编号：51374009）以及“深部煤巷帮部预应力锚索压缩拱合理承载机制及计算理论研究”（编号：51674005）并获批，与各大矿区合作开展了相关的产学研合作研究，取得了一定成果。这些成果应用于工程实际，取得了较好的效果。

本书由安徽建筑大学吴德义教授、安徽江南爆破工程有限公司杨翎高级工程师、中煤第三建设（集团）有限责任公司陈志文高级工程师、中煤第三建设（集团）有限责任公司李金斗高级工程师、中煤第三建设（集团）有限责任公司三十六工程处张佳伟工程师根据多年研究成果撰写而成。本书由吴德义教授负责全书统稿，杨翎高级工程师负责第 1 章、第 2 章、第 6 章、第 7 章及参考文献的撰写，陈志文高级工程师、李金斗高级工程师负责第 3 章、第 4 章的撰写，张佳伟工程师负责第 5 章的撰写。

感谢安徽建筑大学以及有关企业给予的关心和帮助！感谢安徽建筑大学建筑健康监测与灾害预防国家地方联合工程实验室提供的实验场地！感谢国家自然科学基金项目（编号：51374009、51674005）等提供的资助！

作者在本书撰写过程中参考了有关文献，在此向文献作者表示衷心的感谢！

由于作者水平有限，书中难免存在不足之处，恳请广大读者批评指正。

著者

2024 年 10 月

（扫二维码可见彩图）

目录

第1章 绪论

1.1 研究背景

2022年全年我国能源消费总量51.4亿吨标准煤，比上年增长2.9%。煤炭消费量增长4.3%，煤炭消费量占能源消费总量的56.2%，比2021年上升0.3个百分点。煤炭作为我国资源最丰富、供给最有保障的能源品种，截至目前，依旧是中国主要能源的来源之一。预计到2030年，中国将平均每年使用55.7亿吨煤炭，达到能源消费峰值。我国煤炭资源总量为5.9万亿吨，深层煤炭资源约3.127万亿吨。随着国家综合实力的迅速发展，能源不断消耗，中东部地区的煤矿浅部资源已消耗殆尽，为了增加煤炭产量以满足经济发展的需要，煤矿开采逐年向深部发展。随着煤矿资源开采规模的增加，我国煤炭开采深度以每年8～12m的速度加深，煤炭开采深度大部分超过600m。根据研究，1000m以下的深层煤占中国煤炭总储量的49%。华东部分矿区开采深度已达到1500m以上。随着开采深度的不断增加，巷道掘进过程中出现的冒顶、底鼓、片帮等灾变普遍存在，严重影响深部煤炭的安全高效开采。深层岩石分布错综复杂，围岩在开挖释放能量的过程中，会产生一定范围的松动破碎，巷道埋置越深，岩性越差、岩石储存的弹性能越多，松动圈范围及破碎程度就越大，当围岩被开挖后，由原先稳定的三向受压平衡状态转向二向受压状态，随着能量的释放，松动破碎向深部延伸，如果治理措施选择不当，松动破碎可能难以达到稳定，巷道围岩坍塌。分析不同条件下深部巷道围岩松动破碎程度以及破碎范围的分布特征，依此对围岩稳定性进行判别，在此基础上选择合理的支护形式及参数，同时采用相应的综合治理措施尤为必要。

为了保持深部巷道围岩的稳定，国内外众多学者通过大量理论与试验研究，提出巷道所处的应力环境、围岩岩体性质与支护方式是影响巷道稳定性的主要因素，因此现场往往是仅从改善围岩岩体特性或提高支护强度这两点出发去实现深部巷道稳定性控制，但是这种情况下往往要对巷道进行多次维护与返修，使得维护费用大量增加，支护成本显著提高，严重影响了经济效益和生产效率。巷道开挖后表面应力集中程度较大，降低应力集中的程度是实现控制巷道稳定的关键，即通过人为方法去改变围岩应力的分布情况，使得巷道周围的围岩处于低应力状态，从而提高巷道围岩的稳定性。现场工程经验表明，对于一些围岩稳定性较差的深部高应力巷道，通过先降低巷道围岩高应力水平再进行巷道支护的方法，能提高巷道围岩的稳定性，延长巷道稳定服务的期限，这相比仅提高支护强度或改善围岩岩性能够更好地取得稳定围岩的效果。因此，国内外开展了有关巷道卸压技术的研究，同时对合理支护参数的选取进行了分析，应用于工程实际，积累了一定的实践经验。

本文通过数值模拟结合工程实测，分析深部巷道围岩松动圈厚度及碎胀程度以及二者随时间的变化，分析原岩应力、围岩岩性等条件对围岩松动圈厚度的影响，依据松动圈厚度对深部软弱围岩稳定性评价的适用性，提出深部软弱围岩稳定性分类的方法，针对典型巷道，确定该巷道围岩稳定性分类，提出合理的支护形式与参数；通过数值模拟分析不同岩性深部巷道钻孔卸压参数对巷道围岩变形及其稳定性控制的影响，结合典型巷道在高地应力环境下围岩持续较大变形的特征，选取了合理的巷道钻孔卸压及支护参数，为不同条件深部巷道合理支护及卸压钻孔参数的合理选择提供了依据，有效地保证了深部煤炭的安全高效开采。

1.2 研究现状

1.2.1 深部巷道围岩松动破碎特征

20 世纪初，王爱辉在莫尔-库仑准则的基础上探讨了巷道围岩的变形和破坏机制，强调了轴对称各向同性平面的应力问题，并对围岩的形变压力进行了分析。Mo 与 Kastner 合作，基于弹塑性模型推导出了广泛应用的 Kastner 方程，用于计算巷道围岩变形时的应力和位移。同时沈明荣应用 Caquot 公式基于莫尔-库仑准则评估巷道周围破碎岩体的松动压力。范文、俞茂宏、陈立伟等学者基于相同的强度理论，采用三线性应力应变模型和弹塑性软化模型，推导出计算巷道表面位移、围岩应力和塑性区半径的公式。候朝炯等学者运用松散介质平衡理论和平衡微分方程，研究了煤巷两侧应力的分布，并推导了帮部极限应力平衡区的宽度。他们在徐州矿务局进行了实际应用，并验证出计算结果与实测值非常接近。郑桂荣、杨万斌则基于弹塑性力学理论，分析了煤巷帮部煤柱的应力状态，提出了与实测结果吻合较好的断裂区域帮部煤炭厚度公式。闫春岭提出了改进的 Kastner 公式，通过引入加权系数使其计算结果更接近实际值，采用等代圆计算半径方程的方法，将不同形状的巷道断面简化成圆形巷道。陈建功等学者基于弹性力学理论，计算了巷道围岩的应力和断裂区域半径，并通过破碎区半径和破碎区围岩的应力计算了塑性区的应力。研究表明，在挖掘和卸荷过程中，道路周围的岩石首先会破坏，巷道围岩产生张拉裂隙，随后在原岩应力作用下产生拉剪复合破坏，导致围岩破碎。王成利用 Bingham 流变模型，模拟了巷道围岩在局部弹性区和塑性区的流变行为，并得出了围岩发生流变时的半径大小。他们将围岩的流变过程分为加速期、缓增期和稳定期三个阶段。万志军基于巷道围岩的应变能，采用弹塑黏性元件组合模型构建了围岩的非线性流变力学模型，并据此计算了巷道围岩松动圈的半径。这些研究为理解围岩的变形和破坏过程提供了重要依据，并有助于评估巷道围岩的稳定性。

对巷道围岩进行分类的理论方法可基于破坏变形和稳定性分析。郭广军通过岩体结构研究、室内岩石力学实验和综合岩体分类评价方法，对巷道围岩的稳定性进行了分类分析。齐彪采用了探地雷达探测和岩石样品的物理力学实验的方法进行围岩的分类，该方法被广泛用于金属矿山巷道围岩的锚喷支护分类和围岩松动区的分类。该方法还对围岩的稳定性进行了分类，分析了不同类别围岩的变形特征。杨仁树采用层次分析法和模糊综合聚类分析法，将影响煤巷围岩稳定性的因素分为顶底板巷道强度、巷道帮部、开采工艺因素等 8 个。袁颖利用网络搜索法优化了支持向量机，以顶板岩性、隧道尺寸、土壤荷载、巷道倾角和水的影响为模型指标，研究了巷道围岩稳定性的分类预测模型。

王恩元提出在深部巷道围岩施工中，围岩及支护的空间变形和受力情况与时间密切相关。研究表明通过 Burger 本构模型来模拟蠕变曲线最为合适，在支护作用下，深部巷道围岩于三个月后进入蠕变阶段，由于蠕变作用是长时间进行的，深部围岩的最大变形量已经超过了拱顶的变形，与实际工程吻合，深部围岩的蠕变特性能为深部巷道围岩稳定性的判别提供了一定的理论依据。

王恩志认为深部巷道围岩在受到高地应力作用时，当变形超过其弹性极限后，深部围岩结构会尽力自组织形成新的耗散结构。深部巷道围岩的变形破坏特征符合渐进相变现象，通过渐进相变理论模型解析得出来的解符合实际工程测量数据，从而证明了深部巷道围岩相变理论具有一定的理论参考价值。

王明洋从物理学观点出发，从能量和变形的角度考虑深部巷道围岩的变形破坏特征，通过有限差法建立起波速和塑性应变的关系，从理论上反演出了深部围岩的变形和应力状态，通过与试验现场数据的对比确认了理论模型的准确性。

杨科教授在理论证实深部围岩基于切向的应力梯度随埋深升高的基础上，提出了一种改进的岩石梯度应力产生方法，表明在试件端部的厚度方向上可以产生线性梯度应力。在梯度应力下试件端部的较低应力范围产生与加载方向对应的张拉应力。并且试件板裂化破坏所产生的裂纹呈现张拉状态，证明了梯度应力是深部围岩不可或缺的因素。

陈绍杰针对深部巷道开采，分析围岩弹塑性应力场和围岩塑性区随弹性常数和残余强度系数之比的变化。研究表明，当内压较小时，三个方向的主应力均为压应力，围岩的应力场分布不受双模量的影响；当内压高时，切向应力符号发生变化，拉压双模量对切向拉应力弹性区和切向拉应变弹性区的边界有显著影响。强度下降和双模量特性对围岩的应力分布有耦合作用。薛俊华研究了四种不同工况下深部巷道围岩的破碎机理，结果表明环状裂缝发生在拱顶、侧壁和底板都具有张拉应力；在高轴向压力下，巷道周围发生剪切破坏和拉伸破坏，但两个破坏区的形成并不同步，拉伸破坏的速度远快于剪切断裂，从而使得深部巷道围岩产生了环状裂隙区。

直墙圆拱巷道分区断裂的特点是两帮呈层状断裂，拱顶和底部呈现滑移型断裂。戚伟通过分析深部隧道开挖过程中围岩应力的演化规律，发现随着距离的增加，顶板压力拱的内外限明显大于两帮，且波动更大；开采深度对半圆拱的空间形状没有显著影响，而稳定性水平对半圆拱的形状和系数有显著影响。

马时强通过分析不同巷道围岩周围位置的位移变化曲线，确定了巷道周围位移与巷道围岩位移之间的关系。研究表明，对于相同类型的大变形，巷道周围的位移与周围深层岩石的位移的关系是一致的。对于不同类型的大变形，两者之间的关系存在差异。在通过数值模拟分析确定大变形类型的基础上，使用巷道周围位移与周围深岩位移之间的关系曲线确定了周围深岩的松动圈和塑性区域。

分区破坏是深部巷道围岩的特殊的破坏形式。姜育科对分区破裂形成的条件、破裂后的形态特征及与之相关影响因素进行研究，研究表明当深部围岩受到的初始地应力大于围岩抗压强度的1.1倍时，深部围岩将出现分区破坏。苏永华研究表明，FLAC3D塑性区图中存在明显的不规则裂缝现象，且随着地层温度和线膨胀系数的升高，围岩深部不规则裂缝加剧。

窦林名教授对锚固巷道围岩及锚杆动力响应规律进行研究。研究结果表明，应力波的作用是影响波浪侧围岩变形的主导因素，主次荷载结构的不同动力反应是影响迎波侧围岩变形的主要因素。对锚固区深部巷道围岩和锚杆的动力反应规律的研究表明，应力波的作用是导致巷道围岩变形的主要因素，而主次支护结构的各种动态反应是重要因素，二者导致了侧向深部巷道围岩的变形。谢和平提出了亚临界深度、临界深度、超临界深度等的概念和定义，研究表明，随着开采深度的增加，原始岩石应力往往处于静水应力状态，深部开采中极高的地面张力和三轴等压应力状态将导致深部巷道岩石发生大规模塑性破坏。

来兴平采用多点位移计对巷道围岩进行实时监测，以此来分析顶板岩层的破坏规律，同时提出采用多点位移计基点位移差的持续增加作为顶板围岩失稳的前兆。袁亮系统研究了当最大初始开洞荷载和硐室轴线平行时，深部巷道围岩直墙半圆拱拱顶的破坏机理。实验表明，当最大主应力平行于硐室轴线时，硐室内产生膨胀变形，在应力的持续作用下，膨胀变形会一直反复出现。王明洋为了研究深部围岩峰后剪切变形的局部化现象，提出了非连续性模型，该模型解决材料应力应变不对称、不均匀的问题，为研究深部围岩巷道提供了一定的理论依据。

肖福坤针对深部巷道围岩进行稳定性分析，认为控制围岩性质、开采深度和支撑压力可以更有效地确保深部围岩巷道的稳定性。谢广祥针对深部巷道围岩进行了结合数值模拟的稳定性分析，认为深部巷道围岩的变形会随着时间的增长呈现三个阶段，并提出在变形初期就应该加滞后注浆的措施来加固深部巷道围岩。陈坤福研究了深部高应力巷道破裂岩体的应力大小和分布位置在开采中的变化，结果表明深部巷道围岩开挖过程中应力大小是一个非线性变化过程，其中主应力是裂缝扩展的主要原因。

在深部开采中，弓培林研究了不同底板岩性对巷道底鼓的影响机理。他的研究结果显示，在泥岩底板条件下，破坏层位向巷道右侧的煤岩体更深处转移；而细砂岩和砂质泥岩底板具有良好的载荷功能，破坏层位分布在巷道左侧以及支护体围岩表层。韩孟博通过研究不同顶板岩性条件下的巷道支护参数，采用数值模拟方法来设计适用于不同顶板岩性的巷道支护参数。得到了不同顶板下岩层的塑性区分布和巷道岩性周围的应力分布。杨付领通过布点监测实际工程状态，研究深层软岩巷道中不同岩性段的两个帮和顶底层的最大位移度，并分析其主要影响因素。

刘杭杭的研究结果表明，随着深部巷道开挖深度的增加，不同岩性的围岩表面位移也随之增加。特别是在围岩岩性较差的深部巷道中，围岩表面位移随着原岩应力的增长变化更快。张波利用数值模拟方法分析了大断面巷道围岩的变形和应力分布规律。研究结果表明，随着开挖深度的增加，巷道的垂直位移也会随之增加。当软岩出现在深部巷道底板中时，巷道周围岩石破坏的深度和面积逐渐增加。

韩立军对巷道流变的数值模拟进行研究，分析得出了巷道开挖深度、侧压力系数和弹性模量对巷道流变性的影响规律。吴德义通过推导理论公式，分析围岩表面变形随时间变化的规律，建立了典型的围岩表面变形蠕变模型，并通过工程技术测量进行了验证，分析了其规律性，提出了利用变形速度衰减系数作为早期判别围岩稳定性参数的建议。

地层巷道顶板加固要求的稳定性和相关设计与直接顶板岩性的工程特征和地应力再分布的影响直接相关。Coggan John 进行的数值模拟用于模拟广泛观察到的高地应力和弱直接顶板岩性对深部巷道顶板稳定性的负面影响。Coggan John 采用数值模拟技术对煤层的变形行为进行建模，研究结果表明，巷道顶部相对较弱的泥岩厚度对破坏程度以及最终需要的额外加固有重大影响。Wang Xinfeng 分析了深部软岩巷道失稳变形破坏的模式，深部软岩巷道围岩具有位移变形明显、应力集中程度高、围岩内部塑性转化加剧等多种破坏模式。围岩中垂直应力集中在直接顶和底部，水平应力集中在巷道帮部和底部；塑性变形和破坏首先出现在巷道帮部，然后扩展到其他部位。

Xu Qiang 对不同方法得到的巷道变形模量之间关系的对比研究表明，随着巷道围岩深度的增加，围岩变形模量逐渐增大。Y Wang 基于 Hooke-Brown 强度标准，对圆形硐室外的岩石破碎进行分析，可以获得围岩的弹塑性区域范围，并将不同的结果与计算公式相结合，获得可以应用于实际技术的破碎区域半径。

Kwasniewski 和 Paterson 等学者的研究表明，应力环境是影响岩体弹塑性变形的重要因素，当极限压力较低时，岩体的破碎特性具有脆性，基本不存在塑性变形；当边界压力高时，岩体的破碎特性逐渐从脆性破坏变为塑性破坏。学者基于岩体的时间效应与材料的软化特性对岩体的位移场进行了分析。

郑颖人根据岩石的普式分类提出了压力拱理论，假设岩石中薄弱结构面的存在会导致岩石分裂成许多分散的结构，导致整个岩层的破坏，因此，整个硐室将是一个没有凝聚力的块体，如果岩石的抗拉强度不足以承受这种拉应力，则会产生应力重分布，则上部岩石将受损并坍塌，然而，坍塌后到一定程度，会形成一个自然的拱形。这种片材具有一定的稳定性，但只能承受压力。

W J Gale 提出最大水平应力理论是基于泊松效应，锚固引起的垂直应力增加会影响围岩在水平方向上的变形和相对滑动，最终导致顶板因额外的水平荷载而变形和失稳，通过实际观测和数值模拟发现，水平荷载会影响巷道顶板的稳定性。康红普研究通过切缝、钻孔、爆破及掘卸压巷等方法，改变巷道围岩的应力状态，从而控制围岩变形。杨军建议将顶板、两帮、底角和底板的四个部分整合在一起，并作为一个连接的整体综合控制每个部分的变形情况。张站群针对深部巷道围岩工程长期处于的三高一扰动的状态，对深部巷道围岩进行了微观表征分析，通过不同的三轴蠕变试验和软件模拟提出了对深部巷道围岩变形较大的部位所采取的加强支护措施。

王卫军通过软件模拟和理论分析得出结论，在深部巷道围岩中，锚杆锚固段处在弹性区时，锚杆对深部巷道围岩塑性区才有较好的控制；深部巷道围岩的塑性区越大，巷道断面变形也就越大；在深部巷道围岩中若只用锚杆对巷道进行支护，效果不会很显著，应当辅以锚索在弹性区内与锚杆进行耦合支护。任明洋考虑到材料特性和接触强度的非线性特征，提出了深部巷道支护系统协同承载效应的力学模型，并研究了岩石深沟的非线性强度模型；针对深部巷道支护问题缺乏封闭解析解的问题，提出了增量支护荷载法的半数值半分析迭代计算方法，该研究揭示了地下隧道开挖支护系统的协同作用机理。李冬红对矿井深部水平裂隙围岩巷道的赋存条件、支护方法及变形特征进行了综合分析，并进行了扩容修复、锚注加固作业，研究结果表明巷道变形并没有明显变化，锚杆注浆加固在工程实例中取得了成功。赵博研究了高地应力区深部巷道围岩掘进中出现的变形特征，研究表明，顶板的分离主要在锚固区内，锚固区外的分离相对较小。锚索支护有效地控制了顶板与巷道的分离。刘泉声研究了煤矿深井岩巷破碎软弱围岩的支护方法，采用联合支撑方法带来了更好的支撑效果。深部岩石巷道的支护受高应力荷载和岩体力学性能等因素的影响，应根据巷道围岩的地质条件采取适当的支护措施，使不同的支护方法在时间和空间上有效结合，从而充分开发和提高巷道的承载能力。苏永华对数值模拟研究了锚杆支护对峰后岩石的支护效果，数值研究分析表明，采用锚杆支护，岩层破裂现象明显减少；承载条件下的巷道围岩的应力场、位移和断裂区的范围与非承载条件下观察到的范围显著不同。将锚杆的长度增加到一定的区域，可以将应力点从围岩转移到硐室，减小断裂带的半径，减少拱顶和拱脚的沉降；当支撑长度超过临界长度时，断裂带在垂直和水平方向上的半径和沉降趋于稳定，并且在两个方向上的半径和沉降接近。

Shilei 从深部巷道软岩底板的力学机理出发，建立力学模型；通过增加底板锚固层厚度，使之可以有效控制底板变形，保证深部巷道围岩的稳定性，并提出了一种反拱结构，优化后的巷道支护方案使变形可以控制得更好。Wangkai 基于现场地质条件和岩性分析对断层破碎带巷道的破坏机理进行研究，试验结果表明构造应力高、岩石破碎、岩性差是巷道失稳的主要原因，并且提出了超前注浆、注浆锚杆、注浆锚索等新型联合支护技术。张国云结合岩石力学的理论知识和隧道工程的经验，提出了一种“新奥法”理论，用于用喷射混凝土组合支撑锚杆，以协调巷道的稳定变形，实现开挖后应力重新分布的新平衡状态。该理论认为，优先重要的是初期支护，巷道开挖后应该立刻支护。Li C 等通过考察锚杆支撑结构与锚固构件之间的协调变形关系，推导出锚杆的轴向力、预紧力和剪应力之间的关系，通过研究锚杆支撑结构与锚固构件的变形关系，得出锚杆轴向力与剪切力以及剪切应力之间的关系。从力学耦合理论的角度来分析螺栓变形分析过程中应力的分布规律，这对于更好地控制巷道对围岩的影响非常重要。王珏通过测试不同岩层的物理力学性质，制订评估其围岩破碎程度的标准，为研究深部采矿巷道的支护形式和支护参数奠定了基础和科学依据。文志杰和王炯采用不同形式反底拱与锚杆支护或注浆加固等联合控制底鼓，取得了较好的控制效果。高晓君等人根据深煤巷道围岩的裂缝破坏特性，进行了现场试验，制订了提高深部巷道围岩支撑强度和刚度的方案，以控制裂缝和破坏水平，并采用顶部索提供交错支撑。通过结合悬吊理论和组合拱理论，控制了顶板的下沉量，提高了巷道的整体稳定性。余伟健提出了一种综合控制技术，以预应力高刚度桁架为核心，解决了深部巷道围岩厚组合顶板整体下沉的问题。现场试验结果表明，采用预应力高刚度锚索锚固基础技术支护的巷道明显优于传统支护方法。这些方案和技术的应用为提高深部巷道的稳定性和安全性提供了有效途径。

深部巷道围岩的底板产生底鼓现象一直是研究的重点，影响底鼓的因素较多。Mo 通过分析煤矿巷道底鼓特征，提出埋深大、水平应力高、围岩软弱是巷道底鼓的主要原因。Perry 认为爆破卸压可有效减小底鼓程度。侯朝炯根据深部巷道围岩底板“两点三区”的变形特性，建议通过加强底板和两帮来控制底板变形。何满潮提出通过控制顶板、两帮及底角的应力状态来实现控制底板出现底鼓。深井大断面沿空留巷底鼓动态演化特征及相应控制技术是华心祝的研究重点。针对深部高应力软岩巷道，杨仁树提出了采用槽钢梁式桁架锚索来增强底板支护强度，以控制底鼓变形。而在综放工作面回采巷道底鼓机理方面，Lai X P 提出了采用锚注支护的方法。江成玉针对深部巷道底板变形的特征和失效机理，建议采用锚杆/索＋钢筋网＋注浆＋U 形钢棚的联合支护方案。孙晓明建立了新的力学强度参数，研究了深部巷道软岩在不同应力条件下的底鼓变形机理。王志强等人提出了通过降低错层位负煤柱上作用的两帮垂直应力来控制底板变形的技术。翟新献、张军华、程志超等研究了卸压槽开挖对底鼓的控制和改善围岩应力环境的影响。孙利辉、沐兴旺采用底板锚索或锚索束来控制深部软岩巷道的底鼓，并取得了良好的控制效果。柏建彪分析了采动巷道底鼓的机理，提出了合理布置巷道、采用水力膨胀锚杆加固底板、加固两帮和底角等底鼓控制方法。这些研究成果为巷道底鼓的控制提供了有效的技术方案，有助于提高巷道的安全性和稳定性。

谢广祥提出采用超挖锚注回填技术控制底鼓变形；刘泉声针对深部巷道围岩底板变形采用混凝土反拱平台、深孔注浆、高预应力复合锚索等综合治理技术。江军生提出了在底板角位置上打入锚杆且在底板也加入高强锚杆和加筋混凝土的方法来控制底鼓变形。王虎强在三种支护方案中最终选择了底板中部切槽＋底角锚杆的支护方式，实验取得了理想效果。王港盛基于巷道底板变形提出了底板切槽方案，利用悬臂梁模型提出切高 4.5m 和宽 0.7m，试验结果证明底鼓量降低 81.56%，并且较未切槽前提前 30d 进入稳定阶段。杨鹏彬确定了深度 3m、宽度 0.5m 的巷道底板切槽参数。经过数值模拟研究，预计煤层回采巷道底鼓量减少 23.03%～44.94%。董崇泽针对底板巷道变形最为严重的情况，根据研究结论提出了巷道底板切槽卸压与加强支护段的方案，使底板最大垂直位移降低 62.1%，实现了近距离煤层巷道底鼓的有效控制。杨冉针对严重底鼓型巷道，确定了合理的切槽深度为巷道宽度的 70%～90%；数值模拟通过正交实验设组，最终确定切槽宽度×深度＝0.3m×4m 为最优方案，其底鼓量降低了 49.1%，围岩控制效果明显。高一朝通过模拟开挖不同尺寸的卸压槽来研究巷道的塑性区分布、应力状态和底板变形。研究结果显示，当卸压槽的深度或宽度较小时，卸压效果较差；但当这两个参数过度增大时，卸压效果的增幅会显著减弱甚至削弱已有的卸压效果。另外，程志超在高地应力情况下发现，巷道底板更容易发生底鼓现象。基于这一发现，他们提出了底板切槽减压的原理，为巷道围岩因开挖而引起的变形提供了一定的补偿空间，增加了其吸收变形能量的能力，从而减少了巷道底板的抬升。巷道在高地荷载作用下，底板切割槽对巷道底鼓的高度控制效果显著，对顶板和隧道两帮的负面影响相对较小。杨阳的实验数据表明，锚杆支护对锚固体黏结力 c 的变化具有相对较小的影响，而注浆支护件对锚固体黏结力 c 具有显著影响。在没有锚杆的情况下，在注入锚杆后，c 值增加 34%，而在存在锚杆的情形下，在注入锚杆后 c 值增加 67%。这间接表明注浆锚杆支护组合可以具有更好的支撑效果。

1.2.2 巷道围岩松动圈及其影响因素

深部煤岩在未受到外力扰动的状态下处于比较稳定的三向受压状态，巷道开挖后围岩受力状态产生明显改变，由三向受力状态转化成二向受力状态，这个过程伴随着围岩的应力重分布。围岩内部应力重新调整之后，可能处于两种状态：离巷道较远的岩石受到的影响较小，仍处于弹性状态，距巷道表面较近的围岩会在不平衡力的作用下产生破碎变形，这一部分围岩处于松动状态，称为松动圈。松动圈的概念其实在 20 世纪中期就已经被提出了，随着松动圈理论的不断发展，最终松动圈理论被用于巷道支护中，成为巷道支护及判断巷道围岩稳定性的重要依据。

(1) 松动裂隙学说

19 世纪 50 年代，拉巴斯在前人经验的基础上提出了水平巷道由表及里会出现三个区域，即围岩松动裂隙区、应力过渡区及天然塑性区。该学说认为松动裂隙区为一个椭圆形，其半径与岩石强度、原岩应力和开采时间无关，仅取决于岩石自身的破碎。

在裂隙区中，岩石不是连续介质，它们被分割成不同大小的形状，有着各自的位移规律。而该学说是根据连续介质推导出的松动区半径以及围岩作用在支架上的压力，所以除了个别岩石外，公式与实际并不相符。

(2) 岩体波速分类学说

19 世纪 70 年代，池田何彦等人用声测技术实测了松动圈，根据弹性波在围岩中的传播速度和岩质情况将围岩分为 7 类；与实验室试验结合建立了依据岩体波速和岩石波速计算的松动圈的经验公式。采用实测方法测得的松动圈厚度与工程实际有一定的相符度。但由于影响波速的因素很多，测量结果与工程实际有较大差距。

(3) 不连续区学说

19 世纪 90 年代，前苏联 E. I. Shemydkin 等人提出了不连续区概念，建立了用埋深、原岩应力、岩石强度等因素计算松动圈范围的经验公式。认为当巷道埋深满足一定条件时，围岩开始出现不连续区。该学说在工程应用时并不完全符合实际情况，具有局限性。

(4) 松动圈支护理论

董庭芳教授通过大量现场和实验室研究提出了一套围岩松动圈巷道支护理论，该理论认为围岩松动圈厚度 D 的大小是地应力 P 与围岩强度 R 的函数，即 $D=f(P,R)$。锚杆（索）的作用是对松动圈扩展过程中产生的破碎力及其所造成的有害变形进行支护。松动圈厚度越大，支护越困难。在巷道支护理论中，松动圈支护理论在浅部煤炭开采巷道掘进过程中具有良好的工程适用性，被普遍认可，在该理论提出之前，围岩通常以岩性、原岩应力、岩石内部构造进行分级。当时提出的悬吊理论、组合拱理论等支护理论没有在统一的围岩分类下给出适用条件，这给实际工程施工中选择合适的理论造成了许多困扰。松动圈支护理论开创性地将围岩类别以松动圈厚度进行分类，使围岩分类有了一个统一的标准，有利于学者对地下岩石进行研究。同时该理论根据围岩的分类给出了不同的支护理论，为巷道的高效安全掘进提供了积极的指导意义。

目前两淮矿区开采深度普遍超过800m，松动圈厚度一般大于200～300cm，对于松动圈厚度小于200～300cm的巷道，松动圈理论的可靠性已经被许多工程证实，但对于较大破碎范围的围岩，松动圈理论的可靠性还需要进一步验证，研究深部较大破碎范围围岩条件下松动圈理论的可靠性具有重要意义。

1.2.3 围岩的分级分类方法

围岩分级分类是判断巷道围岩稳定性和选择支护的重要依据。围岩分类的主要因素主要是：岩体结构、完整程度、力学强度、风化程度、地下水情况和断层情况等。在实际进行分类时，通常考虑岩体的力学强度、完整程度、地下水等影响因素。以下是国内外常用的围岩分类方法。

(1) 普式分类

普式分类主要依靠岩石的硬度进行分类，这种方法只考虑了岩石的硬度，并没有考虑岩石的内部结构，它在浅层地面可以适用于大部分情景，但在深部岩层中由于没有考虑到岩石内部结构的变化，不符合工程实际（表1-1）。

表1-1 普式岩石分类

岩层分类	坚硬程度	岩石坚硬系数	岩层分类	坚硬程度	岩石坚硬系数
Ⅰ	极度坚硬	20	Ⅵ	相当软	2
Ⅱ	很硬	15	Ⅵ甲	相当软	1.5
Ⅲ	坚硬	10	Ⅶ	软地层	1
Ⅲ甲	坚硬	8	Ⅶ甲	软地层	0.8
Ⅳ	相当坚硬	6	Ⅷ	土质地层	0.6
Ⅳ甲	相当坚硬	5	Ⅸ	散粒地层	0.5
Ⅴ	一般	4	Ⅹ	流沙地层	0.3
Ⅴ甲	一般	3			

(2) 太沙基分类

太沙基分类相比于普式分类，考虑了岩石的内部结构、岩性以及影响岩石结构稳定性的因素，更加符合实际，但这种方法的适用范围具有局限性，因为这种方法是建立在岩体塌落形成自然平衡拱的基础上的（表1-2）。

表 1-2　太沙基分类

序号	岩层状态	土荷载高度/m
1	坚硬，不受损害	0
2	坚硬，呈层状或片状岩层	$(0\sim0.5)B$
3	大块、有通常节理	$(0\sim0.25)B$
4	有裂痕，块度通常岩层	$0.25B\sim0.35(B+H_t)$
5	裂隙较多块度小岩层	$(0.35\sim1.10)(B+H_t)$
6	完全破碎，但不受化学侵蚀	$1.10(B+H_t)$
7	挤压变形缓慢岩层(覆盖厚度中等)	$(1.10\sim1.20)(B+H_t)$
8	挤压变形缓慢岩层，覆盖层较厚	$(2.10\sim4.50)(B+H_t)$
9	膨胀性地质条件	和$(B+H_t)$无关，通常达 80m 以上

注：B 表示巷道宽度，H_t 表示巷道高度。

(3) 按岩体质量等级分类

岩体质量是受岩石质量、岩体完整度、地应力、地下水作用、软弱结构面等因素影响的，这些因素也用来评判岩石质量等级。BQ 分类是《工程岩体分级标准》中提出的一种按岩体质量等级分级的方法，该方法吸收完善了国内外的岩石质量分级方法，并根据我国基本情况进行了优化。该方法提出了优先考虑岩石坚硬程度以及完整度的影响，后考虑地应力、软弱结构面等的影响。该方法具有很好的适用性，但对使用人员的技术要求比较高，具体分级见表 1-3。

表 1-3　岩体基础质量分级

基础质量等级	岩石基础质量定性特征	岩体基础质量指标 BQ
Ⅰ	坚硬岩、岩体完整	550
Ⅱ	坚硬岩、岩体较完整 软坚硬岩、岩体完整	550～451
Ⅲ	坚硬岩，岩体较破碎 较坚硬岩或软硬岩互层，岩体较完整 较软岩，岩体完整	450～351
Ⅳ	坚硬岩，岩体破碎 较坚硬岩，岩体较破碎～破碎 较软岩或软硬岩互层，且以软岩为主 岩体较完整～较破碎 软岩，岩体完整～较完整	350～251
Ⅴ	较软岩，岩体破碎 软岩，岩体较破碎～破碎 全部极软岩及全部极破碎岩	≤250

(4) 松动圈分类

根据松动圈理论，围岩可以按松动圈厚度进行分类，具体分类见表 1-4。

表 1-4 围岩松动圈分类

类别	范围/mm	围岩级别	稳定状态	支护机理及方法	备注
小松动圈	0～400	Ⅰ级	稳定围岩	喷混凝土支护	不易风化的可不支护
中松动圈	400～1000	Ⅱ级	较稳定围岩	锚杆悬吊理论 喷层局部支护	料石碹支护少量破坏
	1000～1500	Ⅲ级	一般围岩	锚杆悬吊理论 喷层局部支护	刚性支护有部分破坏
大松动圈	1500～2000	Ⅳ级	较不稳定围岩	锚杆组合拱理论喷层支护 金属网局部支护	刚性支护且严重破坏
	2000～3000	Ⅴ级	不稳定围岩	锚杆组合拱理论喷层支护 金属网局部支护	巷道变形
	＞3000	Ⅵ级	极不稳定围岩	综合治理	巷道变形

1.2.4 围岩支护技术及理论研究

我国学者在巷道支护技术及理论方面提出了诸多有代表性的成果。侯朝炯教授在开发系列井巷锚杆锚固技术之后便提出了围岩强度强化理论。杨双锁教授提出了关于巷道支护的波动性平衡理论，该理论覆盖了围岩-支护结构相互作用的整个过程。黄庆享提出围岩极限自稳平衡拱理论，认为拉应力是导致围岩冒落的主要原因，在巷道的顶部，存在具有拉应力的岩体，这些岩体被认为是潜在的危险岩体，根据平衡状态将顶板划分为易冒落区、不稳定极限平衡区和稳定岩体区三个区域，当顶板围岩经过一段时间的塌落稳定后，能够形成拱状的自稳结构，从而保持围岩的极限平衡状态。康红普教授在针对锚杆支护机理研究的过程中，提出了关于高预应力锚杆支护以及高强锚杆支护的理论。何满潮教授提出了复合型变形机理理论，对软岩变形及其损坏的根本原因进行了深入的探究，并以此为基础提出了以转化复合型变形力学机理作为单一变形机理的依据理论。马念杰教授提出了在变形剧烈的情况之下，深部软岩巷道需要采用高延伸量的支护工具来阻止围岩的冒顶情况。在我国巷道支护技术发展的过程中，诸多学者提出了很多有代表性的理论，为我国巷道锚杆支护技术的发展作出了杰出的贡献。

奥地利学者太沙基（Karl Terzaghi）提出冒落拱理论，认为冒落拱形状呈矩形，开挖巷道后，巷道两侧会形成楔形体，引起岩体的变形和位移，而支架或衬砌会承受部分顶板松动岩体在一定高度范围内的重量，以减轻岩体的变形和保持巷道的稳定。萨拉蒙（M. D. Salamon）等提出能量支护理论，该理论认为，支护结构与围岩之间存在相互作用、共同变形，当围岩和支护结构发生变形时，围岩会释放一部分能量，而支护结构会吸收这部分能量，总能量保持不变。

国外诸多学者提出应力控制理论，认为通过采用钻孔卸压、留设卸压煤柱等技术手段，可以有效改变围岩的应力分布，减少应力集中程度，使支撑压力转移到巷道围岩深处，从而提高巷道围岩的稳定性。日本学者山地宏和樱井春辅提出应变控制理论，该理论认为，随着支护结构的增加，围岩应变会减小，而容许应变会增大，通过增加适当的围护结构，可以相对容易地将围岩的应变控制在允许的范围内。

1.2.5 国内外巷道卸压及支护技术研究现状

巷道卸压的核心就是通过人工降低围岩应力集中程度或改变围岩应力分布状态，降低或转移巷道周围所承受的高应力，减少浅部应力集中对巷道稳定性的影响，从而改善围岩所处的应力环境，以实现控制巷道持续变形的目的。巷道卸压的类型及其形式有很多种，巷道卸压技术按类型可分为四种：巷道布置法、巷道围岩近场卸压法、巷道围岩远场卸压法以及切槽卸压法。

1.2.5.1 巷道布置法

矿井开拓部署、采煤工作面与巷道布置、采煤方法、采掘顺序等均会对巷道围岩应力、变形与破坏产生影响。将巷道合理布置在应力降低区是最有效的巷道围岩应力控制方法。根据巷道与采煤工作面、采空区的相对位置关系，可将巷道布置在采空区下方、采空区上方、采空区边缘及采空区内等。

赵景礼提出了一种厚煤层无煤柱开采的错层位巷道布置采全厚采煤法，降低了巷道维护难度和掘进成本，提高了煤炭的采出率以及巷道掘进效率。吴玉意等基于结构力学中的悬臂梁受力模型，给出了卸压支护条件下顶板固定端弯矩及自由端挠度的计算公式，并根据公式总结出沿空留巷顶板变形控制三原理及顶板变形控制三要素。刘超等结合工程实际提出了一种内错布置与外错布置相结合的回采巷道布置方式，并分析了煤柱宽度和巷道偏移量大小对煤柱下巷道围岩变形的影响，为近距离煤层下位煤层的巷道布置提供了依据。王国龙等对巷道布置及其支护方式进行了优化，采用了厚煤层错层位外错式沿空掘巷相邻巷道联合支护的方法，解决了三软煤层回采巷道围岩变形大和留大煤柱资源浪费的问题。黄万朋等以翟镇煤矿下组煤一采区 11502 工作面为工程试验对象，创新性地提出留窄小煤柱双巷同时掘进的巷道布置方法，同时建立了小煤柱高强复合加固支护技术，巷道围岩及煤柱体的变形得到了有效控制。

1.2.5.2 巷道围岩近场卸压法

巷道开挖后在一定范围内的围岩应力会进行重新分布，此时围岩产生破碎区、塑性区、弹性区，存在应力降低区和应力升高区。根据弹性力学理论，对于双向等压下的圆形巷道，在距巷道中心 5 倍巷道半径的位置，围岩切向应力比原岩应力只高出 5%，此位置距巷道中心的距离一般认为是巷道的影响半径，在此范围内的巷道围岩称为巷道围岩近场，超过该范围的则称为巷道围岩远场。在巷道围岩近场实施的卸压技术有开槽、钻孔、爆破及掘卸压巷等方法。

(1) 开槽卸压

巷道开槽卸压是指利用机械开挖或爆破的方式施工出具有一定尺寸的卸压槽，在对应的卸压部位形成应力降低区，使得卸压位置围岩承载强度降低，应力集中效应减弱，进而起到控制巷道持续变形的作用。高一朝利用FLAC3D数值模拟软件探究不同卸压槽深度与宽度对巷道周围塑性区面积、水平应力变化以及最大底鼓量的影响并结合这三方面评价卸压效果，结果表明卸压槽宽度和深度应控制在一定范围内，宽度和深度过小则卸压效果不明显，过大反而会降低卸压效果。左建平等建立了开槽卸压等效椭圆模型，分析了圆形巷道开槽前后的围岩应力场变化规律，揭示了开槽卸压机理。娄蒿利用FLAC3D数值模拟软件对卸压槽在不同埋深、位置、槽体深度和宽度下的卸压效果进行数值模拟计算并结合相似模拟试验进行试验验证，提出合理的开槽卸压参数。何江等对底板应力梯度、弹性能积聚程度及巷道位移量三个方面进行评价以确定合理开槽位置，并将这三个方面与锚杆（索）锚固长度结合作为确定开槽深度的指标。李俊平等针对滑镁岩岩体强度低、自承能力弱、容易失稳破坏的特点，提出底板开槽卸压与预应力锚杆（索）联合支护是治理该类滑镁岩巷道地压显现的有效方式。

(2) 钻孔卸压

钻孔卸压是指在巷道的底板或两帮部位打钻孔，开卸压孔后孔的周围一定范围内形成卸压圈，与巷道开挖引起的松动圈相互叠加，在巷道周边形成一个更大的松动圈，向深处转移了开挖后巷道帮部或底板产生的高应力，以达到防治冲击地压的目的，钻孔还为巷道围岩变形提供一定的变形补偿空间，减小了巷道变形量。在德国等发达国家，大量研究与现场实际经验表明，在煤层内钻孔是防治冲击地压的有效手段。Ortlepp W. D.，Stacey T. R. 提出使用在大直径钻孔卸压时，卸压钻孔尽可能地打在高应力区。Kiyoo Mogi. 研究认为巷道掘进时应该在巷道工作面附近进行岩体卸压，并且当煤体宽度与钻孔直径之比控制在0.8～1.0时，卸压效果最好。刘冬桥等利用岩爆试验系统，研究分析了不同钻孔数量下砂岩的岩爆特征，得出结论：钻孔卸压能够对岩爆灾害的预防和治理起到良好的作用。袁红辉等对不同钻孔直径的标准试样进行数值模拟研究，得出了钻孔孔径对钻孔卸压围岩力学性能的影响规律。张兆民通过应用FLAC3D数值模拟软件，模拟得出了两种埋深情况下不同钻孔直径和间距的巷道卸压效果，为不同巷道埋深下钻孔直径及参数的选择提供了依据。

(3) 爆破卸压

爆破卸压是使用爆破的方法对局部应力集中程度高且具有冲击地压的危险区域降低危险性的一种措施。其实质是通过爆破使得泥岩体结构破坏并产生裂隙，在一定范围内形成卸压带，使得应力和能量得以释放，以解除冲击地压发生的应力条件，达到安全生产的目的。按照爆破深度可区分为巷道围岩近场爆破、巷道围岩远场爆破。

巷道围岩近场爆破是指实施在浅部围岩，爆破深度一般在15m以内的爆破。按照卸压原理可分为松动爆破和切缝爆破，按照爆破位置可分为顶板爆破、两帮爆破、底板爆破。Luo Yi等提出卸压爆破形成的非穿透性断裂带会增加巷道围岩的应力集中度，更不利于工程安全。当爆破方案设计合理时，可以在巷道围岩中形成穿透性断裂带时，使得围岩集中的高地应力可以传递到岩体的较深部分，从而降低弹性应变能，保证巷道围岩的稳定性。

刘志刚等采用正交试验对煤的物理力学性质、装药结构、装药量、爆破钻孔直径、深度及间距6项爆破效果影响因素进行研究，为煤巷帮部爆破卸压提供了理论依据。王红星将ANSYS/LS-DYNA与FLAC3D相结合对比分析了深部硬岩巷道帮部不同钻孔深度、间距和装药量下的爆破卸压效果，提出了深部硬岩巷道帮部钻孔爆破卸压施工参数的设计原则。徐翔从爆破卸压的机理入手，对比了煤体卸压爆破与岩体卸压爆破的不同点，分析了在煤层坚硬顶板卸压爆破和煤体中卸压爆破的机理并提出爆破参数的合理选择。郭辉等提出采用超前深孔预裂松动爆破技术增加坚硬岩体内部损伤与裂隙，一定程度上减少了破岩速度慢、设备耗损严重问题，使得掘进机能够正常工作。任占营等利用数据库开发技术、三维显示技术、露天矿山爆破技术等关键技术，研究开发了松动爆破设计系统，提高了爆破效率和松动爆破设计的可视化、智能化、科学化。

(4) 掘卸压巷卸压

掘卸压巷卸压法是指在被保护巷道的上部、一侧或两侧附近，开掘专门用于卸压的巷道或硐室以转移煤层开采造成的影响，促使采动影响引起的应力重新分布，使得保护巷道处于应力降低区内。苏海等使用ANSYS数值模拟软件分析不同卸压巷位置和卸压巷的几何尺寸时，下部巷道帮部位移量和底鼓量的变化规律，为深部高应力软岩掘卸压巷卸压提供了思路。刘斌等采用ABAQUS数值模拟软件分析了卸压巷不同位置、开挖顺序和相对距离情况下保护巷道应力应变的变化规律，为同类型高应力巷道支护设计提供了参考。赵强等以某矿E2337工作面为背景研究卸压巷的合理布置，分析得出合理布置卸压巷可以有效降低被保护巷道两帮和底板的位移量以及应力集中程度，且在煤层上分层距采空区10m处布置卸压巷卸压效果较好。孙广义结合东海煤矿工程实例提出并分析了卸压巷控制深井回采巷道变形破坏的解决方法与原理，并对卸压巷的位置、宽度、支撑煤柱宽度等进行了设计计算，在工程实践中取得了较好的效果，降低了深部巷道的变形。

1.2.5.3 巷道围岩远场卸压法

超出巷道的影响半径外的范围一般称为巷道围岩远场，针对巷道围岩远场实施的卸压技术有：巷道围岩远场爆破、水力压裂。

巷道围岩远场爆破是指实施在围岩深部，爆破深度超过巷道影响范围的爆破，围岩远场爆破深度一般不小于15m。巷道围岩远场爆破与近场爆破按照卸压原理也可分为松动爆破和切缝爆破，按照爆破位置可分为顶板爆破、两帮爆破、底板爆破及多级次全断面爆破。张星宇基于双向聚能爆破技术，提出并发展了巷道聚能切缝卸压方法，实现了采矿量与碎胀量的互等，解决了煤柱上方存在的悬顶问题，提高了巷道的稳定性。林家旭针对翟镇煤矿11502W工作面，采用理论计算、FLAC3D数值模拟和现场试验等方法，对研究巷道进行聚能爆破切顶参数优化，提出了高效切顶聚能爆破关键技术。齐庆新等采用数值模拟的方法对比分析深孔断顶爆破前后的应力场分布，提出深孔断顶爆破能够从根本上改变和降低泥岩体的应力分布状态，使得应力峰值位置明显远离煤壁，峰值得到降低。Xiang Zhe等提出一种长柔性螺栓与爆破卸压协同控制技术，有效抑制顶部煤的初始膨胀变形。Cai Feng等对深孔预裂爆炸进行了数值模拟分析，分析了爆炸过程中产生裂纹的影响以及爆炸孔间隔差异对渗透率改善性能的影响，提出了高气低渗透煤层深孔预劈裂爆炸爆破孔之间的合理间隔。

水力压裂围岩卸压技术在煤矿领域主要应用于瓦斯抽采中的低渗透煤层压裂增透和对采煤工作面坚硬完整顶板的弱化，高应力、强采动巷道围岩控制及冲击地压防治。张涵锐提出通过水力压裂卸压技术来控制巷道围岩稳定的方法，确定了水力压裂卸压的时空关系、压裂范围、水压力、钻孔间距和钻孔压裂段数等关键参数的合理选择。程利兴分析了水力压裂应力转移力学原理以及水力裂缝扩展规律，对比了采用顶板水力压裂前后巷道围岩应力以及塑性区的分布特征，对水力压裂参数进行了优化设计，改善了巷道围岩应力和变形的情况。林健等研发了一种钻孔内纵向切槽钻头，解决了强烈动压巷道切顶卸压效果难以控制的问题。

1.2.5.4 切槽卸压法

针对深部软岩巷道底板底鼓严重，目前采用底板切槽改变底板应力分布，减少底板松动破碎范围与程度，在工程中已有应用。

王港盛和杨鹏飞基于巷道底板变形提出底板切槽方案，利用悬臂梁模型提出切高4.5m和宽0.7m，试验结果证明底鼓量降低81.56%，并且较未切槽前提前30d进入稳定阶段。

杨鹏彬等确定了深度3m、宽度0.5m的巷道底板切槽参数。经过数值模拟研究，预计煤层回采巷道底鼓量减少23.03%～44.94%。

董崇泽针对底板巷道变形最为严重，根据研究结论提出了巷道底板切槽卸压与加强支护段的底板最大垂直位移降低62.1%，实现了近距离煤层巷道底鼓的有效控制。

杨冉等针对严重底鼓型，确定合理的切槽深度为巷道宽度的70%～90%；数值模拟通过正交实验设组，最终确定切槽宽度×深度＝0.3m×4.0m为最优方案，其底鼓量降低了49.1%，围岩控制效果明显。

高一朝通过模拟底板开挖不同尺寸的卸压槽，对巷道塑性区分布、应力状态与底板变形进行研究分析，结果表明：当卸压槽深度或宽度较小时，卸压效果较差；但当两者过度增大时，卸压效果的增幅会大大减弱，甚至削弱已有卸压效果。程志超等高水平应力下巷道更容易产生严重底鼓。在此基础上提出底板切槽卸压防底鼓原理，即通过切槽为巷道围岩变形提供一定的补偿空间，增大了其吸收变形能的能力，从而使巷道底鼓量减小，结果表明：当巷道处于高水平应力下时，底板卸压槽对底鼓的控制效果明显，对巷道顶板及两帮的不利影响相对较小。

上述提及的巷道布置法和巷道围岩远场卸压法存在较大的局限性。对巷道布置法来说，若此时巷道掘进的位置周边没有采空区，则无法实施巷道布置法。若存在采空区，此时通过沿空留巷、沿空掘巷的形式将巷道布置在采空区的边缘的方式较为常见，但目前沿空留巷、沿空掘巷的施工速度还比较慢，相应的快速施工工艺与装备还未成熟，通风及瓦斯问题较为突出，难以满足采煤工作面快速推进的要求。对巷道围岩远场卸压法来说，超前工作面一定距离实施切顶爆破或预裂爆破时，若爆破参数选择不准确或发生不规则裂隙等情况时，非定向裂缝出现的可能性会大幅上升，不利于围岩稳定性控制。同时水力压裂相比切缝爆破技术，裂缝成型质量欠佳，由于水压压力远小于爆炸所产生的压力，在钻孔远处的致裂效果相比切缝爆破技术要差。

目前巷道围岩近场卸压法及底板切槽卸压法通过钻孔卸压及切槽的形式进行降低和改变巷道应力分布状态的方式较为常见，其施工方便，工程量小且工程实践效果较好。钻孔直径、长度及间排距的参数合理选取是钻孔卸压技术的关键，切槽位置及切槽尺寸是切槽效果的关键，但实际工程中钻孔卸压的方案与参数设计主要还是依靠工程经验。虽然一些学术工作者在钻孔卸压技术及切槽卸压技术应用方面取得了一定的研究成果，但目前对钻孔卸压及切槽卸压技术的研究并不多，导致研究成果的推广范围有限。

针对深部巷道复杂环境围岩松动破碎变形特征进行分析，选择合理支护形式及参数已有报道，如吴德义等利用理论公式推导分析围岩表面变形与时间的变化关系，建立围岩表面变形随时间变化的典型蠕变模型并用工程实测对其进行验证，分析其规律性，提出了以巷道表面变形速度衰减系数作为判据对围岩稳定性进行早期判别的方法。孔德森通过对松动圈大小与分类的分析，利用数值模拟对不同岩性围岩的稳定性与破坏特征进行了预测。康红普、高富强教授通过理论分析、数值模拟和现场验证，分析了底鼓的机理和表达式。巷道周围过高的应力和底板松软的岩层导致了底板岩层扩容并向巷道内挠曲、流变等。当巷道两帮相对移动时，岩层会被施加水平力，水平力达到临界荷载时造成围岩失稳变形。当底板为含黏土矿物时，底板围岩在水的作用下膨胀引起底鼓。徐晓鼎针对曹家滩矿井底鼓变形问题，通过现场调研、室内试验、覆岩关键层理论分析、FLAC3D数值模拟和工程实践相结合的研究方法对全采场覆岩运移规律和巷道围岩变形控制进行系统研究，形成一套切顶卸压护巷关键技术。在最优切顶试验方案下，围岩应力平均降低50％～55％，底鼓量平均降低66.7％～90.0％，该技术的实施达到的卸压治理底鼓的目的。但是针对不同条件巷道围岩不同部位变形特征进行量化分析，在此基础上选择合理支护参数还需要进一步完善。

1.3 研究内容及技术路线

结合典型工程实际，理论分析指导下，数值模拟与工程实测相结合，开展如下研究。

① 对典型工程巷道围岩力学性能参数及围岩应变软化本构关系进行实验室测定。

② 采用实测拉线法、多点位移计以及锚杆（索）测力计进行工程实测，根据深部软弱围岩位移场时间空间演化规律表征围岩松动圈厚度及其破碎程度随时间的演化特征。

③ 数值模拟及工程实测不同原岩应力、围岩岩性及支护强度等条件下围岩松动圈厚度及碎胀程度，分析依据松动圈厚度对深部软弱围岩稳定性评价的适用性，提出深部软弱围岩稳定性分类方法。

④ 根据深部软弱围岩稳定性分类，确定相应的合理支护形式和参数。

⑤ 依据新的围岩稳定性分类分级，确定典型工程巷道围岩稳定性分类，提出合理的支护形式与参数。

⑥ 依据典型工程巷道，数值模拟分析卸压钻孔的合理位置和实施钻孔卸压措施的时机，分析泥岩、砂质泥岩、泥质砂岩三种不同岩性、不同卸压钻孔参数对巷道围岩最大主应力分布、位移量、黏聚力的影响。依此对巷道围岩稳定性进行分析，合理选取三种不同岩性深部高应力巷道的钻孔卸压参数。

⑦ 依据典型巷道工程实际，数值模拟分析不同原岩应力、不同围岩岩性以及支护参数对深部软岩巷道围岩松动破碎变形的影响，通过比较帮部和底板围岩松动破碎范围及破碎程度的差异，分析深部巷道围岩的松动破碎特征。结合现场巷道工程实践，分析巷道底板围岩松动破碎变形特征及影响因素；分析不同支护参数对巷道围岩松动破碎变形的影响，合理优化锚杆（索）二次支护参数。

⑧ 依据典型工程巷道，数值模拟分析底板切槽卸压对深部软岩巷道底板围岩松动破碎的影响，合理选取底板切槽卸压合理参数。

⑨ 针对典型巷道工程实际，确定钻孔卸压、切槽卸压及二次支护合理参数，为工程巷道安全高效掘进提供依据。

第2章 工程概况及实测

2.1 工程概况

(1) Ⅲ3 运输斜巷

① 巷道施工层位及主要岩性如下。

某矿Ⅲ3 运输斜巷及运输联巷，总工程量 414.4m，Ⅲ3 运输斜巷设计在 10 煤层底板下与一灰上层位中施工。预计煤岩层产状为：走向 126°～156°，倾向 36°～66°，倾角 0°～25°。

从三水平副暗斜井上部车场 C4 点前 14.3m 按方位角 N173°拨门施工运输联巷，先炮掘施工运输联巷 30m 后安装综掘机，采用综掘施工。运输联巷 70.3m，施工方位角 N173°（包括 3/1000 下坡 5m、10°上山 38.9m、3/1000 下坡 26.4m)；Ⅲ3 运输斜巷 332.55m，施工方位角 N123°12′21″（包括 3/1000 上坡 11.5m、14°下山 255.7m、7°下山 106.9m)。

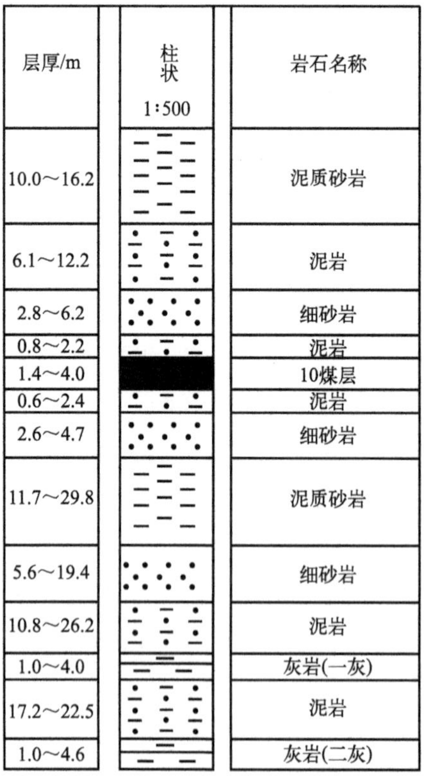

层厚/m	柱状 1:500	岩石名称
10.0～16.2		泥质砂岩
6.1～12.2		泥岩
2.8～6.2		细砂岩
0.8～2.2		泥岩
1.4～4.0		10煤层
0.6～2.4		泥岩
2.6～4.7		细砂岩
11.7～29.8		泥质砂岩
5.6～19.4		细砂岩
10.8～26.2		泥岩
1.0～4.0		灰岩(一灰)
17.2～22.5		泥岩
1.0～4.6		灰岩(二灰)

图 2-1 巷道围岩岩性分布图

岩性自上而下具体如下。层 1，泥质砂岩：厚 10.0～16.2m。层 2，泥岩：厚 6.1～12.2m。层 3，细砂岩：厚 2.8～6.2m。层 4，泥岩：厚 0.8～2.2m。层 5，10 煤层：厚 1.4～4.0m。层 6，泥岩：厚 0.6～2.4m。层 7，细砂岩：厚 2.6～7.4m。层 8，泥质砂岩：厚 11.7～29.8m。层 9，细砂岩：厚 5.6～19.4m。层 10，泥岩：厚 10.8～26.2m。层 11，灰岩（一灰)：厚 1.0～4.0m。层 12，泥岩：厚 17.2～22.5m。层 13，灰岩（二灰)：厚 1.0～4.6m。详细岩性描述如图 2-1 所示。

② 地质构造情况如下。

根据地质勘探资料和三维地震资料分析，Ⅲ3 运输斜巷施工期间将受到 GF50 正断层、ⅡF1 正断层、ⅡF1-1 正断层影响，其中 GF50 断层预计产状为：倾向 51°，倾角 73°，落差 9m。ⅡF1 断层预计产状为：倾向 88°，倾角 70°，落差 33m。ⅡF1-1 断层预计产状为：倾向 353°，倾角 57°，落差 13m。近煤层掘进需加强瓦斯及通风管理。

③ 巷道目前支护形式如下。

巷道采用二次锚网索带喷＋注浆支护，如地质条件发生变化，岩性较差，锚网喷支护不能满足要求时，采取补强支护或架 U 形棚支护。

锚杆一次、二次支护均采用 ϕ22mm×3000mm 无纵筋螺纹钢锚杆，间排距为 800mm×800mm，每根使用 2 卷树脂锚固剂（顶板为 K2950 型、帮部为 Z2950 型），锚杆托盘规格为 200mm×200mm×16mm。

钢筋网采用 ϕ6mm 圆钢加工，长 2500mm，宽 1000mm，网孔规格 100mm×100mm。

锚索选择 YMS22/6.3-1860，间排距为 1600mm×1600mm，托盘规格为 300mm×300mm×16mm，锁具配套，球形垫片齐全、有效。每根锚索采用 1 卷 K2950 树脂药卷、2 卷 Z2950 树脂药卷。

钢带：二次支护钢带采用 GDW-180/4M 型钢带，沿巷道纵向布置。二次支护滞后迎头距离不大于 80m。

喷浆材料：水泥选用 P. O 42.5 级水泥，黄砂粒径为大于 0.35mm 中粗砂，石子粒径为 5～10mm，速凝剂为 J85 型。喷射混凝土料配比为水泥∶黄砂∶石子∶速凝剂＝1∶2∶2∶0.04，水灰比为 0.57∶1，一次支护喷混凝土厚度为 100mm，二次支护喷混凝土厚度为 50mm，喷射混凝土强度为 C20。

注浆锚杆采用 ϕ25mm×2500mm 注浆锚杆，间排距为 1600mm×1600mm，注浆压力为：围岩裂隙发育段 1～1.5MPa、裂隙开度较小时 1.5～2.5MPa，最大压力不超过 3MPa。浆液采用单液水泥浆，水泥采用 P. O 42.5 级普通硅酸盐水泥，水灰比取 1∶0.8，注浆滞后迎头不大于 80m。

④ 巷道支护断面图如图 2-2 所示。

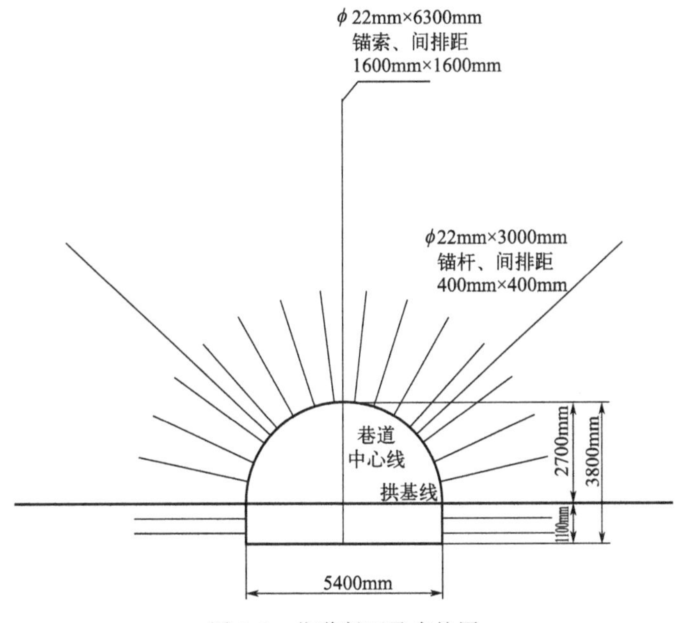

图 2-2　巷道断面及支护图

(2) 三水平水仓巷道

① 巷道施工层位及主要岩性如下。

某矿三水平水仓巷道设计层位预计在10煤层底部20～53m层位。预计泥岩层产状为：走向127°～152°，倾向37°～62°，倾角10°～20°。岩性自上而下具体如下。层1，泥岩：厚4.0～11.6m。层2，砂质泥岩：厚6.7～9.5m。层3，泥岩：厚2.7～3.3m。层4，泥质砂岩：厚1.2～4.7m。层5，泥岩：厚2.7～23.2m。层6，泥质砂岩：厚0.55～4.7m。层7，泥岩：厚8.9～13.3m。层8，泥质砂岩：厚0.55～6.65m。层9，泥岩：厚0.75～8.7m。层10，泥质砂岩：厚1.45～4.9m。层11，泥岩：厚0～2.82m。层12，10煤层：厚2.3～3.1m。详细岩性描述如图2-3所示。

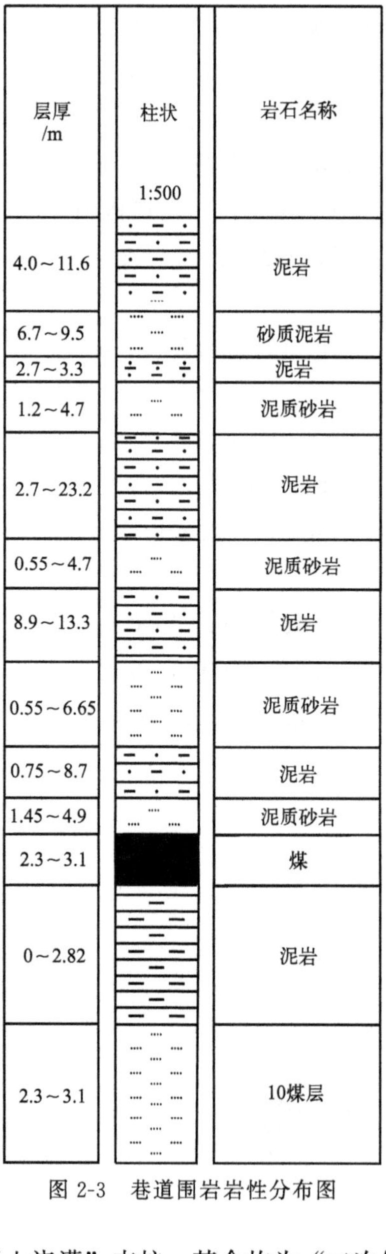

层厚/m	柱状 1:500	岩石名称
4.0～11.6		泥岩
6.7～9.5		砂质泥岩
2.7～3.3		泥岩
1.2～4.7		泥质砂岩
2.7～23.2		泥岩
0.55～4.7		泥质砂岩
8.9～13.3		泥岩
0.55～6.65		泥质砂岩
0.75～8.7		泥岩
1.45～4.9		泥质砂岩
2.3～3.1		煤
0～2.82		泥岩
2.3～3.1		10煤层

图2-3　巷道围岩岩性分布图

② 地质构造情况如下。

根据Ⅲ3采区矸石转载联巷剖面图来看，巷道从10煤层顶部22.5m左右拨门向下穿层，施工182m左右预计揭露GF49逆断层，产状为：倾向105°，倾角58°，落差17m。受GF49逆断层影响，过断层附近时可能揭露10煤层，并且造成局部岩石破碎和发育伴生小断层，继续施工47m左右将再次揭露10煤层，瓦斯有增大的可能。

③ 巷道平面布置如下。

三水平水泵房、潜水泵房、内水仓、外水仓、变电所、管子道巷道平面布置如图2-4所示。

④ 巷道目前支护形式如下。

内水仓、外水仓、潜水泵设计支护形式"锚网索喷＋注浆＋钢筋混凝土浇灌"支护，配水井联巷设计支护形式"锚网喷＋注浆＋钢筋混凝土浇灌"支护，其余均为"二次锚网索喷＋注浆"支护；如地质条件发生变化，岩性较差，锚网喷支护不能满足要求时，采取补强支护或架U形棚支护。

锚杆：三水平水泵房、管道一次支护采用ϕ22mm×2600mm锚杆，二次支护采用ϕ22mm×3000mm锚杆，锚杆间排距为800mm×800mm；变电所一次支护采用ϕ22mm×2800mm锚杆、二次支护采用ϕ22mm×3000mm锚杆，锚杆间排距为800mm×800mm；

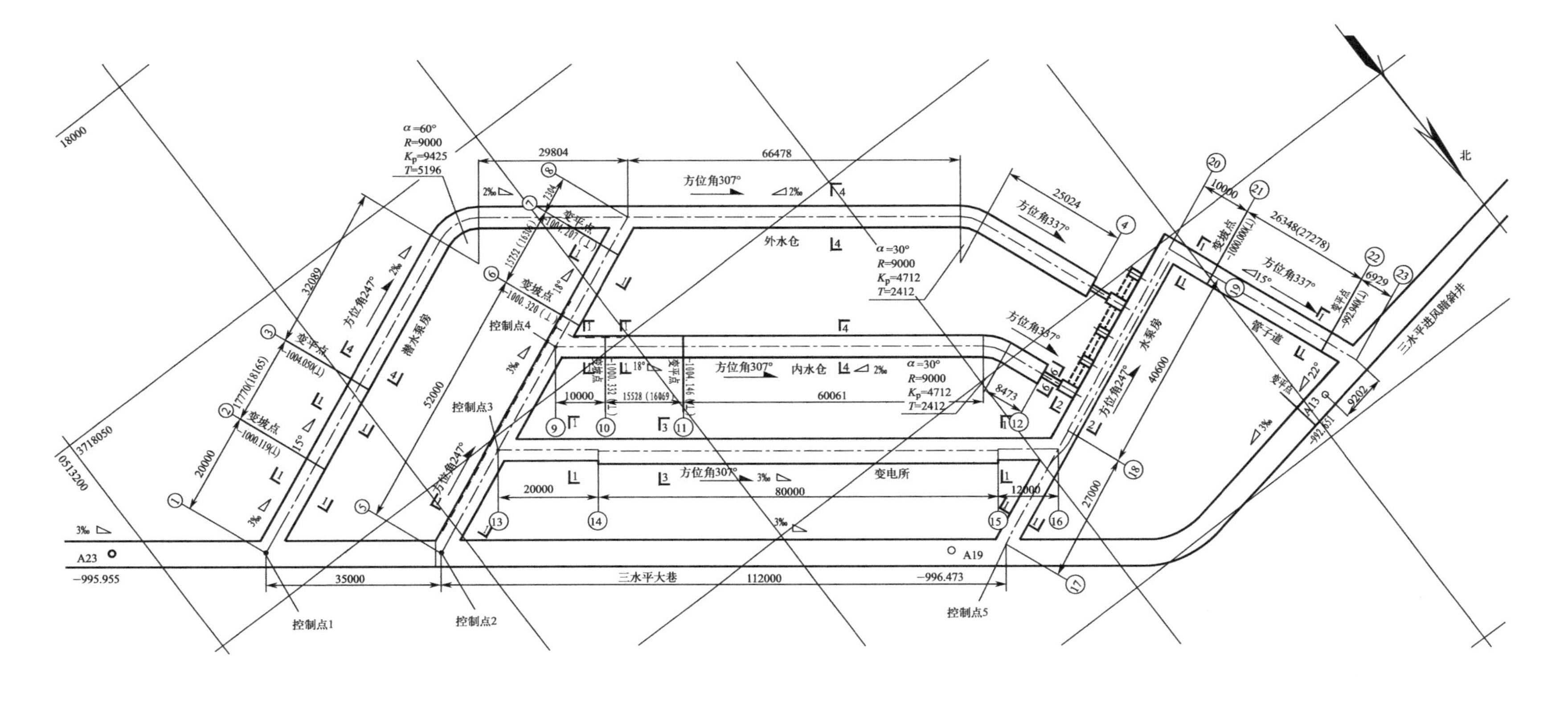

图 2-4 三水平水仓巷道平面布置图

内水仓、外水仓、潜水泵房支护锚杆采用 ϕ22mm×2800mm 锚杆，锚杆间排距为 600mm×800mm；配水井联巷支护锚杆采用 ϕ22mm×2400mm 锚杆，锚杆间排距为 800mm×800mm。锚杆材质为无纵筋螺纹钢金属杆体，每根使用 2 卷树脂锚固剂（K2550 型），锚杆托盘规格为 200mm×200mm×10mm。金属网：ϕ6mm 圆钢加工，长 2500mm，宽 1000mm，网孔规格 100mm×100mm。

锚索：支护锚索采用 YMS22/6.2-1860，锚索间排距为 1600mm×1600mm，锚索托盘规格为 400mm×400mm×10mm，锁具配套，球形垫片齐全、有效。每根锚索采用 1 卷 K2550 树脂药卷和 2 卷 Z2950 树脂药卷。注浆锚杆：采用 ϕ25mm×2500mm 注浆锚杆，间排距为 1600mm×1600mm。

⑤ 巷道支护断面图。三水平水仓巷道断面及支护如图 2-5 所示。

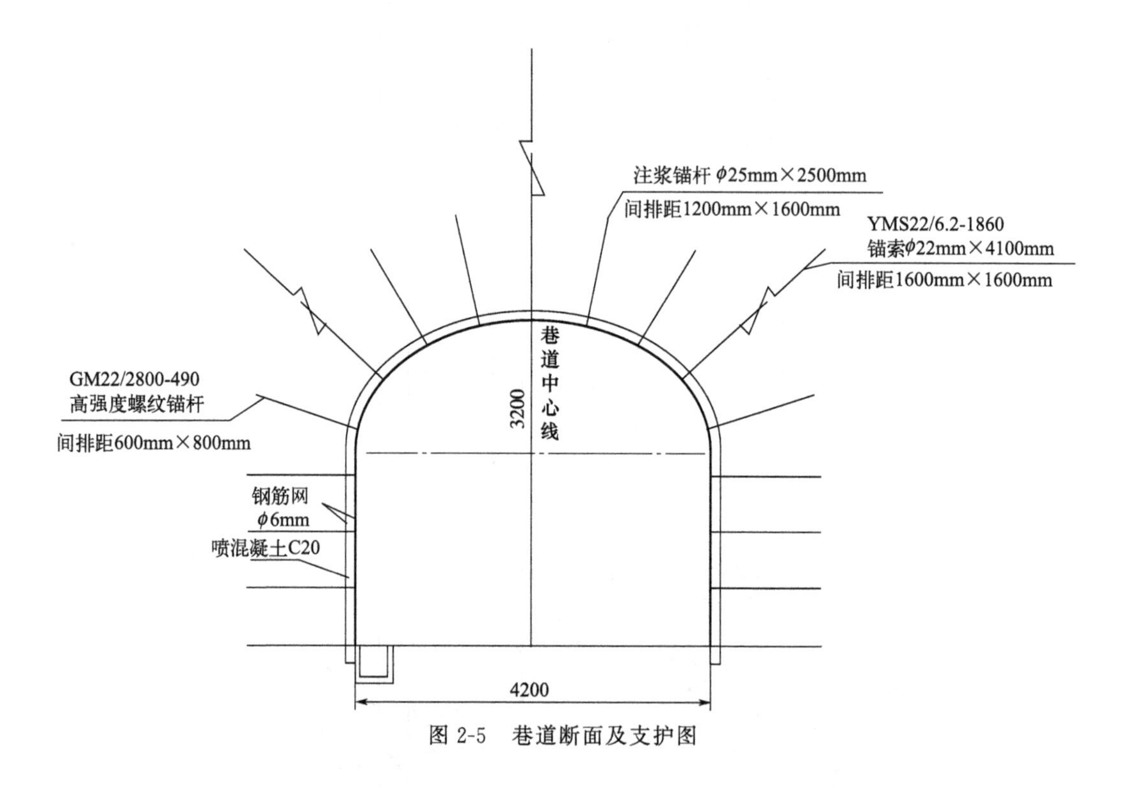

图 2-5　巷道断面及支护图

2.2　围岩力学性能参数测定

2.2.1　围岩力学性能现场测定

2.2.1.1　现场实测仪器设备简介

为使测量结果更加符合工程实际，可采用如图 2-6 所示原位岩石孔内剪切测试仪现场实测岩石抗剪强度。该仪器系美国爱荷华州大学为美国矿务局设计开发，用于矿山安全，水电，隧道、边坡设计等领域，广泛应用于美国、日本、韩国、中国、印度等世界各地。原位岩石孔内剪切测试仪可在勘查现场快速测试各类岩石的剪切力，主要优点是可以快速检测各类岩石剪切强度和残余剪切强度。完成一条莫尔-库仑岩石破坏包络线只需 20～30min，残余强度曲线可以在每次破坏后继续剪切得到。

(1) 技术指标

适用钻孔直径：75.0mm；最大法向力：80.0MPa；最大剪切力：35.0MPa。

(2) 主要配置

① 直径 75mm 硬化工具钢剪切头，获得专利的自对准剪切头，带可更换的插入式合金剪切盘。

② 2.1m 螺纹拉杆及拉杆夹具。

③ 3.6m 深度安装工具包，包括螺纹杆、连接器、高压油管。

④ 空心千斤顶。

⑤ 用于加压的加压泵和读数仪表系统。

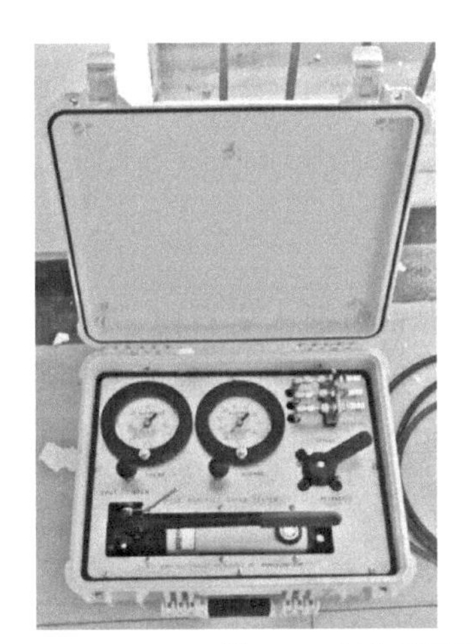

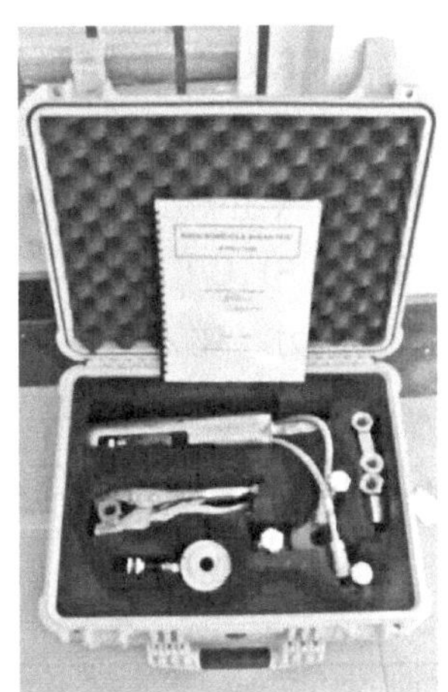

图 2-6 原位岩石孔内剪切测试仪

2.2.1.2 现场实验

(1) 准备工作

① 钻孔

a. 准备钻孔：钻孔直径 76mm (3in)，钻孔直径允许范围：80～83mm；若钻孔方向和层理、节理、断层平行，测试结果更加准确。

b. 成孔要求保证剪切头能轻松放入而不被卡住。

c. 模拟探头：制作一个和剪切头相同直径的模拟探头进行探孔。

d. 孔内最好无水，若不能避免，剪切头旋转部分和滑动部分要涂抹重稠度油脂。

e. 成孔时机要求：最好成孔后立即进行测试。若成孔时间过长，测试数据会离散，而且测得的剪切强度比实际要低。

f. 钻头选择：可以采用水冷金刚钻或者冲击钻，若是某些遇水变软的岩石，最好采用冲击钻。

② 连接液压管，一共三根液压管，标有不同颜色。

剪切头上的扩张管连接至EXPAND，剪切头上的回收管连接至RETRACT，千斤顶上的液压管连接至SHEAR。快速连接头具有自动阀门杆，阻止液压管没连接时漏油。

③ 把拉杆连接到支架上，再增加延长拉杆。

④ 把剪切头放入钻孔中。

⑤ 把调平底板沿着拉杆放到孔口，若孔口岩石较软或者孔口过大，可以放置一块带孔的钢板；调整螺栓，确保底板和孔轴方向垂直。

⑥ 把千斤顶沿着拉杆放到底板上面。

⑦ 把对开螺母接到拉杆靠近千斤顶活塞（测试深度可通过对开螺母连续调节）的位置。

（2）测试过程

① 施加座入力，步骤如下。

a. 把多管阀把手转到EXPAND扩张位置。

b. 打开法向压力阀门（右侧压力表下部）。

c. 关闭剪切压力阀门（左侧压力表下部）。

d. 液压泵的阀门转到SHUT关闭。

e. 加压至相应座入应力，座入力应足够把钢齿插入岩石内，但是不能过大把岩石压碎或压缩。

建议座入力如表2-1所示，除非岩石会发生固结，座入力可比相应测试过程中法向应力高。

表2-1 座入力推荐值

岩性	座入力/MPa	备注
泥岩	6.0～7.0	870～1015psi
砂岩	25.0～30.0	3625～4350psi

f. 等待5min座入岩石。

g. 继续用泵加压至法向应力值，或者把液压泵阀门逐渐打开，施加比座入力小的法向应力。

h. 等待几分钟，偶尔调整泵压直至法向压力值读数稳定，这是因为新的液压管会有一定膨胀。

② 剪切

a. 关闭法向压力阀门。

b. 打开液压泵阀门。

c. 打开剪切压力阀门。

d. 关闭液压泵阀门开始加压。

e. 观察剪切表读数，并记住最大值，同时要读取法向表读数；因为剪切岩石时法向应力会发生变化（岩石膨胀或者压缩）。

f. 法向应力读数变大证明岩石发生膨胀，若读数下降证明岩石发生压缩。

g. 剪应力读数一般会逐渐增大到最大值，接着突然下降，记录最大值，继续加压。

h. 继续剪切测试残余强度，此时剪应力会交替上升下降，而法向应力读数通常会下降，记录两个压力表最大值，继续加压直至读数均衡或者变化缓慢。

③ 第一个测点数据得到后，阀门应处于如下位置。

a. 液压泵阀门：打开，释放剪应力。

b. 剪切阀门：关闭，关闭剪切系统。

c. 法向应力阀门：打开，打开法向应力系统。

d. 多管阀：RETRACT 回收，准备关闭剪切头。

e. 液压泵阀门：关闭。

f. 泵压法向应力到 7MPa，或者剪切头能轻松提拉上来。

g. 打开液压泵阀门，释放回收压力。

h. 拉出剪切头并清理岩石碎屑。

i. 多管阀：EXPAND 扩张，准备下一次测试。

j. 把剪切头旋转 45°并放入同一深度；这样同一深度可以进行 4 次测试。

根据工程实测不同压应力作用下岩石的抗剪强度，通过回归分析可以得出岩石的黏结力及内摩擦角（c、φ）。

2.2.2 围岩力学性能实验室测定

如图 2-7～图 2-9 所示，将试件加工成直径 $\phi=50$mm，高度 $H=100$mm 的标准试件，在实验室进行不同岩性围岩内摩擦角、黏结力、泊松比及弹性模量等相关力学参数的测定。

(a)

(b)

图 2-7 现场取芯试样

使用图 2-10 所示装置，通过标准试件抗压强度实验可以测定不同岩性围岩的弹性模量、泊松比。弹性模量和泊松比可由式(2-1) 和式(2-2) 表示：

$$E=\frac{\sigma_b-\sigma_a}{\varepsilon_b-\varepsilon_a} \tag{2-1}$$

式中　E——弹性模量，MPa；

σ_a,σ_b——应力-应变曲线线性阶段 a、b 两点的应力，MP；

$\varepsilon_a,\varepsilon_b$——应力-应变曲线线性阶段 a、b 两点的应变。

图 2-8　简易切片设备

图 2-9　岩石双端面磨平设备

(a) 加载阶段

(b) 破坏阶段

图 2-10　不同岩性围岩弹性模量、泊松比测定

$$\lambda=\frac{\varepsilon_{db}-\varepsilon_{da}}{\varepsilon_{lb}-\varepsilon_{la}} \tag{2-2}$$

式中　λ——泊松比；

$\varepsilon_{la},\varepsilon_{lb}$——$a$ 点处、b 点处的纵向应变；

$\varepsilon_{da},\varepsilon_{db}$——$a$ 点处、b 点处的横向应变。

工程中经常采用体积模量 K 和剪切模量 G 来反映岩土类材料的力学性能参数。与弹性模量 E 及泊松比 λ 的关系可表示为：

$$K=\frac{E}{3(1-2\lambda)} \tag{2-3}$$

$$G=\frac{E}{2(1+\lambda)} \tag{2-4}$$

使用图 2-11 所示装备，通过工程实测不同轴向压力作用下岩石的抗剪强度，根据莫尔-库仑理论，通过岩石抗剪强度可以采用回归分析得出不同岩性围岩的黏结力 c 和内摩擦角 φ。

图 2-11　不同岩性围岩的黏结力及内摩擦角测定

2.2.3　巷道围岩应变软化本构关系测定

深部软岩松动破碎圈与塑性软化区、塑性硬化区的特征区别有关文献已有诸多论述，其中最显著的区别在于围岩强度即黏结力 c、内摩擦角 φ 衰减程度的不同。塑性区围岩尽管有微裂隙产生，但裂隙规模较小且未贯通，围岩黏结力 c 及内摩擦角 φ 近似于不变；处于塑性软化区内的煤岩的大部分裂隙已经贯通，围岩的 c、φ 值加速衰减并产生扩容变形，强度衰减与扩容变形程度有关。松动破碎圈内围岩裂隙完全贯通，围岩强度 c、φ 衰减至残余强度 $\bar{c}$、$\bar{\varphi}$ 并保持不变，同时产生明显的碎胀变形。FLAC3D 中应变软化 SS 本构关系通过塑性系数 ε^{ps} 表征岩石的峰后损伤程度，依据围岩的 c、φ 的值随塑性系数 ε^{ps} 的变化来表征 c、φ 的衰减。塑性系数 ε^{ps} 与岩石的黏聚力 c 和内摩擦角 φ 之间的关系推导如式(2-5) 所示：

$$\varepsilon^{ps}=\frac{\sqrt{3}}{3}\sqrt{1+\frac{1+\sin\psi}{1-\sin\psi}+\left(1+\frac{1+\sin\psi}{1-\sin\psi}\right)^{2}\times\frac{\gamma^{p}(1+\sin\psi)}{2}} \tag{2-5}$$

式中　ε^{ps}——围岩的塑性系数；

ψ——围岩的剪胀角，(°)；

γ^{p}——围岩的剪切应变。

由于在深部软岩巷道中岩层的围岩剪胀角一般取 $\psi=8°$，可得式(2-6)：

$$\varepsilon^{ps}=0.664\gamma^{p} \tag{2-6}$$

围岩剪切应变 γ^{p} 是利用围岩的最大主塑性应变 ε_1 以及最小主塑性应变 ε_3 相减所得值的绝对值，可用式(2-7) 所示：

$$\gamma^{p}=|\varepsilon_1-\varepsilon_3| \tag{2-7}$$

同时通过在试验巷道现场取芯取样，并在实验室做成标准岩芯试件（直径 $d=50$mm、高度 $h=100$mm)，使用 MTS 压力机加载测出岩石强度峰值后不同卸载位置的最

大主塑性应变 ε_1 和最小主塑性应变 ε_3。通过实验室数据和理论分析可知岩体的黏聚力 c 和内摩擦角 φ 与塑性系数 ε^{ps} 之间的回归方程见式(2-8)、式(2-9)：

$$c=\overline{c}+k_1 e^{-\frac{\varepsilon^{ps}}{k_2}} \tag{2-8}$$

$$\varphi=\overline{\varphi}+k_3 e^{-\frac{\varepsilon^{ps}}{k_4}} \tag{2-9}$$

式中　$\overline{c}$——残余黏结力，MPa；

$\overline{\varphi}$——残余内摩擦角，(°)；

k_1、k_2、k_3、k_4——相关系数。

(1) Ⅲ3 采区围岩力学性能参数及应变软化回归方程

不同围岩的力学性能参数如表 2-2 所示，黏聚力 c、内摩擦角 φ 随塑性系数 ε^{ps} 的衰减回归方程如表 2-3 所示。

表 2-2　不同围岩的力学性能参数

岩性	黏聚力 c/MPa	内摩擦角 φ/(°)	体积模量/GPa	剪切模量/GPa	泊松比
断层破碎带 1	1.2	26	1.47	0.45	0.36
断层破碎带 2	1.0	22	1.44	0.38	0.35

表 2-3　黏聚力 c、内摩擦角 φ 随塑性系数 ε^{ps} 的衰减回归方程

岩性	黏聚力 c/MPa	内摩擦角 φ/(°)	衰减回归方程
断层破碎带 1	1.2	26	$c=0.8+0.4e^{-\frac{\varepsilon^{ps}}{0.0035}}, \varphi=16.5+1.5e^{-\frac{\varepsilon^{ps}}{0.006}}$
断层破碎带 2	1.0	22	$c=0.7+0.3e^{-\frac{\varepsilon^{ps}}{0.00068}}, \varphi=20+2e^{-\frac{\varepsilon^{ps}}{0.00212}}$

(2) 三水平水仓围岩力学性能参数及应变软化回归方程

不同岩性围岩的力学性能参数如表 2-4 所示，不同岩性围岩的峰后强度 c、内摩擦角 φ 与随塑性系数 ε^{ps} 的衰减回归方程如表 2-5 所示。

表 2-4　不同围岩岩性的力学性能参数

岩性	黏聚力 c/MPa	内摩擦角 φ/(°)	弹性模量 E/GPa	泊松比 λ
泥岩	1.0	22	1.3	0.35
砂质泥岩	1.5	28	1.5	0.35
泥质砂岩	2.0	32	1.8	0.30

表 2-5　不同岩性峰后强度 c、内摩擦角 φ 随塑性系数 ε^{ps} 的衰减回归方程

岩性	黏聚力 c/MPa	内摩擦角 φ/(°)	衰减回归方程
泥岩	1.0	22	$c=0.7+0.3e^{-\frac{\varepsilon^{ps}}{0.0035}}, \varphi=20.0+2.0e^{-\frac{\varepsilon^{ps}}{0.006}}$
砂质泥岩	1.5	28	$c=1.0+0.5e^{-\frac{\varepsilon^{ps}}{0.003}}, \varphi=25.0+3.0e^{-\frac{\varepsilon^{ps}}{0.005}}$
泥质砂岩	2.0	32	$c=1.3+0.7e^{-\frac{\varepsilon^{ps}}{0.0025}}, \varphi=27.0+5.0e^{-\frac{\varepsilon^{ps}}{0.004}}$

2.3 工程实测方法

Ⅲ3 运输斜巷及三水平水仓巷道围岩表面变形观测采用十字拉线法，Ⅲ3 运输斜巷及三水平水仓巷道顶板、帮部及底板围岩内部测点变形采用多点位移计观测，锚杆受荷采用锚杆测力计进行工程实测。

(1) 围岩表面变形观测

如图 2-12 所示，巷道顶底板 *BD* 部位布置铅垂线，巷道帮部 *AC* 部位布置水平线，与 *BD* 十字交叉于 *O* 点，通过测量不同时间 *OB*、*OD* 的距离变化反映巷道顶板、底板的表面变形随时间的变化，通过测量不同时间 *OA*、*OC* 的距离变化反映巷道两帮表面变形随时间的变化，安装后第一周每隔三天观测一次数据变化情况，然后每周观测一次。

若顶板出现明显下沉或破碎时，必须在顶板明显下沉区域或破碎段增加布置一组十字测点进行监测。

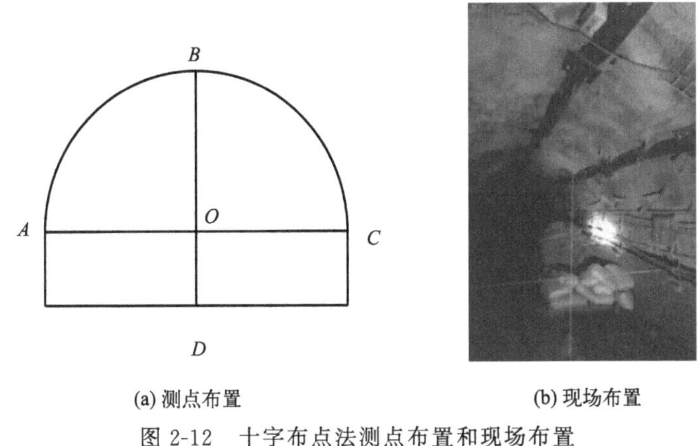

(a) 测点布置　　(b) 现场布置

图 2-12　十字布点法测点布置和现场布置

(2) 围岩变形观测

Ⅲ3 运输斜巷及三水平水仓巷道多点位移计现场布置如图 2-13、图 2-14 所示，将 LBY-3 型顶板离层仪安装在巷道顶板、帮部及底板的不同位置，每个顶板离层仪布置两个测点，在测点位置安装锚固爪头，通过各测点位置顶板离层仪钢丝绳长度的变化反映该测点位置围岩的变形与巷道表面的变形差值，通过分析各测点变形差及其随时间的变化来反映不同测点围岩的变形及其随时间的变化。

(3) 锚杆受荷观测

本次采用 MCS-200 数显式锚杆测力计，最大承受能力 200kN，精度等级 2.5 级。锚杆测力计上的读数就是锚杆所受的压力值，锚杆的直径乘以其抗拉强度就是锚杆所受到的极限压力值。三水平水仓巷道及Ⅲ3 运输斜巷锚杆测力计布置如图 2-15、图 2-16 所示，现场锚杆测力计布置如图 2-17 所示。

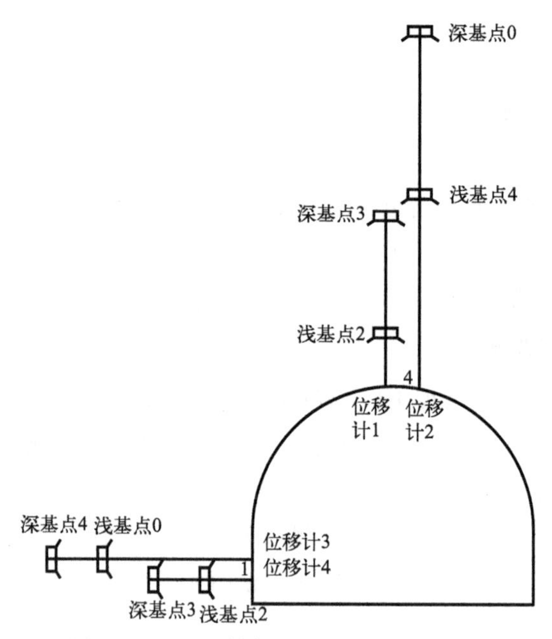

图 2-13　Ⅲ3 运输斜巷的多点位移计布置

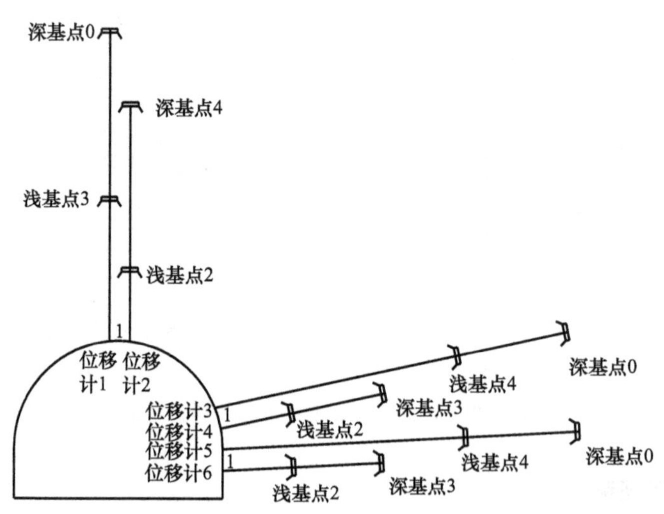

图 2-14　三水平水仓巷道的多点位移计布置

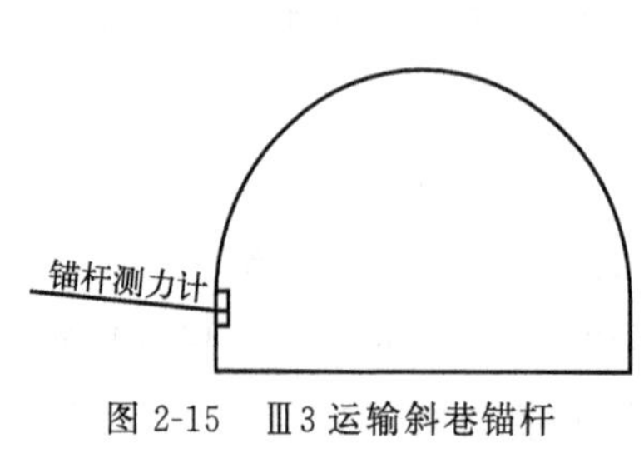

图 2-15　Ⅲ3 运输斜巷锚杆的测力计布置

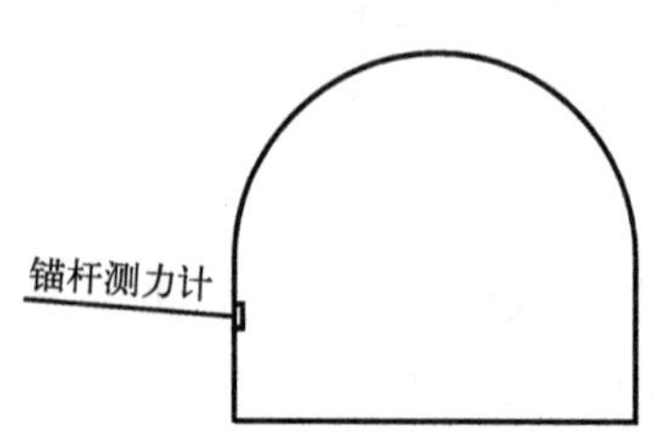

图 2-16　三水平水仓巷道锚杆测力计的布置

图 2-17　锚杆测力计

2.4 数值模拟方法

2.4.1 FLAC3D 软件介绍

FLAC3D 软件是由美国 Itasca 公司开发的连续介质力学分析软件，目前已成为目前世界上岩土力学计算中的重要数值方法之一，在国际学术界和工业界享有盛名。FLAC3D 软件在岩土工程领域的应用范围越来越广，FLAC3D 软件已成功运用到诸多工程领域，例如边坡和基坑稳定性评价、隧道工程、矿山工程及各类工程设计，运用效果良好，受到广泛好评。FLAC3D 软件是基于三维有限差分的算法，并广泛应用于建筑工程、交通、煤矿以及石油的开采及环境等领域。著名岩石力学学者 Charles Fairhurst 曾指出："在岩土工程领域中，有限差分法软件有着其他数值模拟软件无法比拟的优势"。FLAC3D 能够对岩石、土体和其他材料进行结构受力和塑性流动分析与模拟，其内置了十分强大的网格生成器，通过匹配和连接内置的 13 种基本网格模型能生成一系列较为复杂的三维结构网格，从而模拟实际结构。FLAC3D 的基本原理主要是拉格朗日有限差分法，利用显式差分方法和动态松弛方法模拟连续介质的非线性力学状态。这种方法源自流体力学中应用的拉格朗日法，通过研究流体质点的运动方式和特点，将整个研究范围同步到网格中，将网格划分的节点看作是质点，从而用拉格朗日法研究网格节点随时间变化的运动状态，尤其在大变形、小应变计算模式下能提供强大的动力分析功能。FLAC3D 中内置了十分丰富的材料模型，如空模型、3 个弹性模型和 8 个塑性模型，包括了常用的莫尔-库仑模型、霍克-布朗模型和应变软/硬化模型等，不同模式之间可相互耦合，来更精准地表达实际工程需要。FLAC3D 软件还可以模拟各种实体材料与支护结构形式，如锚杆（索）单元(cable)、衬砌单元（liner)、壳单元（shell)、梁单元（beam)、桩单元（pile）等，可以满足多种支护或加固设计需要，同时在建模时还提供了多种网格模型，可以更让计算模型贴合工程实际。此外，FLAC3D 软件中还内置了 FISH 语言，可以自由定义全新的变量与函数，用户还可以通过 C＋＋自定义模型来满足各种实际求解问题的需求。软件拥有极其强大的后处理功能。软件从最初的 DOS 版更新到现在的 7.0 版本，不仅功能得到了极大的优化与提升，操作界面与应用模块也发生了较大改变，从最初的命令操作到现在的窗口操作，变得十分简便，运行速度也有了质的提高。FLAC3D 软件一般通过提前编写好的命令流用 TXT 文档直接运行，也可以提前写好命令在运行过程中对某一部位或重要节点设置监测结构单元，其应力应变或者位移量大小能直接在计算进行的同时在 plot 界面显示出来，从而能更加直观地进行分析。FLAC3D 是国际通用的岩土工程专业分析软件，具有强大的计算功能和广泛的模拟能力，尤其在大变形问题的分析方面具有独特的优势。软件提供的针对岩土体和支护体系的各种本构模型和结构单元更突出了专业特性。广泛应用于各种岩土及地下工程，主要广泛应用于各种隧道、边坡、基坑、巷道等，在世界地下及岩土工程范围内也得到广泛使用。与其他工程软件不同的是，大多数软件是基于有限元进行模拟计算，而 FLAC3D 是基于有限差分，通过反复迭代来求解，对于使用者来说可以任意控制精度，在进行大量模拟时可以降低精度标准来寻找规律，这样在极大地节约时间成本的同时，也可以得到初步的规律，便于后期更加精确地仿真计算。

FLAC3D在计算运行的时候可以通过程序设置来监测结构单元、节点等的应力、变形以及各种物理力学参数的变化，这样就可以为巷道支护提供极大的便利。在巷道或者隧道中为了发挥围岩的自承载力，经常会采用二次支护，在加上初期支护构件后，待变形量达到一定值后（通常为总位移量的80%）进行二次支护，这样就可以更好地发挥岩石自身的强度和减少支护成本。在计算结束后可以输出多种仿真信息，常见的有多种曲线图、云图和分块图、矢量图、动画等。

本章使用的是FLAC3D 5.0版本，操作界面较之前版本有了很大的改变，并且后处理的数据可以不再需要Tecplot软件的配合，在计算结束后可以直接提取某一位置的云图或者是曲线，每个节点的数据也能直接提取到Excel表格中通过Oringin生成曲线图，能更快速地对模拟结果进行分析。

采用FLAC3D软件对岩土工程进行数值模拟时，有三个必须指定的基本部分，即有限差分网格、材料特性（property）和本构关系、边界条件和初始条件。合理的网格划分是数值计算的前提，也是前处理的重要部分，主要是用来定义计算模型的几何形状。本构关系和对应的材料特性主要用来呈现模型在外部荷载的作用下岩体和土体之间的应力-应变关系。边界条件和初始条件则是用来表征模型的初始状态，在本工程中即巷道开挖前的状态。

FLAC3D采用混合离散法模拟材料的屈服或塑性流动特性，利用动态的运动方程对问题进行求解，因此，针对振动、失稳、大变形等动态问题的模拟，FLAC3D表现出较强的优势。

在FLAC3D数值模型中，边界可按条件分为真实边界和人为边界两大类，真实边界是数值模型中的物理对象中真实存在的，比如巷道表面，基坑表面等；但数值模型不可能做得跟自然界的真实情况一模一样，为了限制模型的尺寸与封闭单元体，不得不人为根据实际情况设置边界，即为人为边界，人为边界在真实情况中是不存在的。当模拟无限长和很大的对象时（例如煤矿巷道和周边围岩体，由于计算机内存和时间的限制，不可能使计算模型包含整个对象，可从中截取一部分具有代表性、不影响整体结果的部分进行研究，设置人为边界。本文模拟深部煤岩巷道的围岩稳定性，则截取巷道纵向2m范围、巷道周边60m范围的部分进行研究，因此对于本文的数值模型，巷道表面为真实边界，而周边边界为人为边界。

在FLAC3D软件中，为了使计算模型与工程实际更加吻合，可将边界条件分为应力边界和位移边界，位移边界条件主要是施加位移约束边界条件，应力边界条件主要是设置在边界上施加应力的大小。软件还具有多种结构单元如锚索单元、梁单元、桩单元、衬砌单元等来模拟结构的作用。在本文的数值模型中，为了反映深部软弱煤岩巷道的真实受力和位移情况，模型上边界设为应力边界，即用Apply命令施加应力来模拟实际存在的原岩应力；而在远离巷道中心的地方，开挖巷道不会带来影响或者影响小到可以忽略不计，围岩已基本稳定，不再发生位移，因此将模型周边边界设为位移边界，即用内置Fix命令将边界固定。采用锚索结构单元来模拟锚杆（索）的作用。

利用数值模拟方法对问题进行分析，首先就应从选择材料的本构模型开始。本构模型决定了数值模型是否能正确表示出工程中的实际情况。FLAC3D数值模拟软件中与岩土工程领域有关的常用模型有Drucker-Prager模型、莫尔-库仑模型、应变硬化/软化模型、蠕变模型等。针对深部软弱煤岩，应变软化模型（SS）能充分反映岩石的峰后应力软化特性，最为接近深部地下巷道的工程力学实际，是模拟地下巷道围岩失稳的最佳选择。材料硬化或软化是在塑性屈服开始后的一个逐渐变化的过程，物理性质并不会发生突变，而是变形逐渐脱离弹性特征，直至材料碎裂破坏。应变软化模型中，岩石破坏后的物理力学参数（黏聚力、内摩擦角、剪胀角等）不会保持恒定，而是随着应变的增加而逐渐衰减，这与深部巷道围岩的物理力学性质相符，本项目选用该本构关系来模拟预应力锚杆（索）作用下深部软弱煤岩的松动破碎。

应变软化模型（SS）中，岩石的破坏可分为几个阶段：岩石在破坏前，其应力-应变呈线弹性关系；破坏后，岩石先进入线性应变软化阶段，然后进入理想塑性阶段。该模型的主应变由弹性应变分量和塑性应变分量共同组成，当岩体处于弹性阶段时，应力-应变关系符合广义胡克定律，当岩体屈服破坏后，仍根据广义胡克定律求弹性应变分量产生的应力增量，而塑性应变分量产生的应力增量则依据塑性流动准则求得。FLAC3D中，可以自定义应变软化模型的软化参数形式，黏聚力、内摩擦角及剪胀角等物理力学参数与塑性应变的函数关系可以根据实际情况自行确定。

FLAC3D数值模拟软件可以通过编制TXT文本文件来表达模型尺寸、模型边界条件、材料本构关系、模型网格划分以及计算精度等信息来分析结构受力变形等特征。

2.4.2 锚杆（索）支护深部巷道围岩松动破碎数值计算模型

(1) 网格划分

① Ⅲ3采区的断面为直墙半圆拱，其中上部是半径为2.7m的半圆形，下部是净宽5.4m、净高1.1m的矩形。巷道开挖出口后，受影响围岩的开挖长度约为巷道直径的6倍。最终模型选择沿水平X轴60m和沿垂直Z轴60m的距离，同时巷道掘进Y轴方向为锚杆间排距0.4m。该模型采用六面体隧道外围渐变放射网格和柱形隧道外围渐变放射网格，根据横截面大小划分网格，使网格由细到粗。由于竖墙半圆拱断面的垂直对称性，模型的初始建立以半圆中心为中心，并用reflect命令选择对称的半截面进行计算和建模，减少了网格数量，提高了模型的计算速度。

② 三水平水仓的断面为直墙三心拱，其中三心拱拱高1.4m，下部是净宽4.2m、净高1.9m的矩形。巷道开挖后，受影响围岩的范围约为巷道尺寸的6倍。选择模型X方向长度60.0m，垂直Z轴方向60.0m，Y方向厚度取锚杆间排距，采用六面体隧道外围渐变放射网格和柱形隧道外围渐变放射网格，根据横截面大小划分网格，使网格由细变粗。由于竖墙半圆拱断面的垂直对称性，模型的初始建立以半圆中心为中心，并用reflect命令选择对称的半截面进行计算和建模，减少了网格数量，提高了模型的计算速度。以radcylinder命令建立柱形隧道外围渐变放射网格，以brick命令建立六面体隧道外围渐变

放射网格。

(2) 边界条件

如前所述，FLAC3D软件中边界条件分为真实边界和人工边界。人工边界一般又分为应力边界和位移边界两种，应力边界条件用于定义模型边界上施加的应力状态，可以指定边界上的应力大小和分布方式，并可以将边界应力设置为随时间变化或者设置为固定值，通过应力边界条件，可以模拟开挖、荷载施加等情况下的应力变化；位移边界条件用于定义模型边界相对于外部环境的位移约束，可以指定不同方向的位移边界条件，例如水平、垂直或倾斜方向，可以设置边界的位移值，以实现不同的位移约束，通过位移边界条件，可以模拟地震加载、边坡稳定性分析等情况。

① 本文模拟的Ⅲ3采区根据断面和地质情况，固定边界为水平 $X=30$m、$X=-30$m，垂直 $Z=-30$m，沿巷道掘进方向 $Y=0.2$m、$Y=-0.2$m 平面位置。超过这个范围则认为影响几乎可以忽略不计。由于巷道埋深 $H=700$m 左右，以竖直方向 $Z=30$m 平面位置施加荷载来代替自重荷载。为求开挖的变形量，需要设置初始位移为0。边界条件如图2-18所示。

② 本文模拟的三水平水仓根据断面和地质情况，固定边界为水平 $X=30.0$m、$X=-30.0$m，垂直 $Z=-30.0$m，沿巷道掘进方向 $Y=0.35$m、$Y=-0.35$m 平面位置。超过这个范围则认为影响几乎可以忽略不计。以竖直方向 $Z=30.0$m 平面位置施加荷载来代替自重荷载。边界条件如图2-19所示。

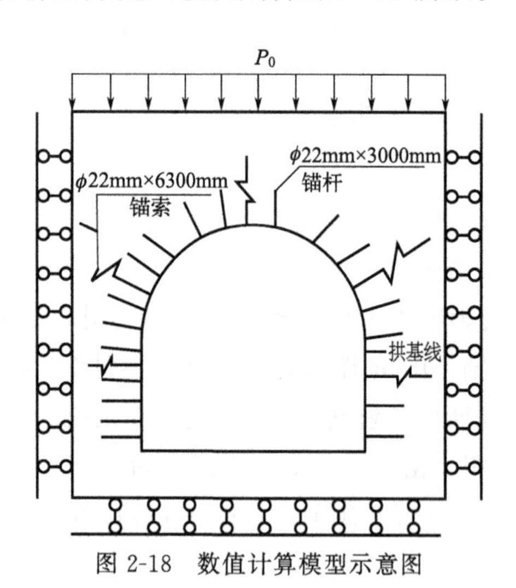

图 2-18　数值计算模型示意图

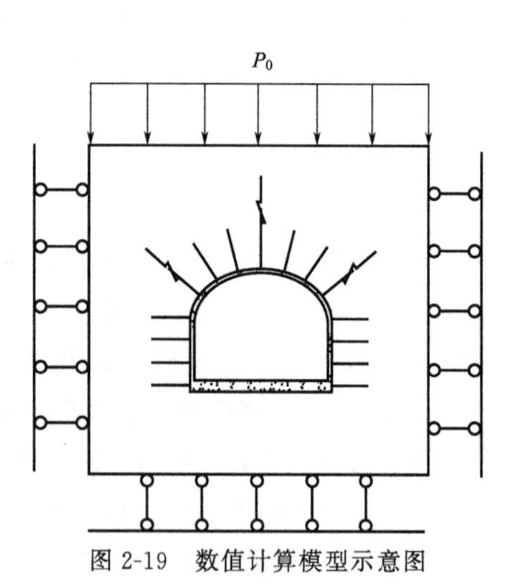

图 2-19　数值计算模型示意图

由于巷道的开挖，深部巷道围岩随之发生二次变形，而实际的变形量是受自重荷载下的沉降量和开挖后的变形量相加。因此为了求开挖的变形量，需要设置初始位移为0。

(3) 本构关系

本构模型是用来描述材料或物质在力学行为上的响应与性质的数学模型，是一种将物质的应力和应变之间的关系建立起来的数学表达式，用于模拟材料在受力下的变形和破坏行为。FLAC3D中提供多种本构模型，如开挖模型、弹性和塑性模型，这些模型具有独特的参数和适用范围，需要根据不同的材料特性和工程需求进行选择，利用合理的本构模型能够模拟岩土体在不同加载条件下的复杂行为，得到更真实和可信的模拟结果。弹性阶段，应变软化模型与莫尔-库仑模型一致。二者的差别在于塑性屈服阶段，莫尔-库仑模型不能反映强度随变形的变化，而应变软化模型中材料黏聚力、内摩擦角、剪胀角会随着塑性应变而发生衰减。本文选择应变软化模型来反映深部软岩巷道围岩变形破碎特征。工程实例1中断层破碎带的力学参数如表2-2所示，根据理论分析和大量实验数据，可得出断层破碎带的峰后强度 c、内摩擦角 φ 与塑性系数 ε^{ps} 的衰减回归方程如表2-3所示。工程实例2中，围岩力学参数选择见表2-4，峰后强度 c、内摩擦角 φ 与塑性系数 ε^{ps} 的衰减回归方程见表2-5。

(4) 锚杆（索）模拟

深部软岩巷道开挖之后，巷道围岩原有的平衡状态即被打破，围岩将向巷道临空面移动，在巷道周边附近发生较大的变形。深部软岩巷道围岩一般在较大范围产生显著松动破碎，松动破碎范围一般满足 $L_p>3000\text{mm}$，该范围内岩石的黏聚力 c、内摩擦角 φ、弹性模量 E 等均有较大程度的下降。必须限制围岩的进一步变形，即限制剪胀变形的发展。预应力锚杆的早承载、快承载的特点，恰好满足了主动支护中时效性的要求。预应力锚杆正是在巷道开挖完成后及时给巷道围岩施加较高的支护反力，限制巷道围岩的早期变形和表面松动、脱落，有效地控制巷道围岩剪胀变形的发展。预应力锚杆可以主动对围岩施加径向围压，使围岩最大限度地恢复三向应力状态，提高围岩承载力，且锚杆本身具有较大抗剪能力，可以提高锚固体的抗剪切强度。

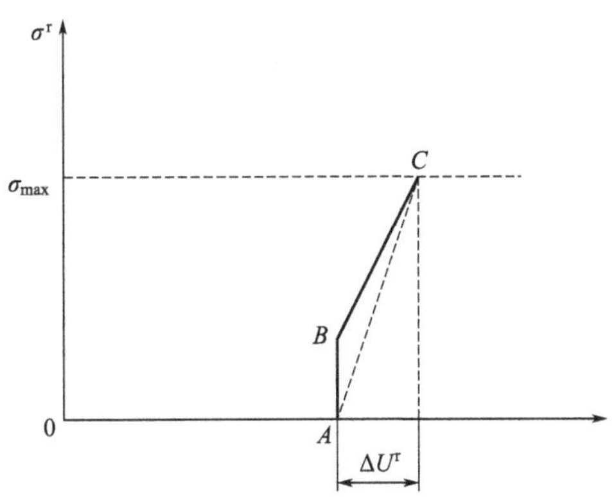

图2-20 预应力锚杆支护特征曲线

σ_{max}—锚杆在巷道围岩中的产生的径向压应力，MPa；
AB—锚杆预应力在巷道围岩中产生的应力，MPa；
BC—锚杆由于围岩变形 ΔU^r 在围岩中产生的应力，MPa

预应力锚杆的支护特征曲线如图2-20所示。

预应力锚杆荷载由两部分组成，即张拉荷载和变形荷载，其支护特征曲线方程可表示为：

$$\sigma=\frac{p_r}{ab}+\frac{k}{ab}\Delta U^r \tag{2-10}$$

式中 ΔU^r——巷道围岩的径向位移，m；

σ——预应力锚杆施加在巷道壁上的平均径向应力，MPa；

p_r——单根预应力锚杆张拉荷载，N；

k——预应力锚杆刚度，N/m；

a，b——锚杆间排距，m。

由式(2-10)可知，预应力锚杆可以及时提供较高的支护反力，达到控制围岩剪胀变形发展的目的。

深部软岩巷道中，为充分发挥预应力锚杆的支护效果，预应力锚杆群在围岩中应形成相互叠加的附加应力场，形成一定厚度的组合拱，提高整体承载效果。本项目采用FLAC3D数值模拟方法分析预应力锚杆支护成拱的形成机理。

锚杆（索）的作用主要用来加固巷道，在松动圈支护理论中，锚杆（索）的作用主要用来限制围岩的破碎。本书主要使用cable单元来模拟锚杆（索）支护。锚杆（索）的锚固段采用锚固剂将预应力锚杆与岩层结合成一个整体，增加了锚固件与围岩之间的摩擦效应，增强了锚固件的承压能力，并将拉力从自由段传递到围岩深处。然后，自由段可用于施加预应力，并通过托盘将拧紧螺母产生的扭矩推力传递到锚固体区，从而在围岩中产生初始附加压应力。预应力锚杆（索）的强度通常不超过其抗拉强度的2/3，自由段的长度通常约为锚杆长度的60%。锚杆（索）的结构图如图2-21所示，预应力锚杆（索）相关计算参数的取值如表2-6所示。

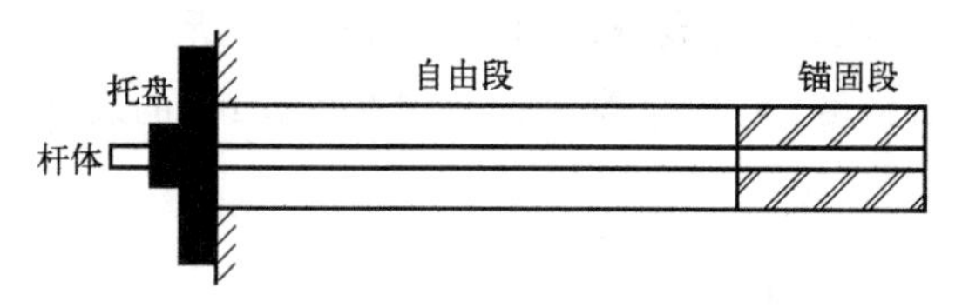

图2-21　预应力锚杆（索）示意图

表2-6　预应力锚杆（索）相关计算参数取值

名称	计算参数取值
预应力锚杆	$E=10\times e^{10}$ Pa, $\delta_s=490\times e^{6}$ N, $X=3.8\times e^{-4}$ m^2
预应力锚索	$E=20\times e^{10}$ Pa, $\delta_s=1860\times e^{6}$ N, $X=2.488\times e^{-4}$ m^2

2.5 钻孔卸压深部巷道围岩主应力大小及分布数值计算模型

(1) 网格划分

FLAC3D网格模型建立的方法分为直接法和间接法两种，直接法是利用FLAC3D内置的网格生成器使得网格和几何模型同时生成，可以根据自己模型的几何形状在FLAC3D网格库中选择例如radial-brick、radial-cylinder、radial-tunnel等13种原始网格形状，进行网格模型建立，但该方法较只适用于一些几何外形较为简单的分析对象；而间接法是用到其他软件来辅助建模，例如ANSYS、ABAQUS、RIHNO+GRIDDLE等软件，该方法适用于几何外形复杂的分析对象，建立网格模型时通过点、线、面、体，先建立对象的几何外形，再进行实体模型的网格划分来完成网格模型的建立。

依托工程实例2的工程实际，选用的网格最大尺寸为0.2m，为了提高计算精确度和速度，仅对巷道周围10.0m范围内的网格进行加密，六面体网格尺寸设置为0.2m，其余范围的网格尺寸设置为0.8m。由于巷道开挖后的影响范围为巷道半径的5～6倍，因此网格模型的平面尺寸为长×宽=60.0m×60.0m，模型的厚度方向根据不同卸压钻孔排距的改变而改变，以实现精确的简化计算。

由于钻孔卸压的三维模型在FLAC3D中的建立较为复杂。因此在网格模型建立时使用了ABAQUS来辅助建模，再将模型导入至FLAC3D中，其一般方法为：在ABAQUS

软件完成建模后，输出 .inp 文件，然后通过 FLAC3D 工具栏中的 import 选项导入模型，然后输出 .f3grid 文件，最后在命令流中通过 impgrid 命令调用 .f3grid 模型文件。FLAC3D 中模拟钻孔卸压措施的方法是通过在 ABAQUS 软件进行网格模型建立时，在草图命令中在巷道帮部某个位置，绘制不同直径的平面圆，再根据不同长度进行拉伸，最后形成卸压钻孔实体的参数，在 FLAC3D 中使用 group 命令将这些实体进行命名编组。通过对命名编组好的实体赋予 null（空模型）来将卸压钻孔实体进行开挖，以实现对巷道采取钻孔卸压措施的模拟。网格模型建立完成后导入至 FLAC3D 中，如图 2-22 所示。

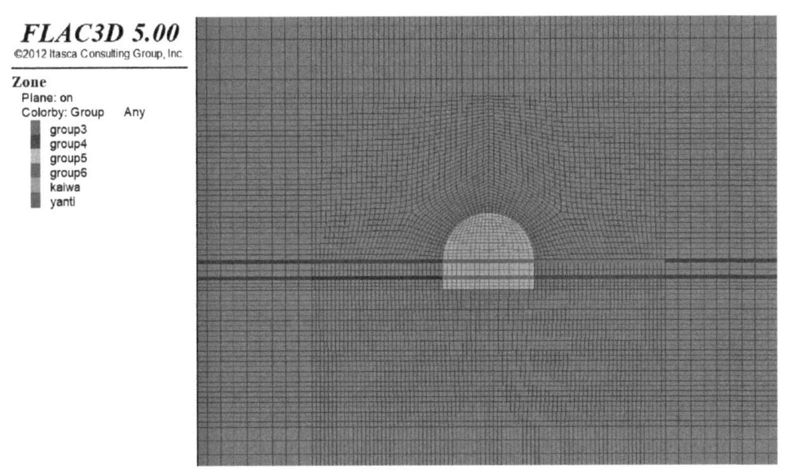

图 2-22 巷道钻孔卸压网格模型图（扫前言二维码可见彩图）

(2) 边界条件

根据工程实例 2 的工程实际，模拟钻孔卸压对深部巷道围岩稳定性的影响，模型顶部施加原岩应力的作用，对模型底部及两侧施加约束限制位移，模型边界条件如图 2-23 所示。

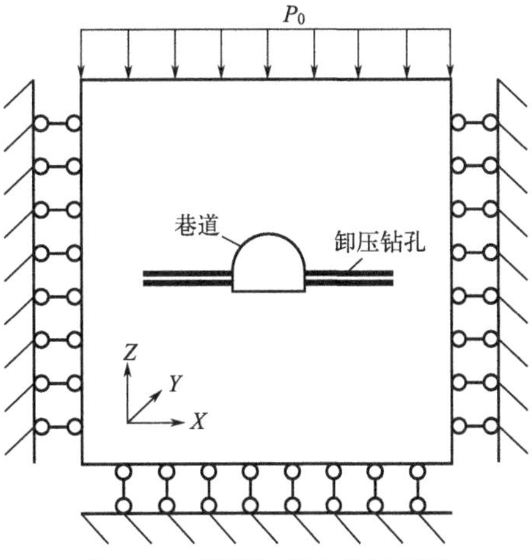

(3) 本构关系

依据工程实例 2 的工程实际，巷道围岩力学性能参数如表 2-4 所示，峰后强度 c、内摩擦角 φ 与塑性系数 ε^{ps} 的衰减回归方程见表 2-5。

P_0 巷道 卸压钻孔 Z Y X

图 2-23 模型边界条件设置图

2.6 本章小结

本节主要介绍了某矿Ⅲ3 采区三水平水仓巷道的工程概况、地层位置、地质构造和岩性情况、巷道的布置和支护形式；介绍了采用十字拉线法和多点位移计观测巷道表面及围岩内部测点变形的方法及测点布置，用锚杆测力计观测锚杆受荷的方法及测点布置；介绍了数值模拟典型巷道围岩松动破碎变形以及钻孔卸压的数值计算模型。

第3章 深部巷道围岩松动破碎及稳定性分析

随着煤炭开采进入深部，由于巷道埋置深、地应力大以及岩性差，围岩变形破坏严重，前掘后修现象普遍存在，掘进工效低、速度慢、安全性差，选择合理的指标对巷道围岩稳定性进行评价，进而选择合理的支护保持围岩稳定在工程中有广泛的应用背景，深部巷道开挖周围依次形成松动破碎区、塑性区、弹性区，当塑性区强度（黏结力 c、内摩擦角 φ）衰减为残余强度（黏结力 $\bar{c}$、内摩擦角 $\bar{\varphi}$），围岩塑性区逐渐演化成松动破碎区。围岩稳定性主要由松动破碎区的围岩碎胀确定。

以松动圈厚度对围岩稳定性进行分类已广泛应用于浅部巷道围岩支护实践并取得令人满意的效果，但针对深部巷道围岩的适用性有待研究；围岩的表面位移及表面碎胀程度是松动破碎范围围岩碎胀累积的结果，围岩表面位移由于在工程上易得已应用于围岩稳定性评价工程实践，但主要根据经验确定，合理性有待研究；围岩表面碎胀程度由于在工程上难以量化获得，目前作为围岩稳定性评价指标应用得较少。深部巷道围岩表面碎胀程度和位移梯度显著相关，可以用位移梯度表征围岩破碎程度，本文结合某矿区三水平水仓巷道和运输斜巷直墙半圆拱巷道工程实际，以工程实测分析得出的围岩表面位移速度衰减系数对典型部位的稳定性进行判别，以位移梯度表征围岩破碎程度、以位移梯度超过 10mm/m 范围作为围岩松动圈厚度，分析围岩松动圈厚度、表面位移以及表面位移梯度与围岩稳定性的相关性，分析了仅以松动圈厚度作为围岩稳定性评价指标的局限性，提出以围岩表面位移梯度作为围岩稳定性的评价指标，选择合理支护控制松动圈范围的碎胀，使围岩表面碎胀程度控制在临界容许范围内，为工程应用提供依据。

3.1 不同条件下深部巷道的围岩松动圈厚度分布及碎胀分布

采用如图 2-18 所示的数值计算模型，取如图 3-1 所示典型部位，分析不同锚杆间排距、不同锚杆长度、不同锚杆预紧力以及不同原岩应力条件下深部巷道的围岩松动圈厚度及碎胀分布。

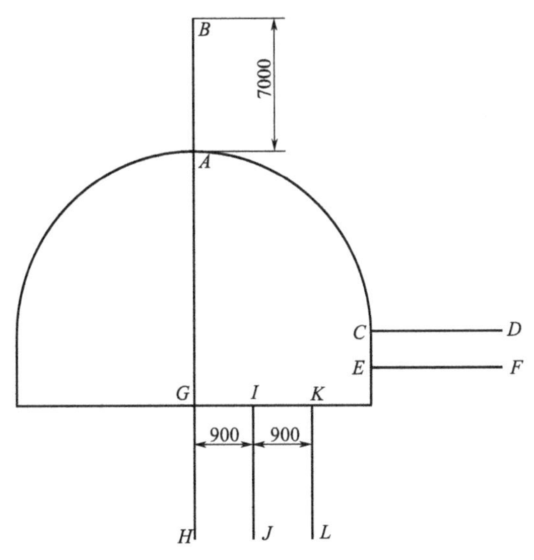

图 3-1　典型部位布置示意图（单位：mm）

3.1.1　不同锚杆间排距下深部巷道的围岩松动圈厚度及碎胀分布

(1) 锚杆间排距取 400mm×400mm

取锚杆间排距 $a\times b=400\text{mm}\times 400\text{mm}$，锚杆长度 $L=3.0\text{m}$，锚杆预紧力 $F=100\text{kN}$，由于预应力锚杆相互作用，形成了预应力锚杆压缩拱，压缩拱强度增加为 $c=1.2\text{MPa}$，内摩擦角为 $\varphi=26°$，围岩力学性能参数及本构关系见表 2-2、表 2-3 中的断层破碎带 1。数值模拟得出巷道围岩黏结力分布云图如图 3-2 所示、巷道围岩位移分布云图如图 3-3 所示。

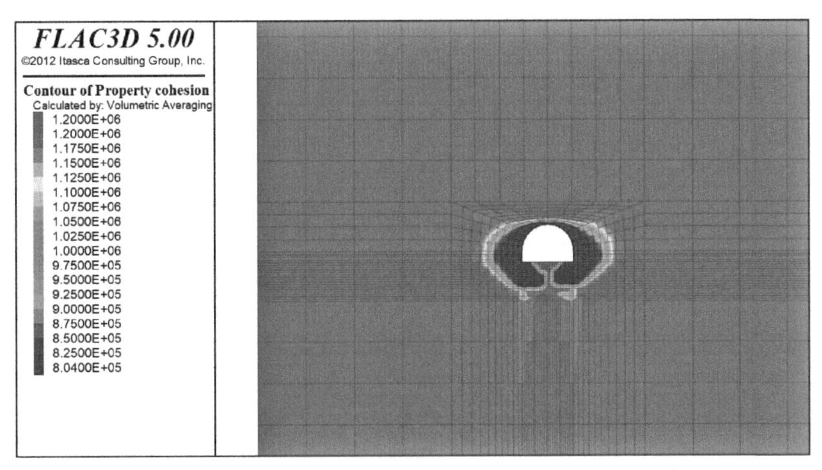

图 3-2　巷道围岩黏结力分布云图（扫前言二维码可见彩图）

典型部位距巷道表面不同位置的黏结力数值模拟结果如表 3-1 所示。依据表 3-1，可得典型部位围岩的黏结力分布如图 3-4 所示。

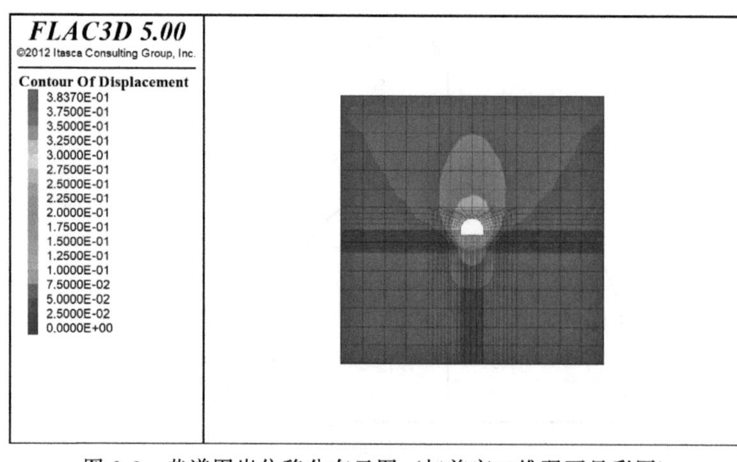

图 3-3 巷道围岩位移分布云图（扫前言二维码可见彩图）

表 3-1 典型部位距巷道表面不同位置的黏结力数值模拟结果 单位：MPa

距巷道表面距离/m	典型部位					
	顶板 *AB*	拱基线 *CD*	帮部 *EF*	底板 *GH*	底板 *IJ*	底板 *KL*
0	0.804000	0.000000	0.000000	0.804000	0.804000	0.804000
0.241379	0.828344	0.804000	0.804000	0.804000	0.804000	0.804000
0.482759	1.185350	0.804000	0.804000	0.804000	0.804000	0.804000
0.724138	1.200000	0.804000	0.804000	0.804000	0.804000	0.804000
0.965517	1.200000	0.804000	0.804000	0.804000	0.804000	0.804000
1.20690	1.200000	0.804000	0.804000	0.804000	0.804000	0.804000
1.44828	1.200000	0.804000	0.804000	0.804000	0.804000	0.804000
1.68966	1.200000	0.817151	0.819100	0.804000	0.804000	0.804000
1.93103	1.200000	0.817151	0.819100	0.804000	0.804000	0.804000
2.17241	1.200000	0.823822	0.824928	0.804000	0.804000	0.804000
2.41379	1.200000	0.823822	0.824928	0.804000	0.804000	0.804000
2.65517	1.200000	0.823822	0.824928	0.804000	0.804000	0.804000
2.89655	1.200000	0.840459	0.840973	0.804000	0.804000	0.804000
3.13793	1.200000	0.840459	0.840973	1.177232	0.804000	0.804000
3.37931	1.200000	0.840459	0.840973	1.177232	1.198604	0.804000
3.62069	1.200000	1.194910	1.19620	1.177232	1.198604	1.052514
3.86207	1.200000	1.194910	1.19620	1.177232	1.198604	1.052514
4.10345	1.200000	1.194910	1.19620	1.200000	1.198604	1.052514
4.34483	1.200000	1.194910	1.19620	1.200000	1.200000	1.052514
4.58621	1.200000	1.200000	1.200000	1.200000	1.200000	1.052514
4.82759	1.200000	1.200000	1.200000	1.200000	1.200000	1.052514
5.06897	1.200000	1.200000	1.200000	1.200000	1.200000	1.200000
5.31034	1.200000	1.200000	1.200000	1.200000	1.200000	1.200000
5.55172	1.200000	1.200000	1.200000	1.200000	1.200000	1.200000

续表

距巷道表面距离/m	典型部位					
	顶板 *AB*	拱基线 *CD*	帮部 *EF*	底板 *GH*	底板 *IJ*	底板 *KL*
5.7931	1.200000	1.200000	1.200000	1.200000	1.200000	1.200000
6.03448	1.200000	1.200000	1.200000	1.200000	1.200000	1.200000
6.27586	1.200000	1.200000	1.200000	1.200000	1.200000	1.200000
6.51724	1.200000	1.200000	1.200000	1.200000	1.200000	1.200000
6.75862	1.200000	1.200000	1.200000	1.200000	1.200000	1.200000
7.00000	1.200000	1.200000	1.200000	1.200000	1.200000	1.200000

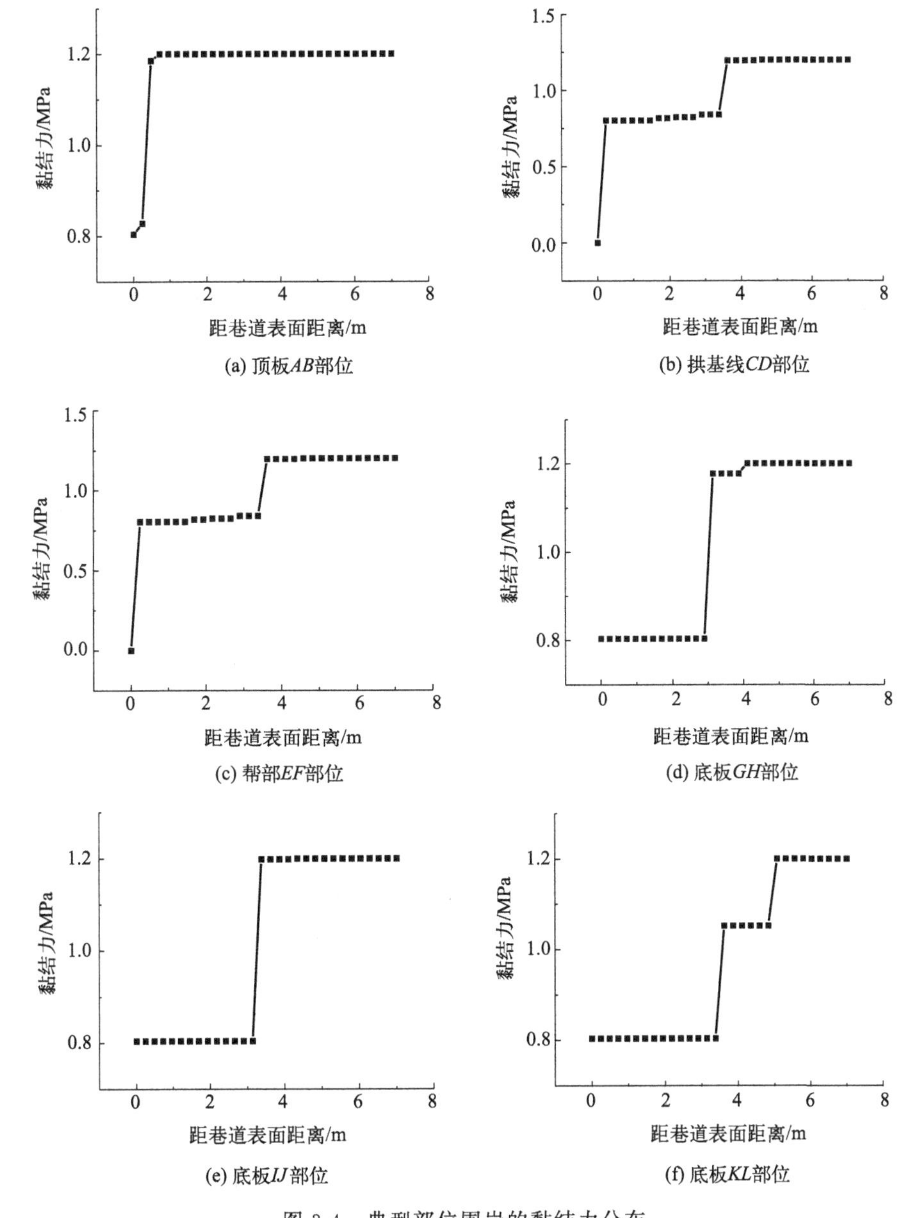

图 3-4 典型部位围岩的黏结力分布

根据围岩残余强度分布范围估算巷道围岩典型部位松动圈厚度如表3-2所示。

AB 部位，拱基线 CD 部位，帮部 EF 部位，底板 GH 部位、IJ 部位、KL 部位距巷道表面不同距离的位移见表3-3～表3-5。

表3-2　巷道典型部位松动圈厚度

部位	松动圈厚度/m	部位	松动圈厚度/m
AB	0.48	GH	3.10
CD	3.62	IJ	3.38
EF	3.62	KL	3.62

表3-3　AB 部位距巷道表面不同距离的位移

距巷道表面距离/m	位移/mm
0	75.6897
0.555556	71.8991
1.11111	65.0562
1.66667	61.4906
2.22222	58.4528
2.77778	56.2319
3.33333	54.1217
3.88889	52.0116
4.44444	49.9015
5.00000	47.7914

表3-4　拱基线部位和帮部部位距巷道表面不同距离的位移

距巷道表面距离/m	拱基线 CD 位移/mm	帮部 EF 位移/mm
0	64.8038	66.5100
0.344828	55.7582	57.5127
0.689655	48.5991	47.7239
1.03448	39.9606	38.7555
1.37931	33.3142	32.3136
1.72414	27.8161	27.0505
2.06897	23.0733	22.5627
2.41379	18.6269	18.2549
2.75862	14.2391	13.9825
3.10345	10.5216	10.2795
3.44828	6.88651	6.64645
3.7931	5.16862	4.95388
4.13793	4.08571	3.90399
4.48276	3.24218	3.09378
4.82759	2.76076	2.64609
5.17241	2.27934	2.19841
5.51724	1.99103	1.9227

续表

距巷道表面距离/m	拱基线 *CD* 位移/mm	帮部 *EF* 位移/mm
5.86207	1.74817	1.68747
6.2069	1.50532	1.45224
6.55172	1.36886	1.31884
6.89655	1.23658	1.18946
7.24138	1.10431	1.06008
7.58621	1.02494	0.982818
7.93103	0.956406	0.916231
8.27586	0.88787	0.849644
8.62069	0.819334	0.783057
8.96552	0.750798	0.71647
9.31034	0.682262	0.649883
9.65517	0.613727	0.583296
10.0000	0.545191	0.516709

表 3-5　底板不同部位距巷道表面不同距离的位移

距巷道表面距离/m	底板 *GH* 位移/mm	底板 *IJ* 位移/mm	底板 *KL* 位移/mm
0	306.9496	294.6224	249.2144
0.241379	219.0848	217.6312	180.8792
0.482759	194.6176	193.5008	147.4464
0.724138	180.6872	173.8632	123.0504
0.965517	171.528	155.9444	107.0916
1.20690	159.8328	137.7294	96.73787
1.44828	143.2423	119.9968	88.35918
1.68966	124.6448	106.5121	82.67844
1.93103	105.1081	96.13812	77.7596
2.17241	85.76183	86.03441	72.2742
2.41379	71.62093	77.66836	67.95905
2.65517	64.20414	69.71603	63.6837
2.89655	60.14572	62.16542	58.60793
3.13793	58.4424	57.81632	54.64415
3.37931	56.90705	55.49284	51.57056
3.62069	55.34274	53.86751	49.62922
3.86207	53.75959	52.31483	48.03413
4.10345	52.44524	51.04282	46.87384
4.34483	51.18144	49.82302	45.78856
4.58621	49.91764	48.60322	44.70335
4.82759	48.65391	47.38342	43.61815
5.06897	46.76655	45.5562	41.9733
5.31034	45.51945	44.35253	40.9023
5.55172	44.27228	43.14878	39.83138

续表

距巷道表面距离/m	底板 GH 位移/mm	底板 IJ 位移/mm	底板 KL 位移/mm
5.7931	43.02518	41.94503	38.76045
6.03448	41.778	40.74128	37.68953
6.27586	40.5309	39.53753	36.61853
6.51724	39.28373	38.33385	35.5476
6.75862	38.03663	37.1301	34.47668
7.00000	36.78945	35.92635	33.40575

依据以上数值模拟结果，可得巷道典型部位围岩的位移分布如图 3-5 所示。

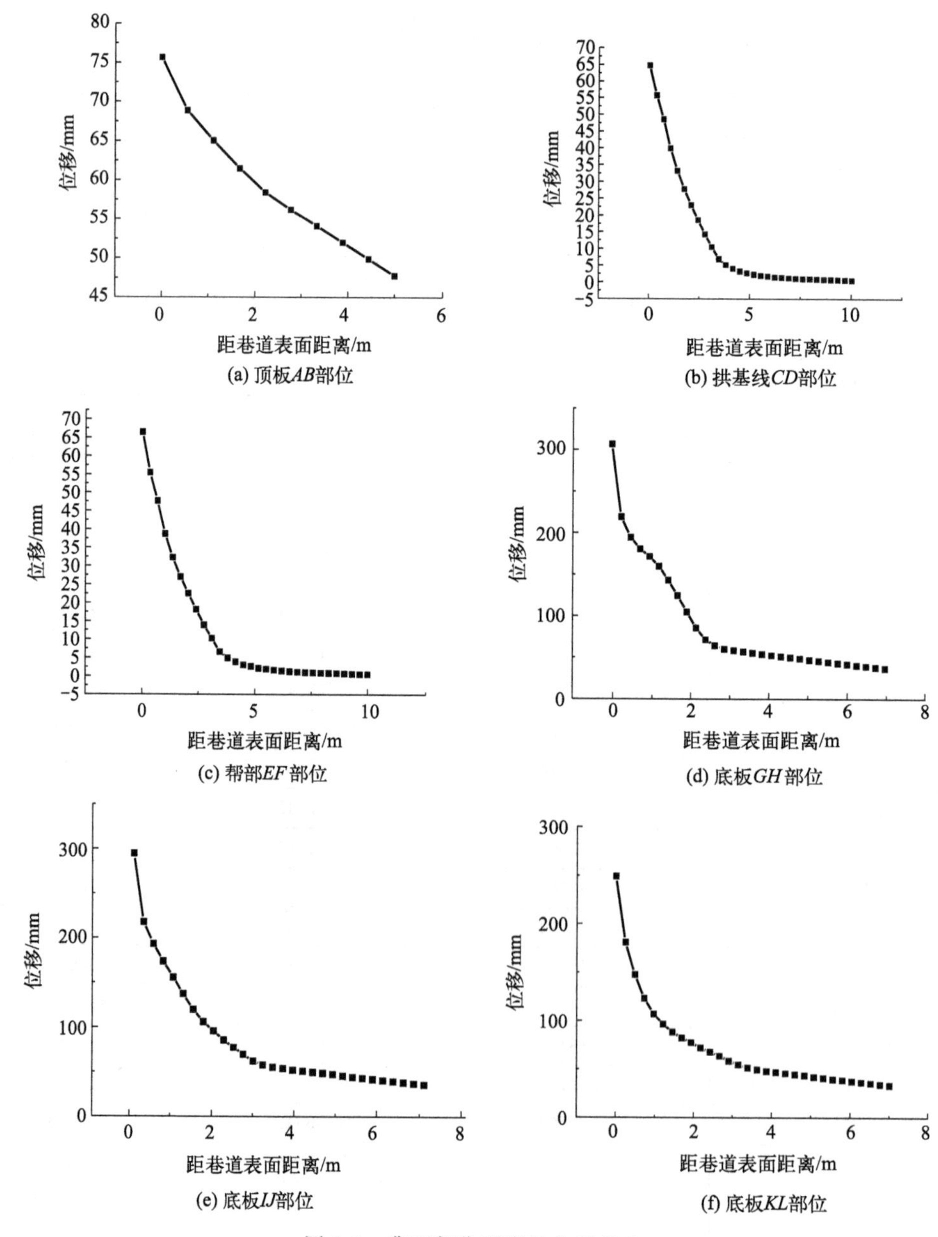

图 3-5　典型部位围岩的位移分布

由图 3-5 可知，巷道围岩不同测点的位移分布较好地满足以下方程：

$$u=k_0+k_1 e^{-k_2 r} \tag{3-1}$$

式中 u——测点位移，mm；

k_0，k_1——系数，mm；

k_2——系数，m^{-1}；

r——测点距巷道表面的距离，m。

不同部位巷道围岩位移随距离变化的方程的回归系数如表 3-6 所示。

表 3-6 不同部位巷道围岩位移随距离变化的方程的回归系数

部位	k_0/mm	k_1/mm	k_2/m^{-1}
AB	40.56	34.38	1.53
CD	−0.75	98.50	0.77
EF	−0.57	98.91	0.74
GH	37.16	257.02	1.08
IJ	39.11	247.74	0.97
KL	41.73	199.56	0.88

根据项目组研究成果，巷道围岩松动圈厚度可按式(3-2) 计算：

$$L=-\frac{1}{k_2}\ln\frac{10}{k_1 k_2} \tag{3-2}$$

定义围岩位移梯度 $\lambda=\left|\frac{du}{dr}\right|$，由此可得巷道各典型部位松动圈厚度，相应松动圈边界上围岩的位移及位移梯度列于表 3-7。

表 3-7 巷道典型部位松动圈厚度及碎胀特征分布

部位	松动圈厚度/m	表面位移/mm	表面位移梯度/(mm/m)	松动圈边界位移梯度/(mm/m)
AB	0.53	75.69	6.82	12.22
CD	3.31	64.80	26.23	10.78
EF	3.50	66.51	26.09	10.74
GH	2.93	306.95	364.01	10.56
IJ	3.34	294.62	318.96	9.28
KL	3.55	249.21	283.10	9.76

(2) 锚杆间排距取 600mm×600mm

改变锚杆间排距 $a\times b=600\text{mm}\times600\text{mm}$，该条件下由于预应力锚杆压缩拱形成引起围岩强度增加为黏结力 $c=1.0\text{MPa}$、内摩擦角 $\varphi=22°$，围岩的力学性能参数及本构关系见表 2-2、表 2-3 中的断层破碎带 2。考虑到直墙半圆拱直墙高度限制及锚杆布置，直墙部位锚杆间距取 $a=400\text{mm}$，排距 $b=600\text{mm}$，巷道围岩黏结力分布云图如图 3-6 所示，巷道围岩位移分布云图如图 3-7 所示。

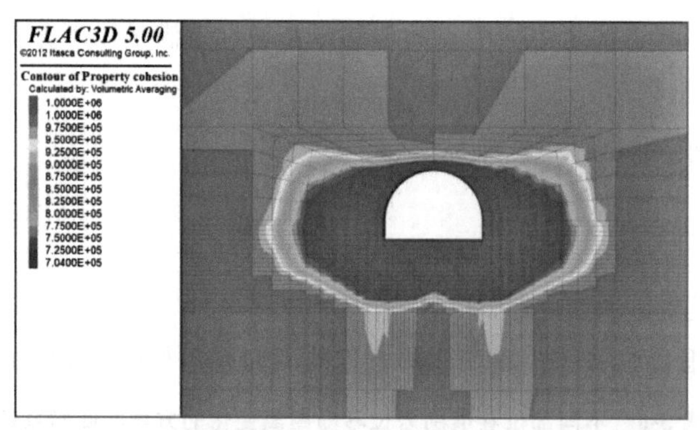

图 3-6　巷道围岩黏结力分布云图（扫前言二维码可见彩图）

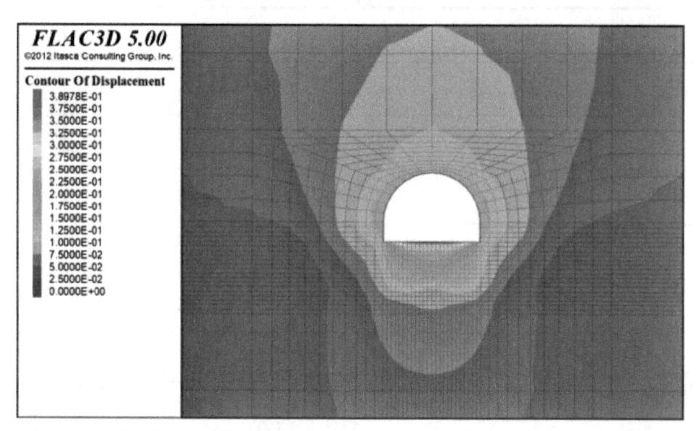

图 3-7　巷道围岩位移分布云图（扫前言二维码可见彩图）

典型部位距巷道表面不同位置的黏结力数值模拟结果如表 3-8 所示，依据表中数据可得典型部位围岩的黏结力分布如图 3-8 所示。

表 3-8　典型部位距巷道表面不同位置的黏结力数值模拟结果　　单位：MPa

与巷道表面距离/m	典型部位					
	顶板 *AB*	拱基线 *CD*	帮部 *EF*	底板 *GH*	底板 *IJ*	底板 *KL*
0	0.704000	0	0	0.704000	0.704000	0.704000
0.241379	0.704000	0.704000	0.704000	0.704000	0.704000	0.704000
0.482759	0.739256	0.704000	0.704000	0.704000	0.704000	0.704000
0.724138	0.872991	0.704000	0.704000	0.704000	0.704000	0.704000
0.965517	0.974358	0.704000	0.704000	0.704000	0.704000	0.704000
1.20690	1.000000	0.704000	0.704000	0.704000	0.704000	0.704000
1.44828	1.000000	0.704000	0.704000	0.704000	0.704000	0.704000
1.68966	1.000000	0.704000	0.704000	0.704000	0.704000	0.704000
1.93103	1.000000	0.704000	0.704000	0.704000	0.704000	0.704000
2.17241	1.000000	0.704000	0.704000	0.704000	0.704000	0.704000
2.41379	1.000000	0.704000	0.704000	0.704000	0.704000	0.704000
2.65517	1.000000	0.704000	0.704000	0.704000	0.704000	0.704000
2.89655	1.000000	0.704000	0.704000	0.704000	0.704000	0.704000
3.13793	1.000000	0.704000	0.704000	0.869356	0.704000	0.704000

续表

与巷道表面距离/m	典型部位					
	顶板 *AB*	拱基线 *CD*	帮部 *EF*	底板 *GH*	底板 *IJ*	底板 *KL*
3.37931	1.000000	0.704000	0.704000	1.000000	0.719327	0.704000
3.62069	1.000000	0.704000	0.704000	1.000000	0.999381	0.892533
3.86207	1.000000	0.704000	0.704000	1.000000	1.000000	0.917888
4.10345	1.000000	0.704000	0.704000	1.000000	1.000000	1.000000
4.34483	1.000000	0.704000	0.704000	1.000000	1.000000	1.000000
4.58621	1.000000	0.714923	0.714254	1.000000	1.000000	1.000000
4.82759	1.000000	0.714923	0.714400	1.000000	1.000000	1.000000
5.06897	1.000000	0.714923	0.714400	1.000000	1.000000	1.000000
5.31034	1.000000	0.852311	0.839257	1.000000	1.000000	1.000000
5.55172	1.000000	0.852311	0.839257	1.000000	1.000000	1.000000
5.7931	1.000000	0.852311	0.839257	1.000000	1.000000	1.000000
6.03448	1.000000	0.852311	0.839257	1.000000	1.000000	1.000000
6.27586	1.000000	1.000000	1.000000	1.000000	1.000000	1.000000
6.51724	1.000000	1.000000	1.000000	1.000000	1.000000	1.000000
6.75862	1.000000	1.000000	1.000000	1.000000	1.000000	1.000000
7.00000	1.000000	1.000000	1.000000	1.000000	1.000000	1.000000

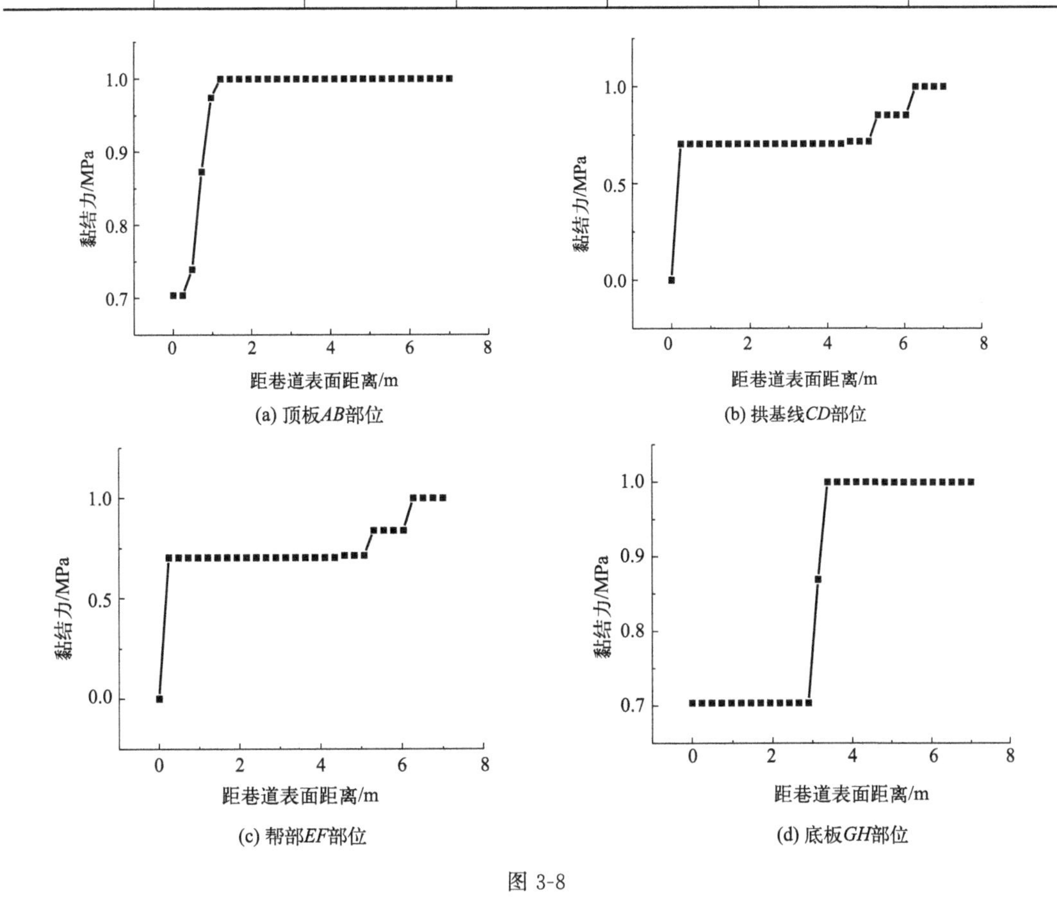

(a) 顶板*AB*部位

(b) 拱基线*CD*部位

(c) 帮部*EF*部位

(d) 底板*GH*部位

图 3-8

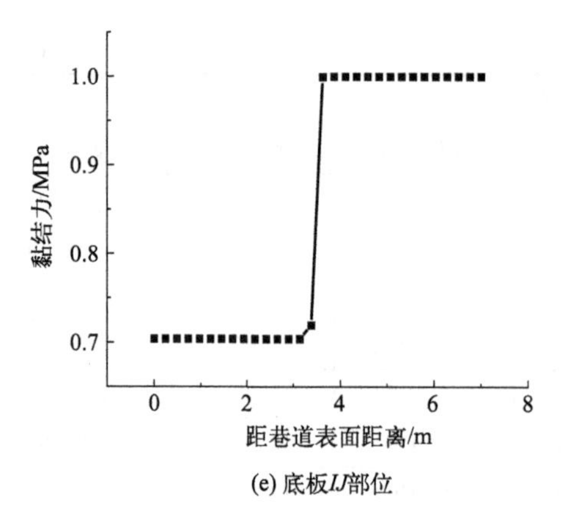

(e) 底板IJ部位

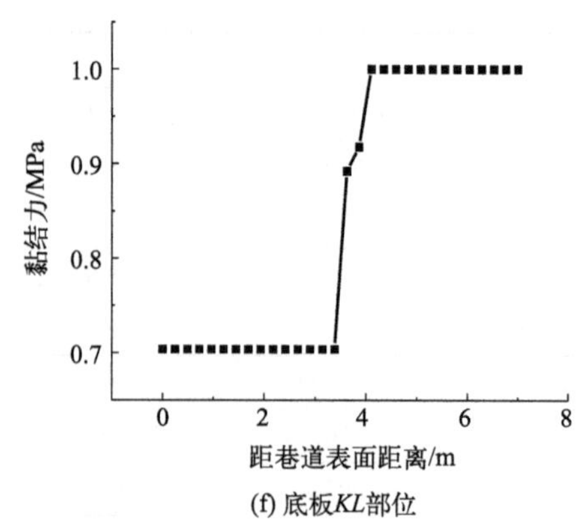

(f) 底板KL部位

图 3-8 典型部位围岩的黏结力分布

根据围岩残余强度分布范围估算巷道围岩典型部位松动圈厚度如表 3-9 所示。

AB 部位，拱基线 *CD* 部位，帮部 *EF* 部位，底板 *GH* 部位、*IJ* 部位、*KL* 部位距巷道表面不同距离的位移见表 3-10～表 3-12。

表 3-9 巷道典型部位松动圈厚度

部位	松动圈厚度/m	部位	松动圈厚度/m
AB	0.72	*GH*	3.14
CD	5.31	*IJ*	3.62
EF	5.31	*KL*	3.62

表 3-10 *AB* 部位距巷道表面不同距离的位移

距巷道表面距离/m	顶板 *AB* 位移/mm
0	121.846
0.555556	115.238
1.11111	109.876
1.66667	105.395
2.22222	101.577
2.77778	98.5825
3.33333	95.7001
3.88889	92.8176
4.44444	89.9351
5.00000	87.0527

表 3-11 拱基线部位和帮部部位距巷道表面不同距离的位移

距巷道表面距离/m	拱基线 *CD* 位移/mm	帮部 *EF* 位移/mm
0	133.852	132.142
0.344828	122.746	121.47
0.689655	114.702	112.829
1.03448	104.727	102.982

续表

距巷道表面距离/m	拱基线 *CD* 位移/mm	帮部 *EF* 位移/mm
1.37931	96.5592	95.8879
1.72414	88.7919	88.9951
2.06897	81.2882	82.2349
2.41379	72.1385	73.2986
2.75862	62.6642	63.9332
3.10345	53.2837	54.4362
3.44828	43.9148	44.9231
3.7931	35.9504	36.9046
4.13793	28.4511	29.3811
4.48276	21.9753	22.8279
4.82759	17.0476	17.7425
5.17241	12.1199	12.6571
5.51724	9.50396	9.8525
5.86207	7.43206	7.58478
6.2069	5.36016	5.31706
6.55172	4.58099	4.5276
6.89655	3.85273	3.79636
7.24138	3.12447	3.06513
7.58621	2.81064	2.75467
7.93103	2.58169	2.5304
8.27586	2.35275	2.30613
8.62069	2.1238	2.08185
8.96552	1.89485	1.85758
9.31034	1.6659	1.63331
9.65517	1.43696	1.40904
10.0000	1.20801	1.18477

表 3-12　底板 *GH*、*IJ*、*KL* 部位距巷道表面不同距离的位移

距巷道表面距离/m	底板 *GH* 位移/mm	底板 *IJ* 位移/mm	底板 *KL* 位移/mm
0	389.769	375.747	319.571
0.241379	305.558	279.876	234.438
0.482759	251.88	250.561	191.465
0.724138	237.434	229.377	162.215
0.965517	225.689	205.795	140.933
1.2069	212.508	182.529	127.041
1.44828	194.515	162.105	117.489
1.68966	171.462	144.926	110.014

续表

距巷道表面距离/m	底板 *GH* 位移/mm	底板 *IJ* 位移/mm	底板 *KL* 位移/mm
1.93103	146.531	131.328	103.663
2.17241	123.285	119.667	97.8756
2.41379	101.973	108.558	92.3442
2.65517	88.3106	97.6961	86.8477
2.89655	82.2643	87.412	81.2093
3.13793	79.5426	79.8513	75.3332
3.37931	77.4743	75.7989	70.653
3.62069	75.418	73.5202	68.079
3.86207	73.3272	71.4687	65.9595
4.10345	71.5817	69.7796	64.4111
4.34483	69.9015	68.1574	62.9644
4.58621	68.2213	66.5352	61.5177
4.82759	66.5411	64.9131	60.071
5.06897	64.8609	63.2909	58.6243
5.31034	63.1807	61.6688	57.1776
5.55172	61.5005	60.0466	55.7309
5.7931	59.8203	58.4244	54.2842
6.03448	58.1401	56.8023	52.8375
6.27586	56.4599	55.1801	51.3907
6.51724	54.7797	53.5579	49.944
6.75862	53.0995	51.9358	48.4973
7.00000	51.4193	50.3136	47.0506

依据以上数值模拟结果可得，巷道典型部位围岩的位移分布如图 3-9 所示。不同部位巷道围岩位移随距离变化的方程的回归系数如表 3-13 所示。

表 3-13　不同部位巷道围岩位移随距离变化的方程的回归系数

部位	k_0/mm	k_1/mm	k_2/m^{-1}
AB	71.70	52.65	1.51
CD	−14.08	157.07	0.62
EF	−15.30	156.20	0.61
GH	49.69	311.07	0.98
IJ	53.23	298.97	0.96
KL	57.87	238.82	0.91

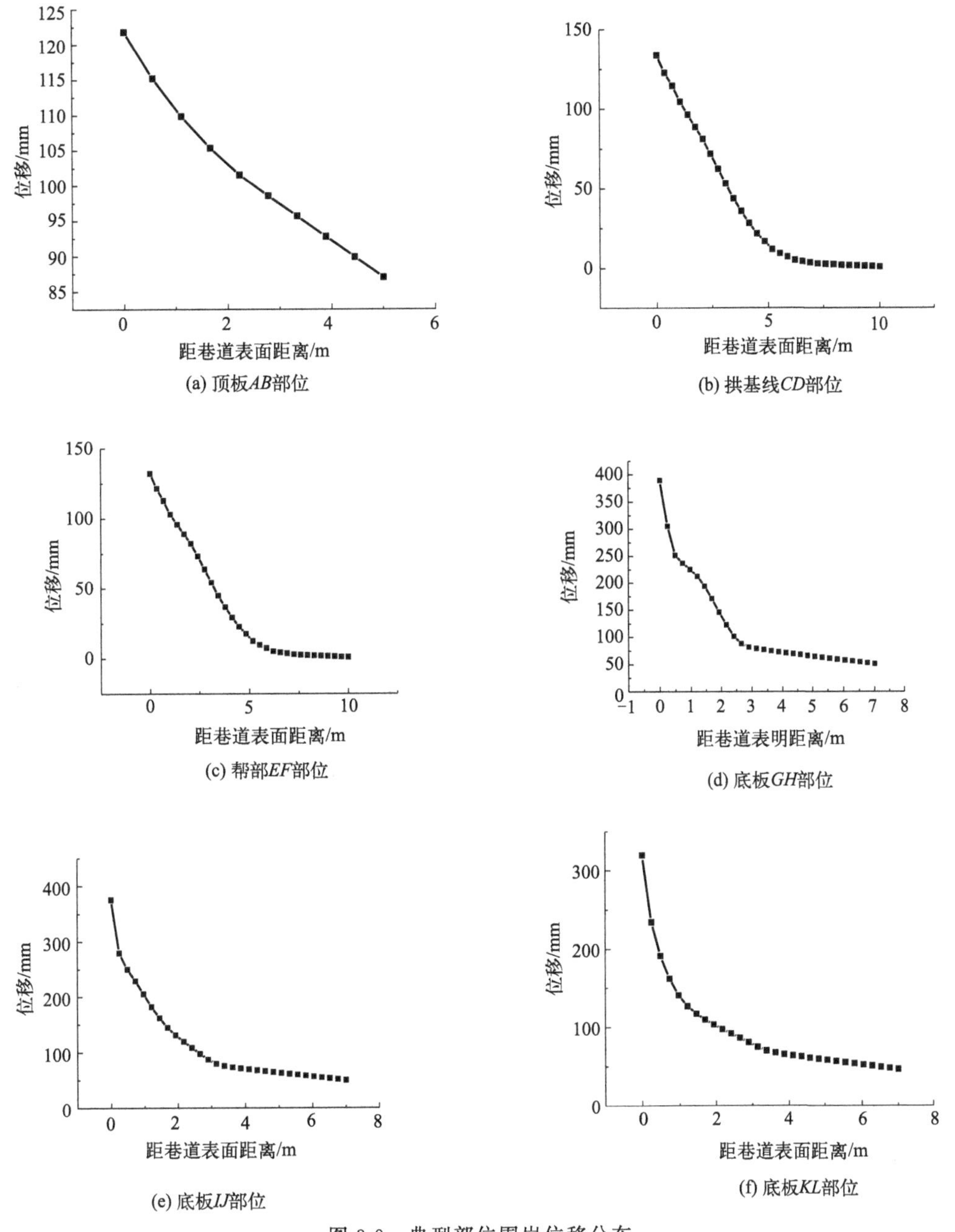

图 3-9 典型部位围岩位移分布

由式(3-2) 可得巷道各典型部位松动圈厚度见表 3-14，相应松动圈边界上围岩的位移梯度列于表 3-14。

表 3-14 巷道典型部位松动圈厚度及碎胀特征分布

部位	松动圈厚度/m	表面位移/mm	表面位移梯度/(mm/m)	松动圈边界位移梯度/(mm/m)
AB	0.83	121.85	11.89	10.06
CD	5.21	133.85	32.21	10.62
EF	5.32	132.14	30.95	10.54

续表

部位	松动圈厚度/m	表面位移/mm	表面位移梯度/(mm/m)	松动圈边界位移梯度/(mm/m)
GH	3.53	389.77	348.87	10.89
IJ	3.58	375.75	397.18	9.78
KL	3.59	319.57	352.69	10.85

(3) 锚杆间排距取 800mm×800mm

改变锚杆间排距为 $a\times b=800\text{mm}\times 800\text{mm}$，直墙半圆拱巷道直墙部分按照间距 $a=800\text{mm}$，距拱基线距离 800mm 处直墙位置布置一根锚杆，该条件下预应力锚杆相互作用不能形成有效压缩拱，围岩强度增加不明显，取黏结力 $c=0.84\text{MPa}$，内摩擦角为 $\varphi=20°$。此时巷道围岩黏结力分布云图如图 3-10 所示，巷道围岩位移分布云图如图 3-11 所示。

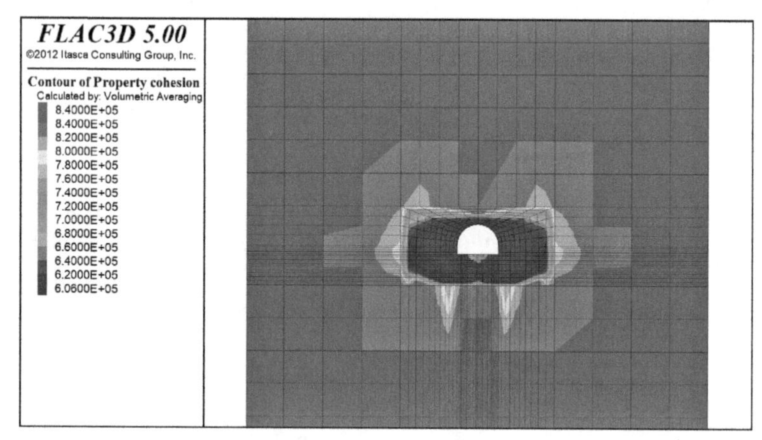

图 3-10　巷道围岩黏结力分布云图（扫前言二维码可见彩图）

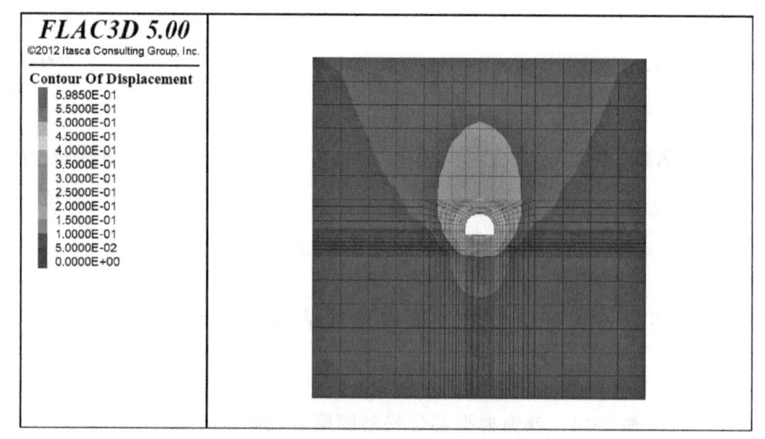

图 3-11　巷道围岩位移分布云图（扫前言二维码可见彩图）

典型部位距巷道表面不同位置的黏结力数值模拟结果如表 3-15 所示，依据表中数据可得典型部位围岩的黏结力分布如图 3-12 所示。

表 3-15 典型部位距巷道表面不同位置的黏结力 单位：MPa

距巷道表面距离/m	典型部位					
	顶板 *AB*	拱基线 *CD*	帮部 *EF*	底板 *GH*	底板 *IJ*	底板 *KL*
0	0.606000	0	0	0.606000	0.606000	0.606000
0.275862	0.606000	0.606000	0.606000	0.606000	0.606000	0.606000
0.551724	0.606000	0.606000	0.606000	0.606000	0.606000	0.606000
0.827586	0.608931	0.606000	0.606000	0.606000	0.606000	0.606000
1.10345	0.673685	0.606000	0.606000	0.606000	0.606000	0.606000
1.37931	0.794223	0.606000	0.606000	0.606000	0.606000	0.606000
1.65517	0.83956	0.606000	0.606000	0.606000	0.606000	0.606000
1.93103	0.840000	0.606000	0.606000	0.606000	0.606000	0.606000
2.20690	0.840000	0.606000	0.606000	0.606000	0.606000	0.606000
2.48276	0.840000	0.606000	0.606000	0.606000	0.606000	0.606000
2.75862	0.840000	0.606000	0.606000	0.606000	0.606000	0.606000
3.03448	0.840000	0.606000	0.606000	0.606000	0.606000	0.606000
3.31034	0.840000	0.606000	0.606000	0.606000	0.606000	0.606000
3.58621	0.840000	0.606000	0.606000	0.606000	0.606000	0.606000
3.86207	0.840000	0.606000	0.606000	0.606824	0.606000	0.606000
4.13793	0.840000	0.606000	0.606000	0.719983	0.606000	0.606000
4.41379	0.840000	0.606000	0.606000	0.800074	0.623934	0.606000
4.68966	0.840000	0.606000	0.606000	0.840000	0.840000	0.840000
4.96552	0.840000	0.606000	0.606000	0.840000	0.840000	0.840000
5.24138	0.840000	0.606000	0.606000	0.840000	0.840000	0.840000
5.51724	0.840000	0.606000	0.606000	0.840000	0.840000	0.840000
5.7931	0.840000	0.606000	0.606000	0.840000	0.840000	0.840000
6.06897	0.840000	0.606000	0.606000	0.840000	0.840000	0.840000
6.34483	0.840000	0.622129	0.620892	0.840000	0.840000	0.840000
6.62069	0.840000	0.622129	0.620892	0.840000	0.840000	0.840000
6.89655	0.840000	0.622129	0.620892	0.840000	0.840000	0.840000
7.17241	0.840000	0.622129	0.620892	0.840000	0.840000	0.840000
7.44828	0.840000	0.840000	0.840000	0.840000	0.840000	0.840000
7.72414	0.840000	0.840000	0.840000	0.840000	0.840000	0.840000
8	0.840000	0.840000	0.840000	0.840000	0.840000	0.840000

根据围岩残余强度分布范围估算巷道围岩典型部位松动圈厚度如表 3-16 所示。

AB 部位，拱基线 *CD* 部位，帮部 *EF* 部位，底板 *GH* 部位、*IJ* 部位、*KL* 部位距巷道表面不同距离的位移见表 3-17～表 3-19。

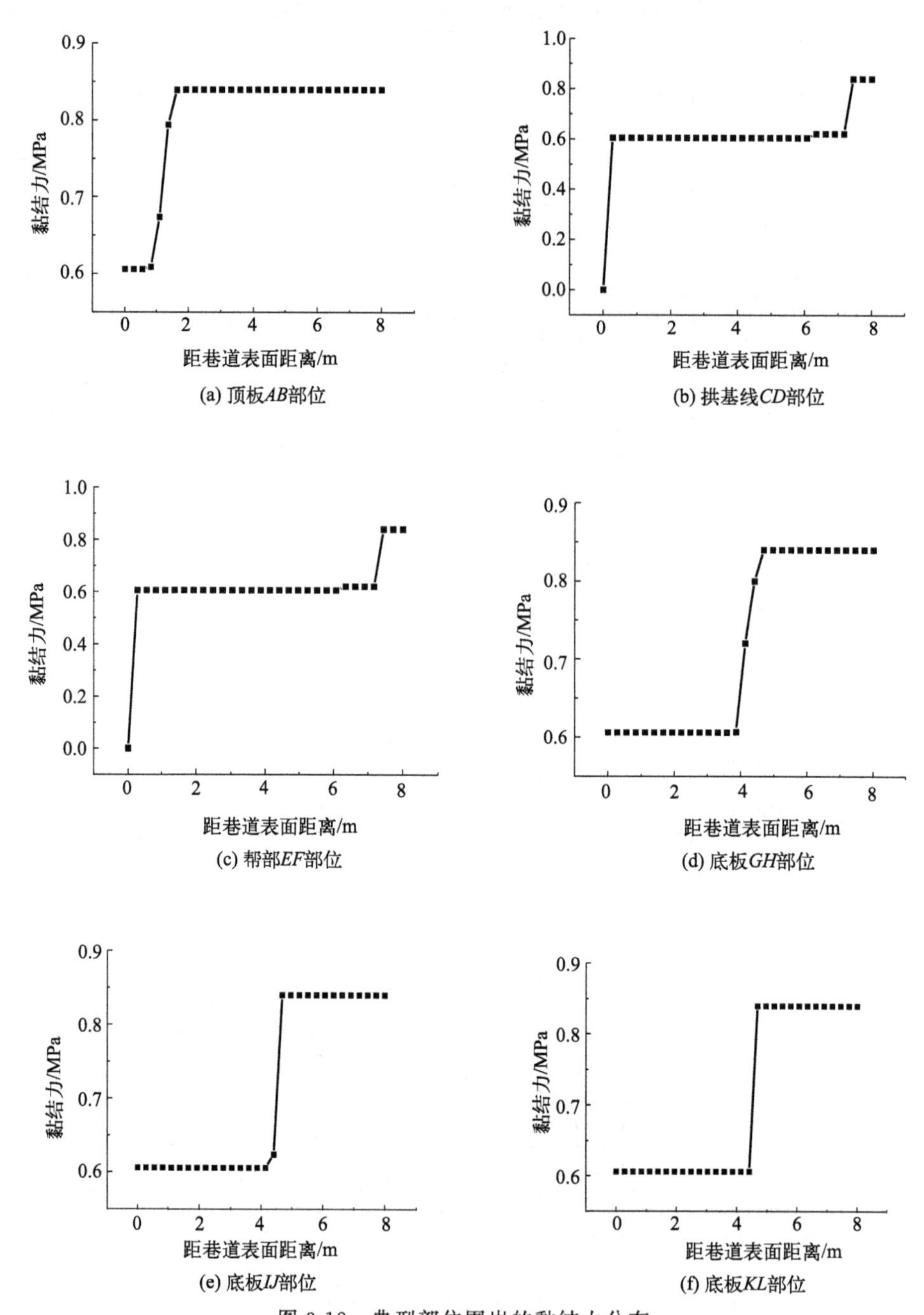

图 3-12　典型部位围岩的黏结力分布

表 3-16　巷道典型部位松动圈厚度

部位	松动圈厚度/m	部位	松动圈厚度/m
AB	1.21	GH	3.62
CD	7.45	IJ	4.10
EF	7.45	KL	4.10

表 3-17　*AB* 部位距巷道表面不同距离的位移

距巷道表面距离/m	顶板 AB 位移/mm
0	179.073
0.555556	169.758
1.11111	162.244
1.66667	157.375
2.22222	153.346
2.77778	149.91
3.33333	146.536
3.88889	143.162
4.44444	139.788
5.00000	136.415

表 3-18　拱基线部位和帮部部位距巷道表面不同距离的位移

距巷道表面距离/m	拱基线 CD 位移/mm	帮部 EF 位移/mm
0	225.498	291.278
0.344828	207.423	244.210
0.689655	195.266	197.711
1.03448	177.536	168.625
1.37931	162.887	159.795
1.72414	152.194	153.084
2.06897	144.101	147.767
2.41379	135.429	139.442
2.75862	126.642	130.524
3.10345	114.613	118.544
3.44828	102.185	106.187
3.79310	90.1462	93.8602
4.13793	78.2371	81.5432
4.48276	67.1486	70.0625
4.82759	57.3013	59.8466
5.17241	47.4541	49.6307
5.51724	39.7565	41.5654
5.86207	32.5649	34.0063
6.2069	25.3732	26.4472
6.55172	20.862	21.6425
6.89655	16.4564	16.9462
7.24138	12.0507	12.2499
7.58621	10.5555	10.6912
7.93103	9.6563	9.77516

续表

距巷道表面距离/m	拱基线 *CD* 位移/mm	帮部 *EF* 位移/mm
8.27586	8.75713	8.85913
8.62069	7.85796	7.94309
8.96552	6.95879	7.02705
9.31034	6.05962	6.11101
9.65517	5.16045	5.19497
10.0000	4.26128	4.27894

表 3-19 底板 *GH*、*IJ*、*KL* 部位距巷道表面不同距离的位移

距巷道表面距离/m	底板 *GH* 位移/mm	底板 *IJ* 位移/mm	底板 *KL* 位移/mm
0	598.495	572.207	471.503
0.241379	464.794	454.905	368.332
0.482759	421.249	412.675	310.138
0.724138	396.93	378.65	265.29
0.965517	378.416	344.098	227.684
1.2069	359.106	310.565	202.209
1.44828	332.435	278.614	185.39
1.68966	298.924	247.862	173.069
1.93103	261.285	219.801	162.937
2.17241	223.836	196.233	153.856
2.41379	186.073	176.273	145.215
2.65517	150.693	158.355	136.593
2.89655	124.815	141.259	127.676
3.13793	111.255	124.808	118.346
3.37931	105.412	111.181	108.981
3.62069	102.448	102.869	100.273
3.86207	100.106	98.7227	94.3311
4.10345	98.1124	96.5593	91.9556
4.34483	96.1741	94.6567	90.1593
4.58621	94.2358	92.7542	88.3629
4.82759	92.2975	90.8516	86.5665
5.06897	90.3592	88.949	84.7702
5.31034	88.4209	87.0465	82.9738
5.55172	86.4826	85.1439	81.1775
5.7931	84.5443	83.2413	79.3811
6.03448	82.606	81.3388	77.5848
6.27586	80.6676	79.4362	75.7884
6.51724	78.7293	77.5336	73.992
6.75862	76.791	75.631	72.1957
7.00000	74.8527	73.7285	70.3993

依据以上数值模拟结果可得，巷道典型部位围岩的位移分布如图 3-13 所示。

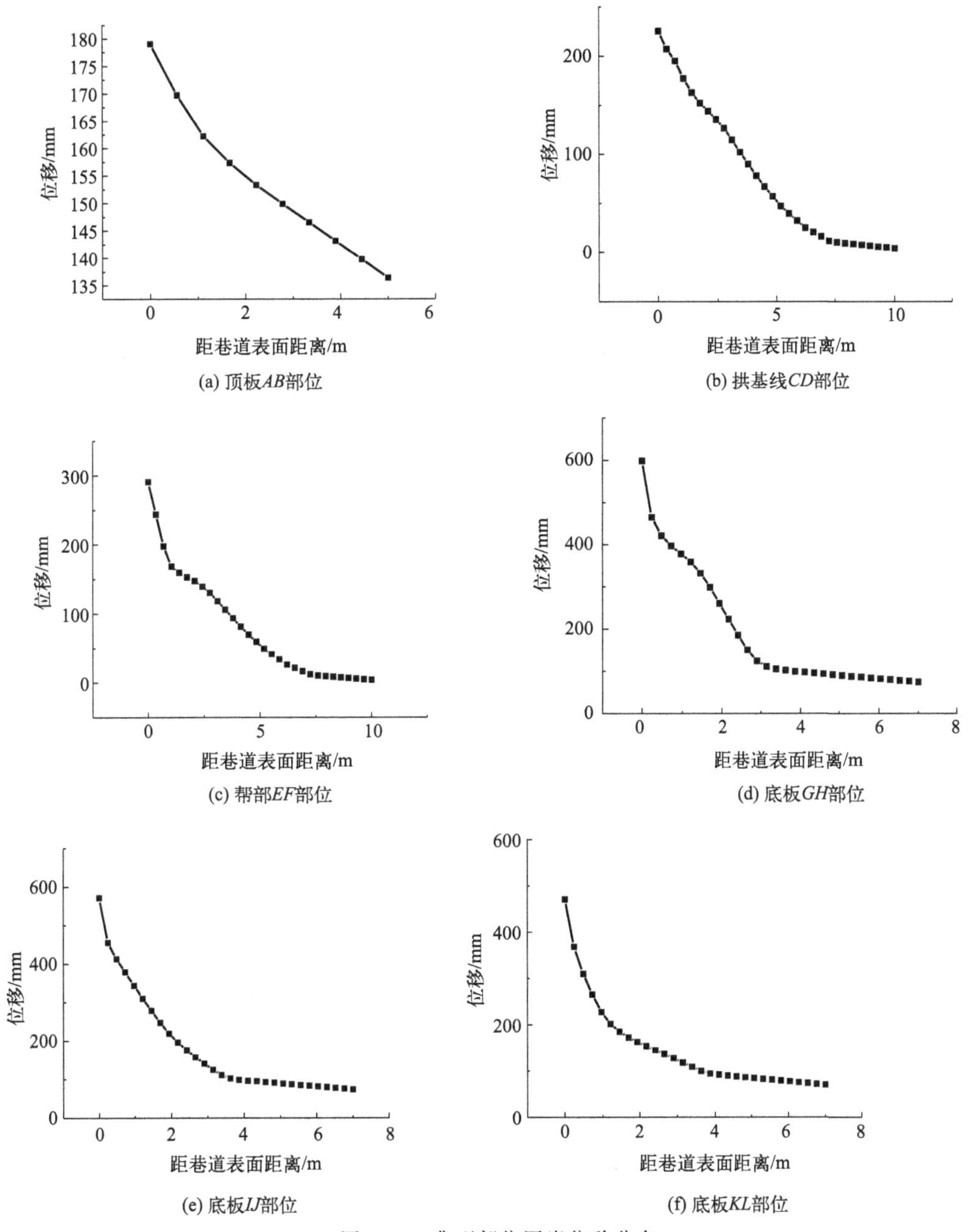

图 3-13　典型部位围岩位移分布

不同部位巷道围岩位移随距离变化的方程的回归系数如表 3-20 所示。

表 3-20　不同部位巷道围岩位移随距离变化的方程的回归系数

部位	k_0/mm	k_1/mm	k_2/m^{-1}
AB	124.76	53.29	1.20
CD	−48.04	275.93	0.54

续表

部位	k_0/mm	k_1/mm	k_2/m^{-1}
EF	−17.40	292.42	0.55
GH	53.60	521.26	1.04
IJ	64.52	488.20	0.98
KL	80.21	364.25	0.93

由式(3-2)可得巷道各典型部位松动圈厚度见表3-21，相应松动圈边界上围岩的位移梯度列于表3-21。

表3-21 巷道典型部位松动圈厚度及碎胀特征分布

部位	松动圈厚度/m	表面位移/mm	表面位移梯度/(mm/m)	松动圈边界位移梯度/(mm/m)
AB	1.24	179.07	16.77	10.57
CD	7.28	225.50	52.42	10.14
EF	7.22	291.28	163.50	13.62
GH	3.76	598.50	553.90	10.75
IJ	3.99	572.21	485.97	10.66
KL	3.94	471.50	427.42	10.48

(4) 结论

总结以上数据：原岩应力 $P=13.0$MPa、锚杆长度 $L=3.0$m，锚杆间排距 $a\times b$ 分别为400mm×400mm、600mm×600mm、800mm×800mm时，考虑不同锚杆间排距对围岩加固的不同作用效果，巷道不同典型部位围岩的松动圈厚度及碎胀特征分布如下。

巷道顶板*AB*方向的松动圈厚度 R_{AB} 分别为0.53m、0.83m、1.24m，巷道表面位移梯度 λ_{AB} 分别为6.82mm/m、11.89mm/m、16.77mm/m，巷道表面位移 u_{AB} 分别为75.69mm、121.85mm、179.07mm。

巷道拱基线*CD*方向松动圈厚度 R_{CD} 分别为3.31m、5.21m、7.28m，巷道表面位移梯度 λ_{CD} 分别为26.23mm/m、32.21mm/m、52.42mm/m，巷道表面位移 u_{CD} 分别为64.80mm、133.85mm、225.50mm。

巷道帮部*EF*方向松动圈厚度 R_{EF} 分别为3.50m、5.32m、7.22m，巷道表面位移梯度 λ_{EF} 分别为26.09mm/m、30.95mm/m、163.50mm/m，巷道表面位移 u_{EF} 分别为66.51mm、132.14mm、291.28mm。

巷道底板*GH*方向松动圈厚度 R_{GH} 分别为2.93m、3.53m、3.76m，巷道表面位移梯度 λ_{GH} 分别为364.01mm/m、348.87mm/m、553.90mm/m，巷道表面位移 u_{GH} 分别为306.95mm、389.77mm、598.50mm。

巷道底板*IJ*方向松动圈厚度 R_{IJ} 分别为3.34m、3.58m、3.99m，巷道表面位移梯度 λ_{IJ} 分别为318.96mm/m、397.18mm/m、485.97mm/m，巷道表面位移 u_{IJ} 分别为

294.62mm、375.75mm、572.21mm。

巷道底板 KL 方向松动圈厚度 R_{KL} 分别为 3.55m、3.59m、3.95m，巷道表面位移梯度 λ_{KL} 分别为 283.10mm/m、352.69mm/m、427.42mm/m，巷道表面位移 u_{KL} 分别为 249.21mm、319.57mm、471.50mm。

以上分析结果表明：巷道顶板部位松动圈厚度较小，巷道表面位移及位移梯度较小；巷道拱基线部位松动圈厚度较大，巷道表面位移及位移梯度不显著。锚杆间距 a 为 400mm、600mm 时，帮部围岩表面位移及位移梯度不明显，$a=800$mm 时帮部布置的一根锚杆，表面位移及位移梯度产生了明显变化。锚杆间距为 600mm 时，巷道底板 GH、IJ、KL 部位表面位移 u 分别为 389.77mm、375.75mm、319.57mm，位移梯度 λ 分别为 348.87mm/m、397.18mm/m、352.69mm/m，巷道底板表面位移及位移梯度显著。松动圈厚度 R 为 3.53mm、3.58mm、3.59mm 时，巷道底板部位松动圈厚度不明显。由于不同锚杆间排距改变围岩强度的程度不同，随着锚杆间排距的增加，松动圈厚度、表面位移及位移梯度增加明显。

3.1.2 不同锚杆长度下深部巷道围岩的松动圈厚度及碎胀分布特征

工程中使用锚杆长度 $L=3.0$m，为了分析锚杆长度改变对围岩松动破碎变形影响，取锚杆间排距 $a\times b=600\text{mm}\times 600\text{mm}$，锚杆预紧力 $F=100$kN，改变锚杆长度为 $L=2.2$m、$L=2.5$m。

(1) 取锚杆长度为 2.5m

锚杆长度 $L=2.5$m，由于预应力锚杆相互作用，形成了预应力锚杆压缩拱，压缩拱强度增加为 $c=0.97$MPa，内摩擦角为 $\varphi=21.5°$，此时巷道围岩黏结力分布云图如图 3-14 所示，巷道围岩位移分布云图如图 3-15 所示。

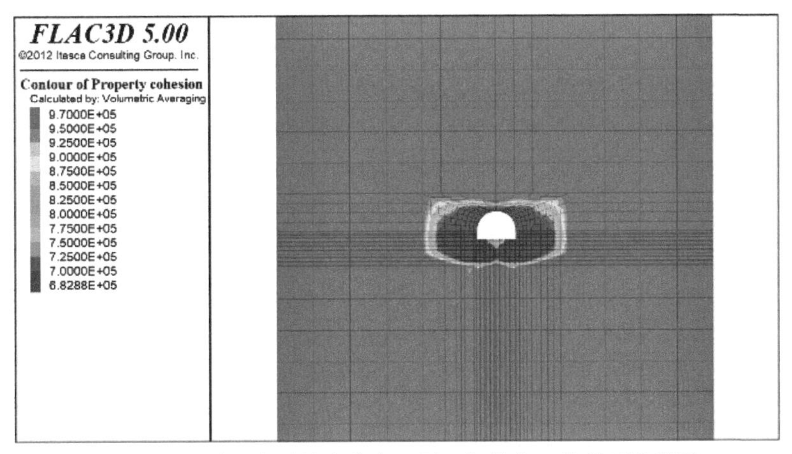

图 3-14 巷道围岩黏结力分布云图（扫前言二维码可见彩图）

典型部位距巷道表面不同位置的黏结力数值模拟结果如表 3-22 所示，依据表中数据可得典型部位围岩的黏结力分布如图 3-16 所示。

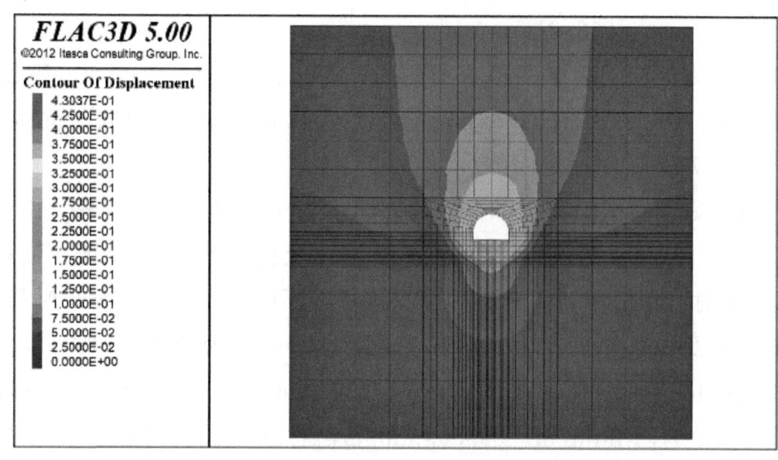

图 3-15 巷道围岩位移分布云图（扫前言二维码可见彩图）

表 3-22 典型部位距巷道表面不同位置的黏结力数值模拟结果 单位：MPa

距巷道表面距离/m	典型部位					
	顶板 *AB*	拱基线 *CD*	帮部 *EF*	底板 *GH*	底板 *IJ*	底板 *KL*
0	0.68288	0	0	0.68288	0.68288	0.68288
0.517241	0.70322	0.68288	0.68288	0.68288	0.68288	0.68288
1.03448	0.96584	0.68288	0.68288	0.68288	0.68288	0.68288
1.55172	0.97000	0.68288	0.68288	0.68288	0.68288	0.68288
2.06897	0.97000	0.68288	0.68288	0.68288	0.68288	0.68288
2.58621	0.97000	0.68288	0.68288	0.68288	0.68288	0.68288
3.10345	0.97000	0.68288	0.68288	0.850713	0.68288	0.68288
3.62069	0.97000	0.68288	0.68288	0.97000	0.96970	0.91989
4.13793	0.97000	0.68288	0.68288	0.97000	0.97000	0.97000
4.65517	0.97000	0.68288	0.68288	0.97000	0.97000	0.97000
5.17241	0.97000	0.68288	0.68288	0.97000	0.97000	0.97000
5.68966	0.97000	0.705916	0.704413	0.97000	0.97000	0.97000
6.2069	0.97000	0.705916	0.704413	0.97000	0.97000	0.97000
6.72414	0.97000	0.940419	0.935117	0.97000	0.97000	0.97000
7.24138	0.97000	0.940419	0.935117	0.97000	0.97000	0.97000
7.75862	0.97000	0.97000	0.97000	0.97000	0.97000	0.97000
8.27586	0.97000	0.97000	0.97000	0.97000	0.97000	0.97000
8.79310	0.97000	0.97000	0.97000	0.97000	0.97000	0.97000
9.31034	0.97000	0.97000	0.97000	0.97000	0.97000	0.97000
9.82759	0.97000	0.97000	0.97000	0.97000	0.97000	0.97000
10.3448	0.97000	0.97000	0.97000	0.97000	0.97000	0.97000
10.8621	0.97000	0.97000	0.97000	0.97000	0.97000	0.97000
11.3793	0.97000	0.97000	0.97000	0.97000	0.97000	0.97000
11.8966	0.97000	0.97000	0.97000	0.97000	0.97000	0.97000

续表

距巷道表面距离/m	典型部位					
	顶板 *AB*	拱基线 *CD*	帮部 *EF*	底板 *GH*	底板 *IJ*	底板 *KL*
12.4138	0.97000	0.97000	0.97000	0.97000	0.97000	0.97000
12.931	0.97000	0.97000	0.97000	0.97000	0.97000	0.97000
13.4483	0.97000	0.97000	0.97000	0.97000	0.97000	0.97000
13.9655	0.97000	0.97000	0.97000	0.97000	0.97000	0.97000
14.4828	0.97000	0.97000	0.97000	0.97000	0.97000	0.97000
15.0000	0.97000	0.97000	0.97000	0.97000	0.97000	0.97000

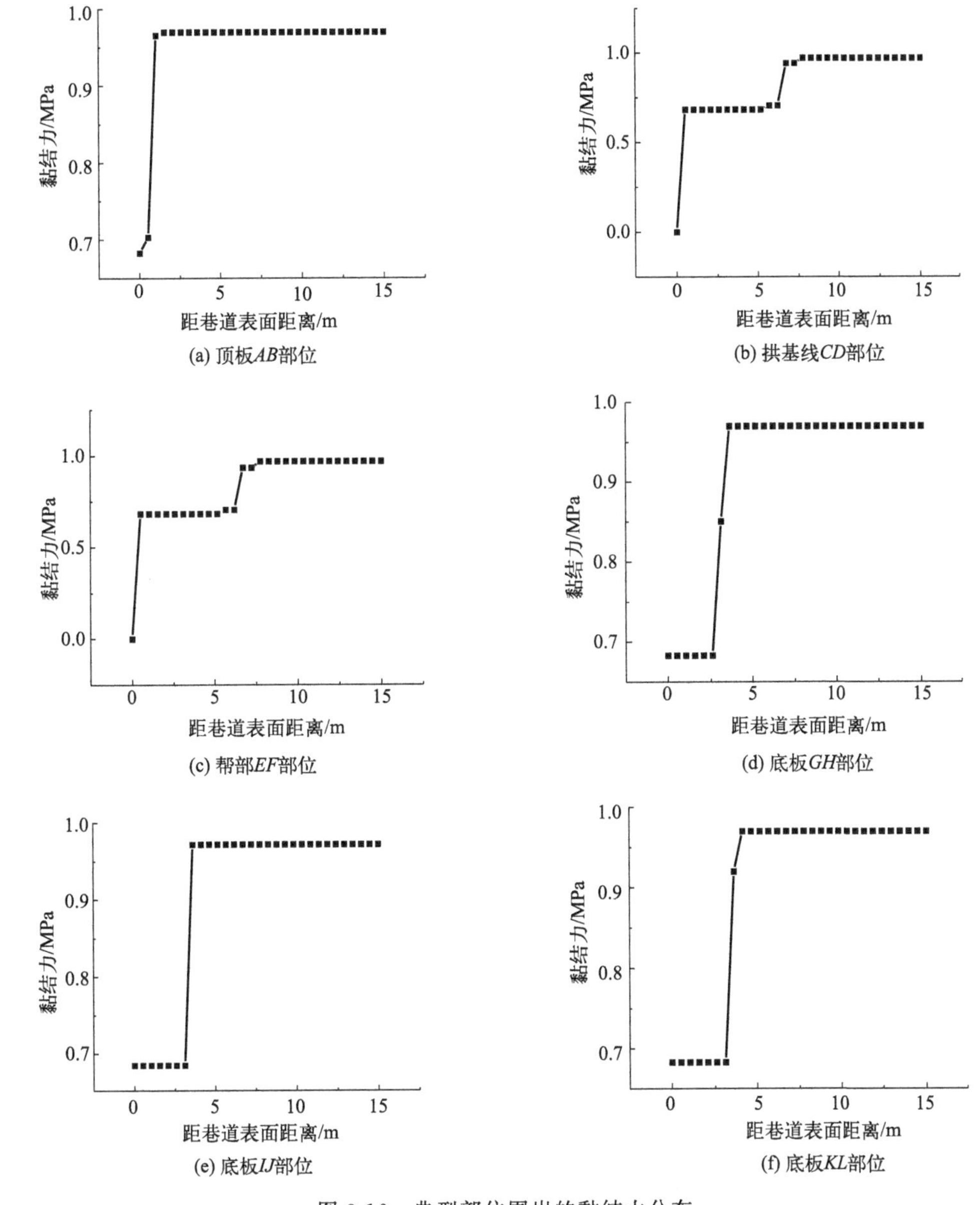

图 3-16 典型部位围岩的黏结力分布

根据围岩残余强度分布范围估算巷道围岩典型部位松动圈厚度如表3-23所示。

AB 部位，拱基线 *CD* 部位，帮部 *EF* 部位，底板 *GH* 部位、*IJ* 部位、*KL* 部位距离巷道表面不同距离的位移见表3-24～表3-26。

表3-23　巷道典型部位松动圈厚度

部位	松动圈厚度/m	部位	松动圈厚度/m
AB	1.03	*GH*	3.10
CD	6.72	*IJ*	3.62
EF	6.72	*KL*	3.62

表3-24　*AB* 部位距巷道表面不同距离的位移

距巷道表面距离/m	顶板 *AB* 位移/mm
0	174.430
0.555556	166.934
1.11111	159.882
1.66667	155.733
2.22222	151.954
2.77778	148.545
3.33333	145.236
3.88889	141.926
4.44444	138.616
5.00000	135.307

表3-25　拱基线部位和帮部部位距巷道表面不同距离的位移

距巷道表面距离/m	拱基线 *CD* 位移/mm	帮部 *EF* 位移/mm
0	166.220	164.514
0.344828	155.614	151.402
0.689655	147.099	143.989
1.03448	133.873	134.509
1.37931	121.138	125.164
1.72414	110.107	116.183
2.06897	100.197	107.44
2.41379	89.2048	96.2552
2.75862	77.9992	84.5884
3.10345	67.6054	72.8128
3.44828	57.3114	61.0238
3.79310	48.4139	51.1944
4.13793	39.9789	42.0141

续表

距巷道表面距离/m	拱基线 *CD* 位移/mm	帮部 *EF* 位移/mm
4.48276	32.3881	33.8524
4.82759	26.0742	27.2314
5.17241	19.7604	20.6105
5.51724	15.3066	15.9108
5.86207	11.2906	11.6634
6.2069	7.27468	7.41585
6.55172	5.86752	5.91893
6.89655	4.56311	4.53034
7.24138	3.2587	3.14174
7.58621	2.75518	2.63091
7.93103	2.41571	2.29986
8.27586	2.07624	1.96881
8.62069	1.73676	1.63777
8.96552	1.39729	1.30672
9.31034	1.05782	0.97567
9.65517	0.718343	0.644622
10.0000	0.378869	0.313574

表 3-26　底板 *GH*、*IJ*、*KL* 部位距巷道表面不同距离的位移

距巷道表面距离/m	底板 *GH* 位移/mm	底板 *IJ* 位移/mm	底板 *KL* 位移/mm
0	430.334	415.376	346.579
0.241379	314.238	314.043	257.242
0.482759	283.783	282.939	212.887
0.724138	268.511	257.479	180.522
0.965517	257.151	231.381	156.949
1.2069	242.674	205.505	141.542
1.44828	222.478	182.179	130.984
1.68966	195.926	162.177	122.792
1.93103	166.337	146.557	115.84
2.17241	137.961	133.334	109.446
2.41379	112.084	120.479	103.216
2.65517	96.7579	107.609	96.8462
2.89655	90.4705	95.7704	90.2172
3.13793	87.7326	87.8391	83.7490
3.37931	85.6748	84.0081	78.9887
3.62069	83.6336	81.7837	76.553

续表

距巷道表面距离/m	底板 GH 位移/mm	底板 IJ 位移/mm	底板 KL 位移/mm
3.86207	81.5536	79.7384	74.4912
4.10345	79.7682	78.0048	72.8893
4.34483	78.0388	76.3291	71.3718
4.58621	76.3094	74.6535	69.8543
4.82759	74.5800	72.9778	68.3368
5.06897	72.8506	71.3021	66.8193
5.31034	71.1213	69.6264	65.3018
5.55172	69.3919	67.9507	63.7843
5.7931	67.6625	66.275	62.2668
6.03448	65.9331	64.5993	60.7493
6.27586	64.2037	62.9236	59.2317
6.51724	62.4743	61.2479	57.7142
6.75862	60.7449	59.5722	56.1967
7.00000	59.0155	57.8965	54.6792

依据以上数值模拟结果可得，巷道典型部位围岩的位移分布如图 3-17 所示。

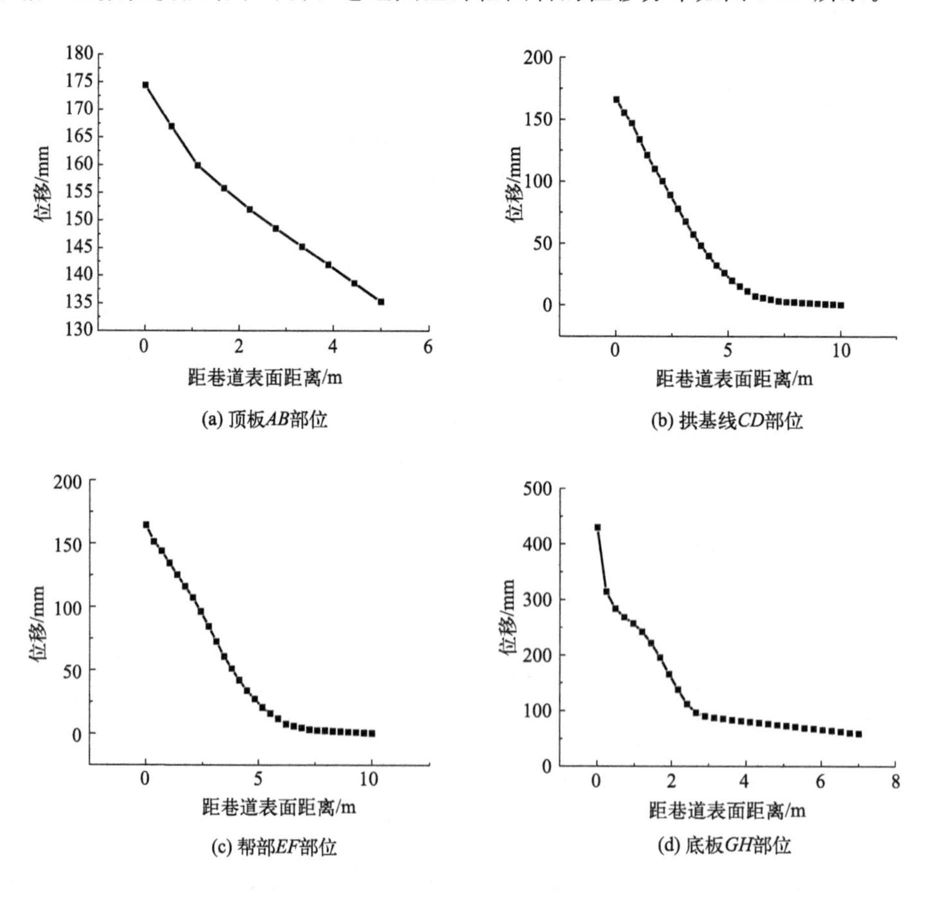

(a) 顶板AB部位

(b) 拱基线CD部位

(c) 帮部EF部位

(d) 底板GH部位

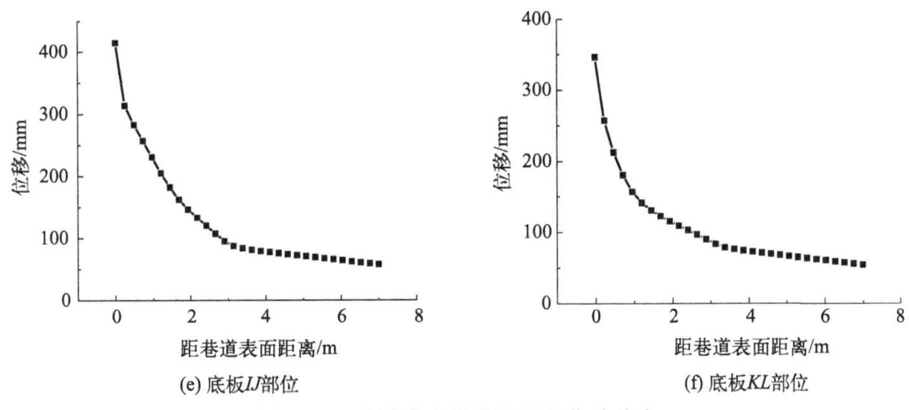

图 3-17　巷道典型部位围岩的位移分布

不同部位巷道围岩位移随距离变化的方程的回归系数如表 3-27 所示。

表 3-27　不同部位巷道围岩位移随距离变化的方程的回归系数

部位	k_0/mm	k_1/mm	k_2/m^{-1}
AB	118.92	54.71	1.28
CD	−20.14	198.71	0.55
EF	−26.16	202.78	0.56
GH	54.75	347.38	1.10
IJ	59.88	333.35	0.98
KL	65.52	257.61	0.92

依据式(3-2) 可得，巷道各典型部位的松动圈厚度及碎胀特征分布见表 3-28。

表 3-28　巷道典型部位松动圈厚度及碎胀特征分布

部位	松动圈厚度/m	表面位移/mm	表面位移梯度/(mm/m)	松动圈边界位移梯度/(mm/m)
AB	1.13	174.43	13.49	10.57
CD	6.52	166.22	30.76	10.14
EF	6.41	164.51	38.02	11.62
GH	3.14	430.33	480.97	10.75
IJ	3.60	415.38	419.81	10.66
KL	3.62	346.58	370.11	10.48

(2) 取锚杆长度为 2.2m

锚杆长度 L=2.2m，由于预应力锚杆相互作用，形成了预应力锚杆压缩拱，压缩拱强度增加为 c=0.85MPa，内摩擦角为 φ=19.5°，此时巷道围岩黏结力分布云图如图 3-18 所示，巷道围岩位移分布云图如图 3-19 所示。

典型部位距巷道表面不同位置的黏结力数值模拟结果如表 3-29 所示，依据表中数据可得典型部位围岩的黏结力分布如图 3-20 所示。

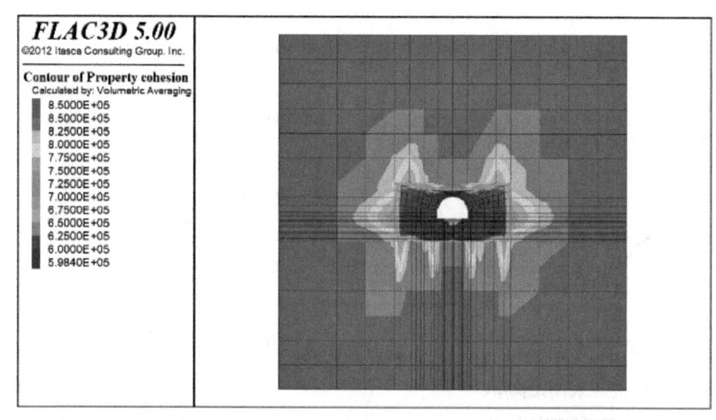

图 3-18　巷道围岩黏结力分布云图（扫前言二维码可见彩图）

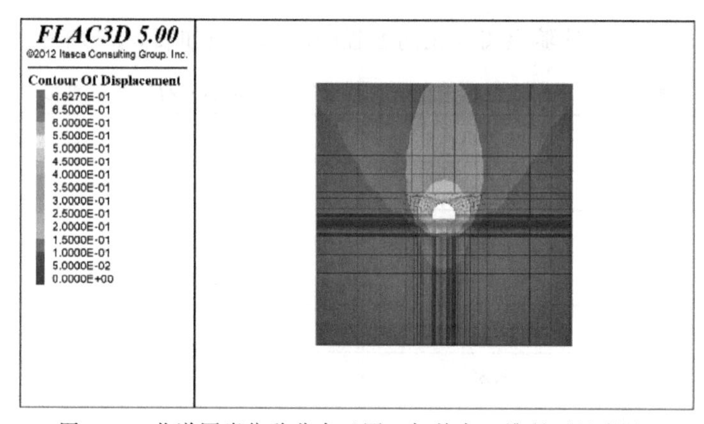

图 3-19　巷道围岩位移分布云图（扫前言二维码可见彩图）

表 3-29　典型部位距巷道表面不同位置的黏结力数值模拟结果　　单位：MPa

距巷道表面距离/m	典型部位					
	顶板 *AB*	拱基线 *CD*	帮部 *EF*	底板 *GH*	底板 *IJ*	底板 *KL*
0	0.598400	0	0	0.598400	0.598400	0.598400
0.517241	0.598400	0.598400	0.598400	0.598400	0.598400	0.598400
1.03448	0.599384	0.598400	0.598400	0.598400	0.598400	0.598400
1.55172	0.847363	0.598400	0.598400	0.598400	0.598400	0.598400
2.06897	0.849356	0.598400	0.598400	0.598400	0.598400	0.598400
2.58621	0.850000	0.598400	0.598400	0.598400	0.598400	0.598400
3.10345	0.850000	0.598400	0.598400	0.598400	0.598400	0.598400
3.62069	0.850000	0.598400	0.598400	0.638697	0.598400	0.598400
4.13793	0.850000	0.598400	0.598400	0.850000	0.850000	0.850000
4.65517	0.850000	0.598400	0.598400	0.850000	0.850000	0.850000
5.17241	0.850000	0.598400	0.598400	0.850000	0.850000	0.850000
5.68966	0.850000	0.598400	0.598400	0.850000	0.850000	0.850000
6.2069	0.850000	0.598400	0.598400	0.850000	0.850000	0.850000

续表

距巷道表面距离/m	典型部位					
	顶板 *AB*	拱基线 *CD*	帮部 *EF*	底板 *GH*	底板 *IJ*	底板 *KL*
6.72414	0.850000	0.600850	0.600070	0.850000	0.850000	0.850000
7.24138	0.850000	0.600850	0.600070	0.850000	0.850000	0.850000
7.75862	0.850000	0.757477	0.756959	0.850000	0.850000	0.850000
8.27586	0.850000	0.757477	0.756959	0.850000	0.850000	0.850000
8.7931	0.850000	0.757477	0.756959	0.850000	0.850000	0.850000
9.31034	0.850000	0.757477	0.756959	0.850000	0.850000	0.850000
9.82759	0.850000	0.757477	0.756959	0.850000	0.850000	0.850000
10.3448	0.850000	0.757477	0.756959	0.850000	0.850000	0.850000
10.8621	0.850000	0.757477	0.756868	0.850000	0.850000	0.850000
11.3793	0.850000	0.757477	0.756868	0.850000	0.850000	0.850000
11.8966	0.850000	0.757477	0.756868	0.850000	0.850000	0.850000
12.4138	0.850000	0.850000	0.850000	0.850000	0.850000	0.850000
12.931	0.850000	0.850000	0.850000	0.850000	0.850000	0.850000
13.4483	0.850000	0.850000	0.850000	0.850000	0.850000	0.850000
13.9655	0.850000	0.850000	0.850000	0.850000	0.850000	0.850000
14.4828	0.850000	0.850000	0.850000	0.850000	0.850000	0.850000
15.0000	0.850000	0.850000	0.850000	0.850000	0.850000	0.850000

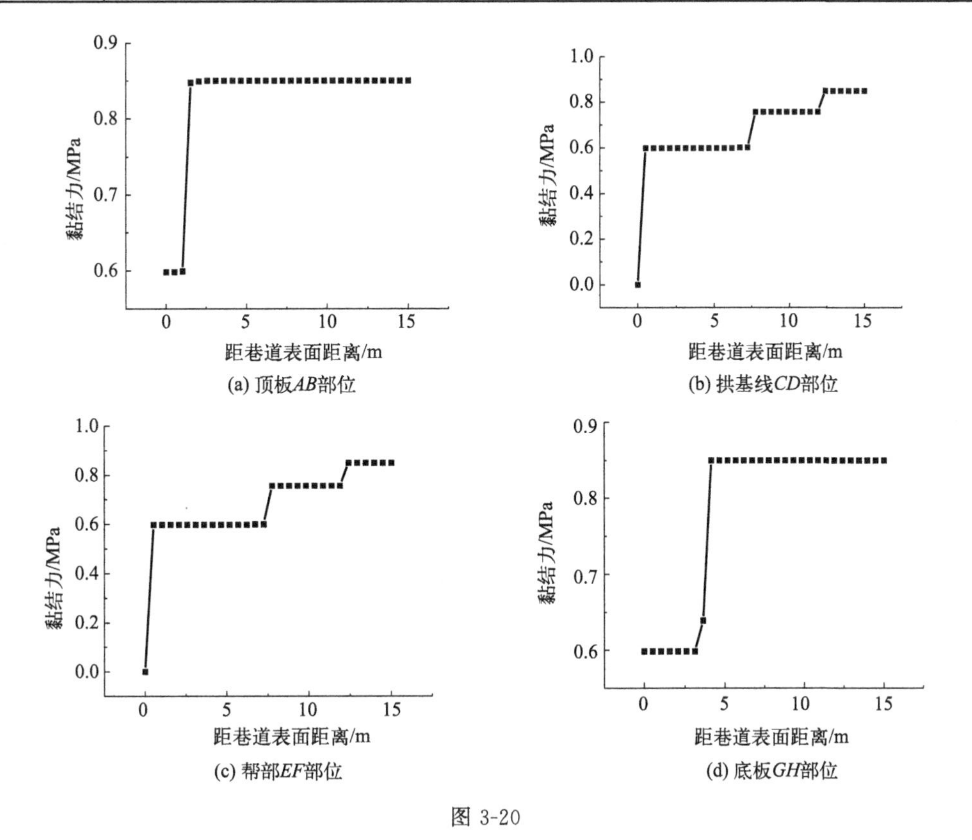

(a) 顶板*AB*部位 (b) 拱基线*CD*部位 (c) 帮部*EF*部位 (d) 底板*GH*部位

图 3-20

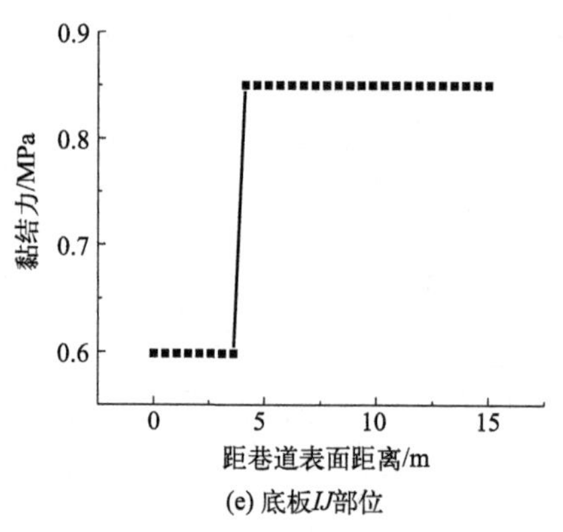

(e) 底板IJ部位

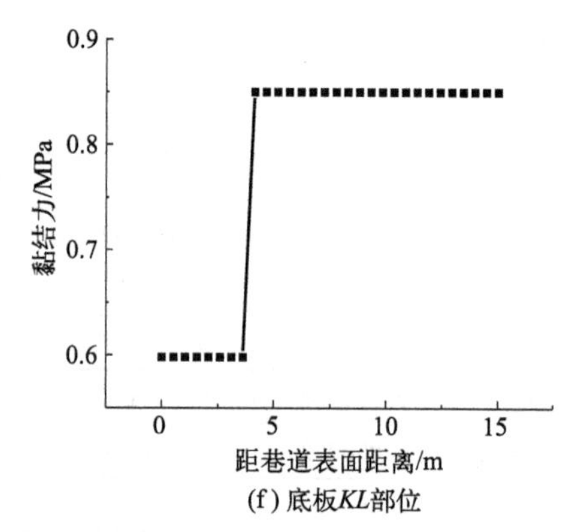

(f) 底板KL部位

图 3-20　典型部位围岩的黏结力分布

根据围岩残余强度分布范围估算巷道围岩典型部位松动圈厚度如表 3-30 所示。

AB 部位，拱基线 *CD* 部位，帮部 *EF* 部位，底板 *GH* 部位、*IJ* 部位、*KL* 部位距巷道表面不同距离的位移见表 3-31～表 3-33。

表 3-30　巷道典型部位松动圈厚度

部位	松动圈厚度/m	部位	松动圈厚度/m
AB	1.55	*GH*	4.14
CD	7.56	*IJ*	4.14
EF	7.56	*KL*	4.14

表 3-31　*AB* 部位距巷道表面不同距离的位移

距巷道表面距离/m	顶板 *AB* 位移/mm
0	207.944
0.555556	191.700
1.11111	177.356
1.66667	171.506
2.22222	167.625
2.77778	164.357
3.33333	161.167
3.88889	157.976
4.44444	154.785
5.00000	151.595

表 3-32　拱基线部位和帮部部位距巷道表面不同距离的位移

距巷道表面距离/m	拱基线 *CD* 位移/mm	帮部 *EF* 位移/mm
0	270.078	257.786
0.344828	256.078	247.019
0.689655	246.229	238.095
1.03448	233.25	227.681

续表

距巷道表面距离/m	拱基线 *CD* 位移/mm	帮部 *EF* 位移/mm
1.37931	221.451	219.296
1.72414	208.400	209.120
2.06897	194.527	197.768
2.41379	177.723	182.004
2.75862	160.341	165.370
3.10345	143.317	148.361
3.44828	126.338	131.306
3.79310	110.978	115.792
4.13793	96.1546	100.790
4.48276	82.5784	86.8680
4.82759	70.8888	74.5817
5.17241	59.1992	62.2955
5.51724	50.2559	52.7533
5.86207	41.9589	43.8570
6.20690	33.6620	34.9606
6.55172	28.2838	29.2730
6.89655	23.0205	23.7116
7.24138	17.7572	18.1503
7.58621	15.6845	16.0084
7.93103	14.2653	14.5669
8.27586	12.8461	13.1254
8.62069	11.4269	11.6838
8.96552	10.0077	10.2423
9.31034	8.58855	8.80076
9.65517	7.16935	7.35923
10.0000	5.75015	5.91769

表 3-33　底板 *GH*、*IJ*、*KL* 部位距巷道表面不同距离的位移

距巷道表面距离/m	底板 *GH* 位移/mm	底板 *IJ* 位移/mm	底板 *KL* 位移/mm
0	662.691	646.810	570.470
0.241379	515.758	515.628	436.322
0.482759	474.139	473.623	364.355
0.724138	449.696	436.05	307.239
0.965517	430.472	396.111	258.431
1.20690	410.154	356.898	224.374

续表

距巷道表面距离/m	底板 GH 位移/mm	底板 IJ 位移/mm	底板 KL 位移/mm
1.44828	382.531	319.437	203.215
1.68966	346.241	283.705	188.148
1.93103	304.966	249.904	176.476
2.17241	262.270	220.975	166.229
2.41379	218.770	197.475	156.811
2.65517	175.980	176.986	147.570
2.89655	138.986	157.474	138.067
3.13793	116.768	138.087	128.055
3.37931	107.624	119.598	117.178
3.62069	103.810	106.480	105.327
3.86207	101.312	100.418	96.9765
4.10345	99.3397	98.0552	94.2438
4.34483	97.4413	96.1817	92.4415
4.58621	95.5429	94.3082	90.6393
4.82759	93.6446	92.4347	88.8370
5.06897	91.7462	90.5611	87.0347
5.31034	89.8478	88.6876	85.2324
5.55172	87.9495	86.8141	83.4301
5.7931	86.0511	84.9406	81.6278
6.03448	84.1527	83.067	79.8255
6.27586	82.2544	81.1935	78.0232
6.51724	80.3560	79.3200	76.2210
6.75862	78.4576	77.4465	74.4187
7.00000	76.5593	75.5729	72.6164

依据以上数值模拟结果可得，巷道典型部位围岩的位移分布如图 3-21 所示。不同部位巷道围岩位移随距离变化的方程的回归系数如表 3-34 所示。

表 3-34　不同部位巷道围岩位移随距离变化的方程的回归系数

部位	k_0/mm	k_1/mm	k_2/m^{-1}
AB	151.29	55.76	1.02
CD	−63.39	354.41	0.56
EF	−83.06	363.80	0.56
GH	42.40	597.92	1.03
IJ	59.51	569.01	0.98
KL	84.52	454.89	0.93

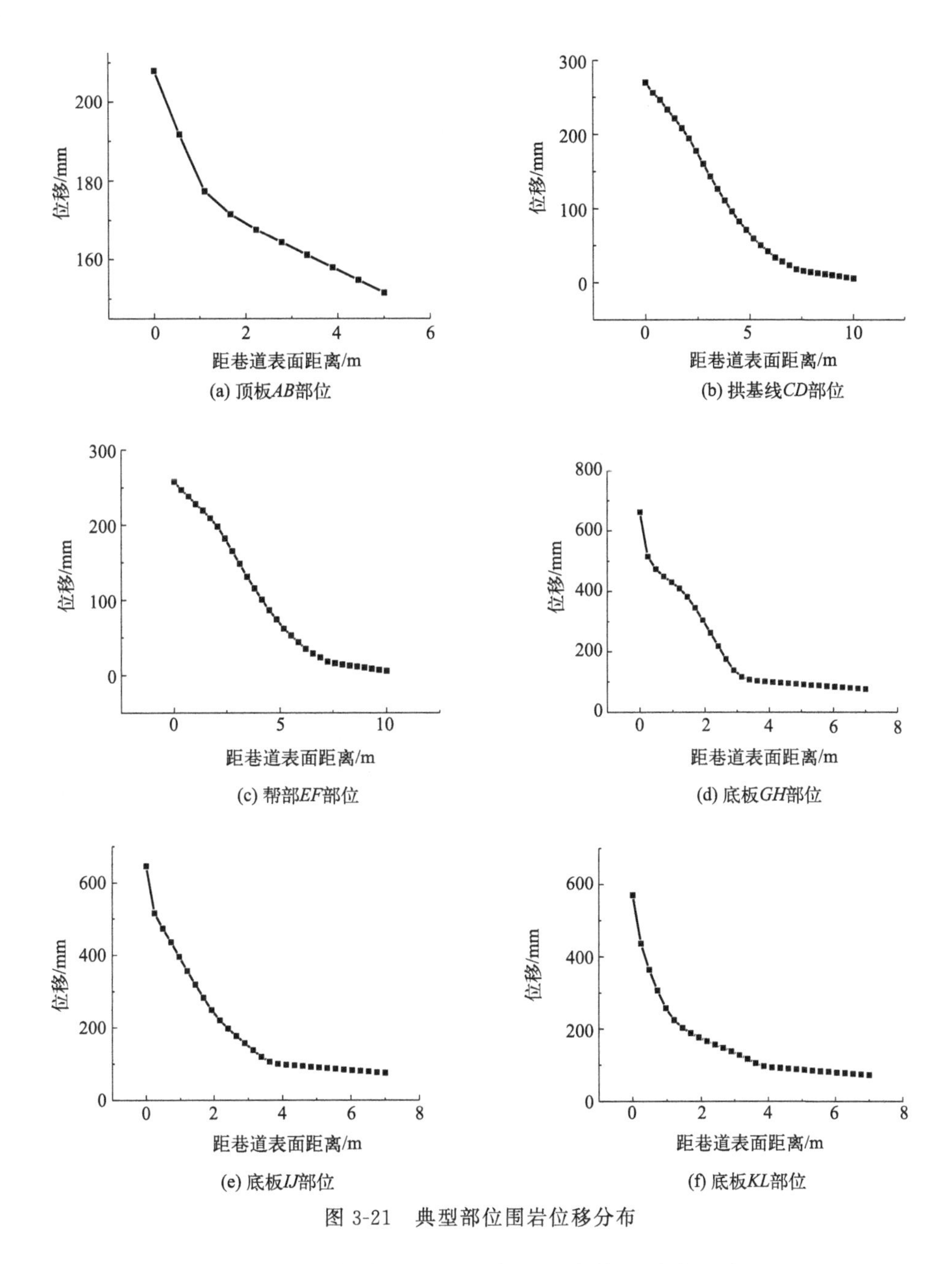

图 3-21 典型部位围岩位移分布

依据式(3-2) 可得巷道典型部位松动圈厚度及碎胀特征分布见表 3-35。

表 3-35 巷道典型部位松动圈厚度及碎胀特征分布

部位	松动圈厚度/m	表面位移/mm	表面位移梯度/(mm/m)	松动圈边界位移梯度/(mm/m)
AB	1.67	207.94	29.24	10.57
CD	7.41	270.08	40.60	10.14
EF	7.45	257.79	31.22	12.62
GH	3.94	662.69	608.72	10.75
IJ	4.14	646.81	543.47	10.66
KL	4.18	570.47	555.76	10.48

(3) 结论

综合以上数据：原岩应力 $P=13.0$MPa，锚杆间排距 $a\times b=600$mm$\times600$mm 时，考虑锚杆对围岩有加固作用，锚杆长度 $L=2.2$m 时，围岩黏结力 $c=0.85$MPa、内摩擦角 $\varphi=19.5°$；锚杆长度 L 为 2.5m、3.0m 时，围岩黏结力 $c=0.97$MPa、内摩擦角 $\varphi=21.5°$。2.2m、2.5m、3.0m 锚杆长度下，巷道不同典型部位围岩的松动圈厚度及碎胀特征分布如下。

巷道顶板 AB 方向的松动圈厚度 R_{AB} 分别为 1.67m、1.13m、0.83m，巷道表面的位移梯度 λ_{AB} 分别为 29.24mm/m、13.49mm/m、11.89mm/m，巷道的表面位移 u_{AB} 分别为 207.94mm、174.43mm、121.85mm。巷道顶板松动圈厚度、表面位移及位移梯度较小。

巷道拱基线 CD 方向的松动圈厚度 R_{CD} 分别为 7.41m、6.52m、5.21m，巷道表面的位移梯度 λ_{CD} 分别为 40.60mm/m、30.76mm/m、32.21mm/m，巷道的表面位移 u_{CD} 分别为 270.08mm、166.22mm、133.85mm。巷道拱基线松动圈厚度较大，表面位移及位移梯度不显著。

巷道帮部 EF 方向的松动圈厚度 R_{EF} 分别为 7.45m、6.41m、5.32m，巷道表面的位移梯度 λ_{EF} 分别为 31.22mm/m、38.02mm/m、30.95mm/m，巷道的表面位移 u_{EF} 分别为 257.79mm、164.51mm、132.14mm。巷道帮部松动圈厚度较大，表面位移及位移梯度不显著。

巷道底板 GH 方向的松动圈厚度 R_{GH} 分别为 3.94m、3.14m、3.53m，巷道表面的位移梯度 λ_{GH} 分别为 608.72mm/m、480.97mm/m、348.87mm/m，巷道的表面位移 u_{GH} 分别为 662.69mm、430.33mm、389.77mm。

巷道底板 IJ 方向的松动圈厚度 R_{IJ} 分别为 4.14m、3.60m、3.58m，巷道表面位移梯度 λ_{IJ} 分别为 543.47mm/m、419.81mm/m、397.18mm/m，巷道表面位移 u_{IJ} 分别为 646.81mm、415.38mm、375.75mm。

巷道底板 KL 方向的松动圈厚度 R_{KL} 分别为 4.18m、3.62m、3.59m，巷道表面位移梯度 λ_{KL} 分别为 555.76mm/m、370.11mm/m、352.69mm/m，巷道表面位移 u_{KL} 分别为 570.47mm、346.58mm、319.57mm。巷道底板松动圈厚度不明显，但表面位移及位移梯度显著。

以上分析结果表明：锚杆长度改变显著影响巷道围岩松动圈厚度、巷道表面位移及位移梯度。

3.1.3 无预紧力不同锚杆布置深部巷道围岩松动圈厚度及碎胀分布

3.1.3.1 不同锚杆间排距无预紧力锚杆深部巷道围岩松动圈厚度及碎胀分布

锚杆不施加预紧力，取围岩黏结力 $c=1.0$MPa、内摩擦角 $\varphi=22°$，锚杆长度 $L=3.0$m，比较分析锚杆间排距 $a\times b=600$mm$\times600$mm 和锚杆间排距 $a\times b=400$mm$\times400$mm、$a\times b=800$mm$\times800$mm 围岩的松动破碎及其分布。

(1) 取锚杆间排距为 400mm×400mm

锚杆间排距 $a \times b$＝400mm×400mm，巷道围岩黏结力分布云图如图 3-22 所示，巷道围岩位移分布云图如图 3-23 所示。

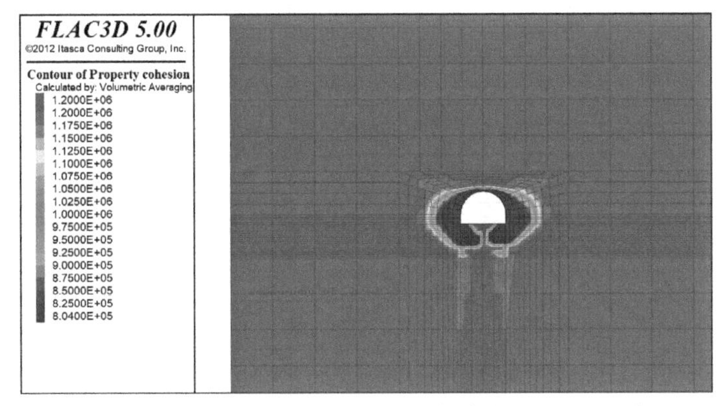

图 3-22　巷道围岩黏结力分布云图（扫前言二维码可见彩图）

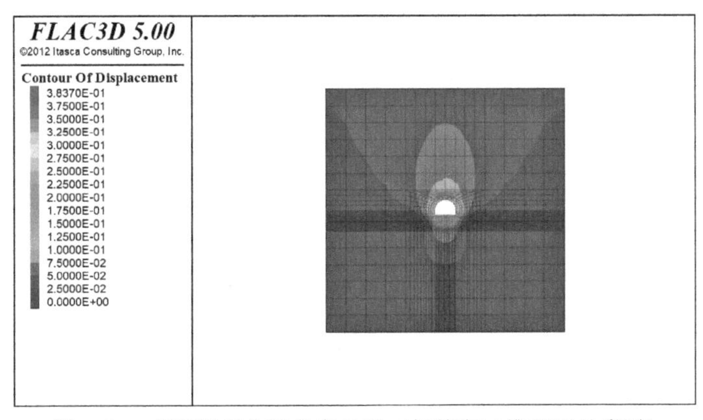

图 3-23　巷道围岩位移分布云图（扫前言二维码可见彩图）

典型部位距巷道表面不同位置的黏结力数值模拟结果如表 3-36 所示，依据表中数据可得典型部位围岩的黏结力分布如图 3-24 所示。

表 3-36　典型部位距巷道表面不同位置的黏结力数值模拟结果　　单位：MPa

距巷道表面距离/m	典型部位					
	顶板 *AB*	拱基线 *CD*	帮部 *EF*	底板 *GH*	底板 *IJ*	底板 *KL*
0	0.704000	0	0	0.704000	0.704000	0.704000
0.241379	0.704000	0.704000	0.704000	0.704000	0.704000	0.704000
0.482759	0.805468	0.704000	0.704000	0.704000	0.704000	0.704000
0.724138	0.911723	0.704000	0.704000	0.704000	0.704000	0.704000
0.965517	0.990099	0.704000	0.704000	0.704000	0.704000	0.704000
1.20690	1.00000	0.704000	0.704000	0.704000	0.704000	0.704000
1.44828	1.00000	0.704000	0.704000	0.704000	0.704000	0.704000

续表

距巷道表面距离/m	典型部位					
	顶板 *AB*	拱基线 *CD*	帮部 *EF*	底板 *GH*	底板 *IJ*	底板 *KL*
1.68966	1.00000	0.704000	0.704000	0.704000	0.704000	0.704000
1.93103	1.00000	0.704000	0.704000	0.704000	0.704000	0.704000
2.17241	1.00000	0.704000	0.704000	0.704000	0.704000	0.704000
2.41379	1.00000	0.704000	0.704000	0.704000	0.704000	0.704000
2.65517	1.00000	0.704000	0.704000	0.704000	0.704000	0.704000
2.89655	1.00000	0.704000	0.704000	0.730492	0.704000	0.704000
3.13793	1.00000	0.704000	0.704000	0.981027	0.704000	0.704000
3.37931	1.00000	0.704000	0.704000	1.00000	0.782589	0.704000
3.62069	1.00000	0.704000	0.704000	1.00000	0.998837	0.877095
3.86207	1.00000	0.704000	0.704000	1.00000	1.00000	0.925483
4.10345	1.00000	0.704000	0.704000	1.00000	1.00000	1.00000
4.34483	1.00000	0.704000	0.704000	1.00000	1.00000	1.00000
4.58621	1.00000	0.728466	0.728393	1.00000	1.00000	1.00000
4.82759	1.00000	0.728466	0.730074	1.00000	1.00000	1.00000
5.06897	1.00000	0.728466	0.730074	1.00000	1.00000	1.00000
5.31034	1.00000	0.989057	0.990762	1.00000	1.00000	1.00000
5.55172	1.00000	0.989057	0.990762	1.00000	1.00000	1.00000
5.7931	1.00000	0.989057	0.990762	1.00000	1.00000	1.00000
6.03448	1.00000	0.989057	0.990762	1.00000	1.00000	1.00000
6.27586	1.00000	1.00000	1.00000	1.00000	1.00000	1.00000
6.51724	1.00000	1.00000	1.00000	1.00000	1.00000	1.00000
6.75862	1.00000	1.00000	1.00000	1.00000	1.00000	1.00000
7.00000	1.00000	1.00000	1.00000	1.00000	1.00000	1.00000

根据围岩残余强度分布范围估算巷道围岩典型部位松动圈厚度如表 3-37 所示。

AB 部位，拱基线 *CD* 部位，帮部 *EF* 部位，底板 *GH* 部位、*IJ* 部位、*KL* 部位距巷道表面不同距离的位移见表 3-38～表 3-40。

表 3-37　巷道围岩典型部位松动圈厚度

部位	松动圈厚度/m	部位	松动圈厚度/m
AB	0.48	*GH*	3.14
CD	5.31	*IJ*	3.62
EF	5.31	*KL*	3.62

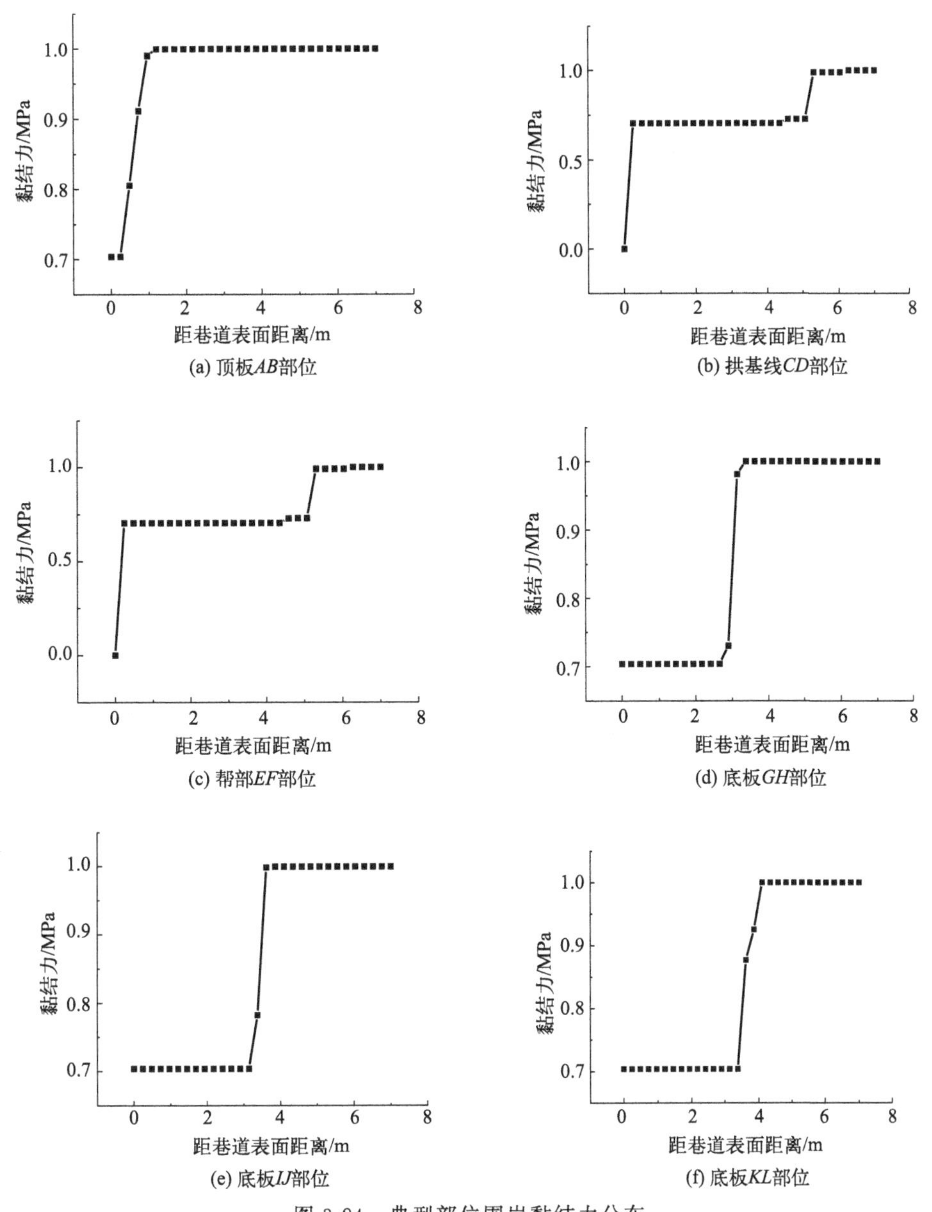

(a) 顶板AB部位　(b) 拱基线CD部位

(c) 帮部EF部位　(d) 底板GH部位

(e) 底板IJ部位　(f) 底板KL部位

图 3-24　典型部位围岩黏结力分布

表 3-38　*AB* 部位距巷道表面不同距离的位移

距巷道表面距离/m	顶板 AB 位移/mm
0	108.608
0.555556	102.470
1.11111	97.2626
1.66667	92.8665
2.22222	89.2874
2.77778	86.5881
3.33333	83.9987

续表

距巷道表面距离/m	顶板 *AB* 位移/mm
3.88889	81.4094
4.44444	78.8200
5.00000	76.2306

表 3-39　拱基线部位和帮部部位距巷道表面不同距离的位移

距巷道表面距离/m	拱基线 *CD* 位移/mm	帮部 *EF* 位移/mm
0	126.198	128.281
0.344828	114.619	106.607
0.689655	97.1110	98.2625
1.03448	87.7046	88.3365
1.37931	80.2110	81.0432
1.72414	73.6636	74.7018
2.06897	67.7383	68.9864
2.41379	60.9355	62.1041
2.75862	53.9595	54.9917
3.10345	45.6409	46.3473
3.44828	37.1571	37.5145
3.7931	29.8334	29.9978
4.13793	22.8940	22.9169
4.48276	17.0833	17.0019
4.82759	12.9799	12.8502
5.17241	8.87648	8.69853
5.51724	7.11835	6.94163
5.86207	5.91220	5.74837
6.2069	4.70606	4.55511
6.55172	4.16288	4.03997
6.89655	3.64580	3.55154
7.24138	3.12873	3.06310
7.58621	2.87970	2.82084
7.93103	2.68557	2.62900
8.27586	2.49144	2.43716
8.62069	2.29732	2.24532
8.96552	2.10319	2.05348
9.31034	1.90906	1.86164
9.65517	1.71493	1.66980
10.0000	1.52081	1.47796

表 3-40　底板不同部位距巷道表面不同距离位移

距巷道表面距离/m	底板 *GH* 位移/mm	底板 *IJ* 位移/mm	底板 *KL* 位移/mm
0	383.687	368.278	311.518
0.241379	273.856	272.039	226.099
0.482759	243.272	241.876	184.308
0.724138	228.718	220.080	155.760
0.965517	217.124	197.398	135.559
1.20690	202.320	174.341	122.453
1.44828	183.644	153.842	113.281
1.68966	159.801	136.554	105.998
1.93103	134.754	123.254	99.6918
2.17241	111.379	111.733	93.8626
2.41379	93.0142	100.868	88.2585
2.65517	83.3820	90.5403	82.7061
2.89655	79.1391	81.7966	77.1157
3.13793	76.8979	76.0741	71.9002
3.37931	74.8777	73.0169	67.8560
3.62069	72.8194	70.8783	65.3016
3.86207	70.7363	68.8353	63.2028
4.10345	69.0069	67.1616	61.6761
4.34483	67.3440	65.5566	60.2481
4.58621	65.6811	63.9516	58.8202
4.82759	64.0183	62.3466	57.3923
5.06897	62.3554	60.7416	55.9644
5.31034	60.6926	59.1367	54.5364
5.55172	59.0297	57.5317	53.1085
5.7931	57.3669	55.9267	51.6806
6.03448	55.7040	54.3217	50.2527
6.27586	54.0412	52.7167	48.8247
6.51724	52.3783	51.1118	47.3968
6.75862	50.7155	49.5068	45.9689
7.00000	49.0526	47.9018	44.5410

依据以上数值模拟结果可得，巷道典型部位围岩的位移分布如图 3-25 所示。

不同部位巷道围岩位移随距离变化的方程的回归系数如表 3-41 所示。

表 3-41　不同部位巷道围岩位移随距离变化的方程的回归系数

部位	k_0/mm	k_1/mm	k_2/m^{-1}
AB	64.29	43.97	1.59
CD	−10.26	137.89	0.61
EF	−10.44	137.54	0.61
GH	49.60	304.90	0.98
IJ	52.09	293.12	0.95
KL	55.38	233.06	0.90

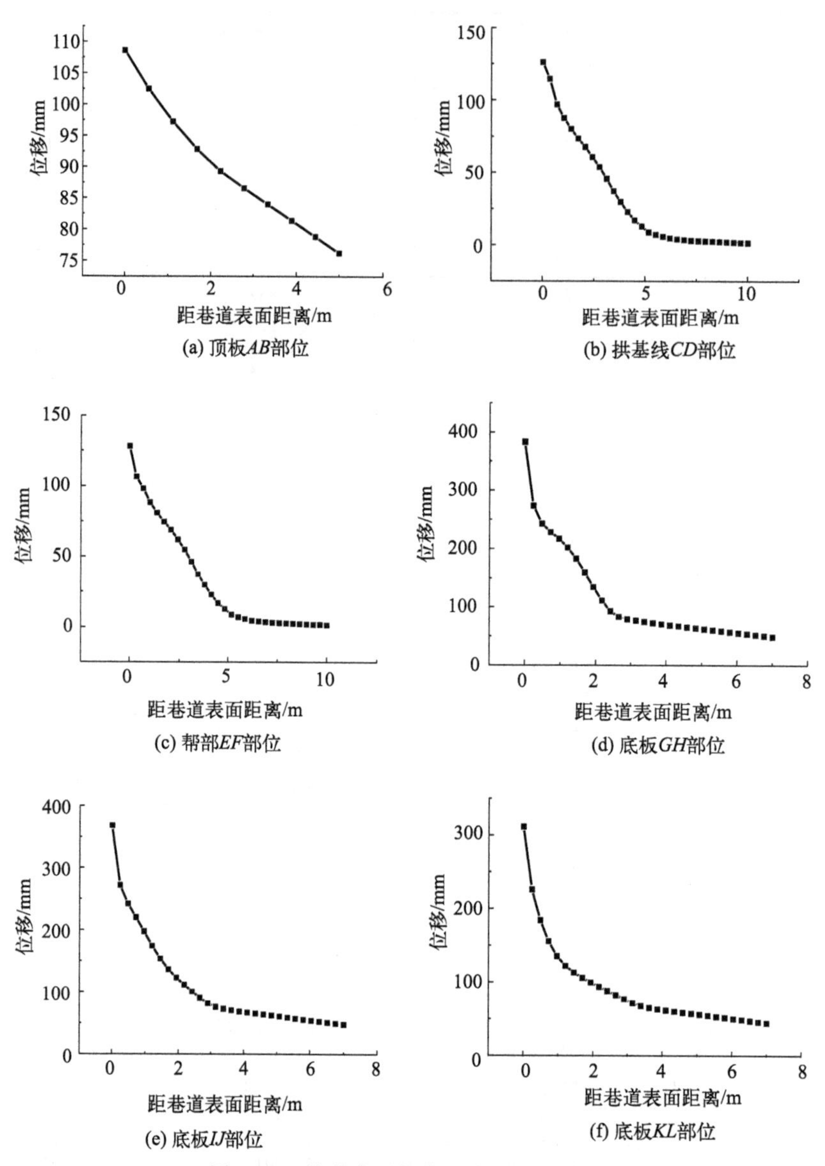

(a) 顶板AB部位 (b) 拱基线CD部位 (c) 帮部EF部位 (d) 底板GH部位 (e) 底板IJ部位 (f) 底板KL部位

图 3-25 巷道典型部位围岩的位移分布

依据式(3-2) 可得巷道典型部位松动圈厚度及碎胀特征见表 3-42。

表 3-42 巷道典型部位松动圈厚度及碎胀特征分布

部位	松动圈厚度/m	表面位移/mm	表面位移梯度/(mm/m)	松动圈边界位移梯度/(mm/m)
AB	0.64	108.61	11.05	10.14
CD	5.11	126.20	33.58	11.84
EF	5.11	128.28	33.85	12.03
GH	3.51	383.69	455.01	9.92
IJ	3.61	368.28	398.70	10.45
KL	3.62	311.52	353.88	9.36

(2) 取锚杆间排距为 800mm×800mm

锚杆间排距为 $a \times b$=800mm×800mm，巷道围岩黏结力分布云图如图 3-26 所示，巷道围岩位移分布云图如图 3-27 所示。

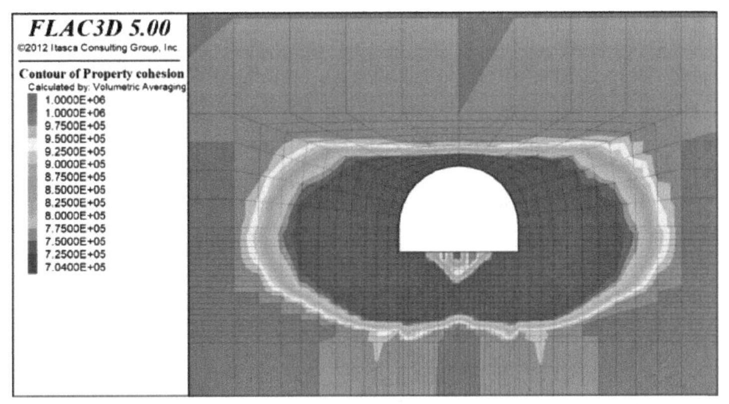

图 3-26 围岩黏结力分布云图（扫前言二维码可见彩图）

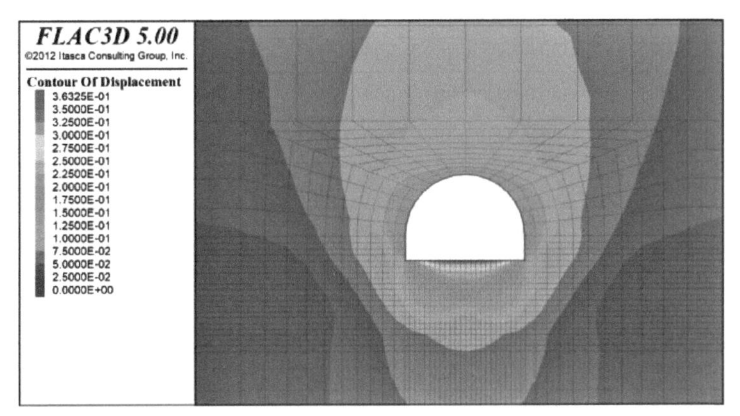

图 3-27 围岩位移分布云图（扫前言二维码可见彩图）

典型部位距巷道表面不同位置的黏结力数值模拟结果如表 3-43 所示，依据表中数据可得典型部位围岩的黏结力分布如图 3-28 所示。

表 3-43 典型部位距巷道表面不同位置的黏结力数值模拟结果 单位：MPa

距巷道表面距离/m	典型部位					
	顶板 *AB*	拱基线 *CD*	帮部 *EF*	底板 *GH*	底板 *IJ*	底板 *KL*
0	0.704000	0	0	0.704000	0.704000	0.704000
0.241379	0.704000	0.704000	0.704000	0.704000	0.704000	0.704000
0.482759	0.724355	0.704000	0.704000	0.704000	0.704000	0.704000
0.724138	0.90712	0.704000	0.704000	0.704000	0.704000	0.704000
0.965517	0.981355	0.704000	0.704000	0.704000	0.704000	0.704000
1.20690	0.999974	0.704000	0.704000	0.704000	0.704000	0.704000

续表

距巷道表面距离/m	典型部位					
	顶板 *AB*	拱基线 *CD*	帮部 *EF*	底板 *GH*	底板 *IJ*	底板 *KL*
1.44828	1.00000	0.704000	0.704000	0.704000	0.704000	0.704000
1.68966	1.00000	0.704000	0.704000	0.704000	0.704000	0.704000
1.93103	1.00000	0.704000	0.704000	0.704000	0.704000	0.704000
2.17241	1.00000	0.704000	0.704000	0.704000	0.704000	0.704000
2.41379	1.00000	0.704000	0.704000	0.704000	0.704000	0.704000
2.65517	1.00000	0.704000	0.704000	0.704000	0.704000	0.704000
2.89655	1.00000	0.704000	0.704000	0.772279	0.704000	0.704000
3.13793	1.00000	0.704000	0.704000	1.00000	0.704000	0.704000
3.37931	1.00000	0.704000	0.704000	1.00000	0.99698	0.975219
3.62069	1.00000	0.704000	0.704000	1.00000	0.999994	0.975219
3.86207	1.00000	0.704000	0.704000	1.00000	1.00000	0.975219
4.10345	1.00000	0.704000	0.704000	1.00000	1.00000	1.00000
4.34483	1.00000	0.704000	0.704000	1.00000	1.00000	1.00000
4.58621	1.00000	0.708541	0.708778	1.00000	1.00000	1.00000
4.82759	1.00000	0.708541	0.709474	1.00000	1.00000	1.00000
5.06897	1.00000	0.708541	0.709474	1.00000	1.00000	1.00000
5.31034	1.00000	0.798324	0.804973	1.00000	1.00000	1.00000
5.55172	1.00000	0.798324	0.804973	1.00000	1.00000	1.00000
5.7931	1.00000	0.798324	0.804973	1.00000	1.00000	1.00000
6.03448	1.00000	0.798324	0.804973	1.00000	1.00000	1.00000
6.27586	1.00000	1.00000	1.00000	1.00000	1.00000	1.00000
6.51724	1.00000	1.00000	1.00000	1.00000	1.00000	1.00000
6.75862	1.00000	1.00000	1.00000	1.00000	1.00000	1.00000
7.00000	1.00000	1.00000	1.00000	1.00000	1.00000	1.00000

根据围岩残余强度分布范围估算巷道围岩典型部位松动圈厚度如表 3-44 所示。

AB 部位，拱基线 *CD* 部位，帮部 *EF* 部位，底板 *GH* 部位、*IJ* 部位、*KL* 部位距巷道表面不同距离的位移见表 3-45～表 3-47。

表 3-44　巷道典型部位松动圈厚度

部位	松动圈厚度/m	部位	松动圈厚度/m
AB	0.72	*GH*	3.14
CD	5.31	*IJ*	3.38
EF	5.31	*KL*	3.38

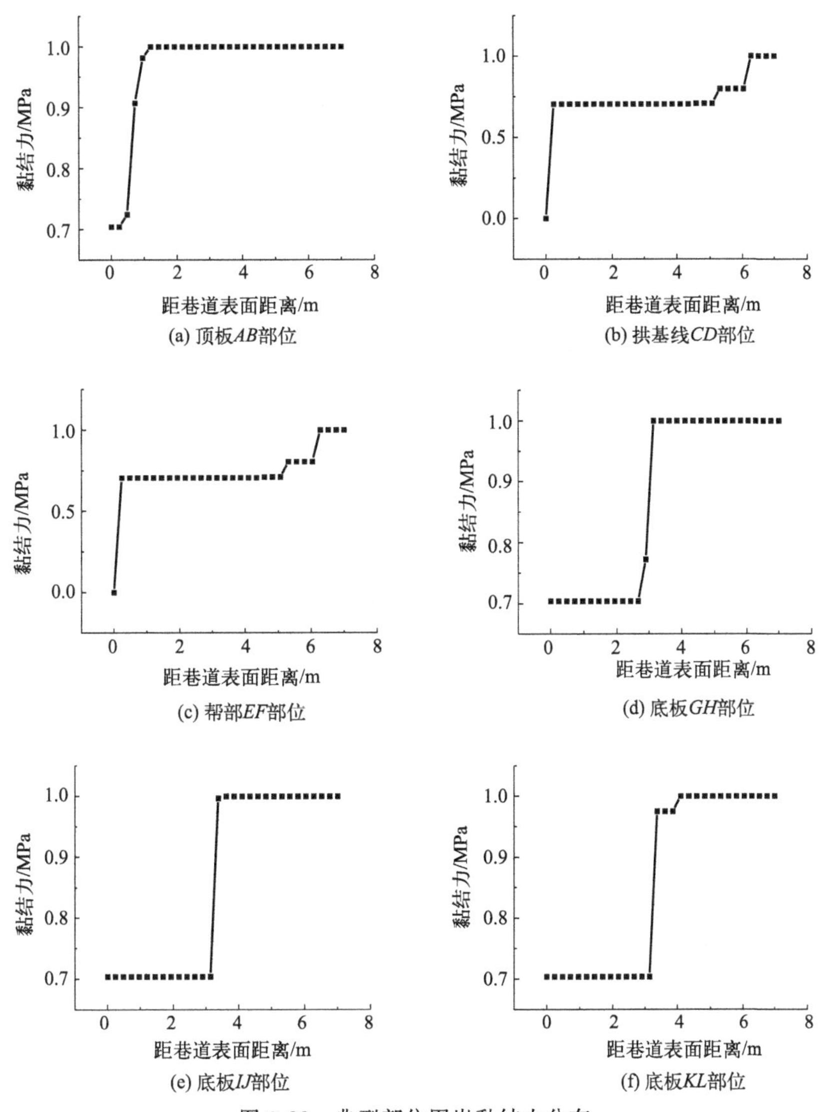

图 3-28 典型部位围岩黏结力分布

表 3-45 *AB* 部位距巷道表面不同距离的位移

距巷道表面距离/m	顶板 *AB* 位移/mm
0	127.598
0.555556	120.892
1.11111	115.755
1.66667	111.406
2.22222	107.677
2.77778	104.565
3.33333	101.528
3.88889	98.4916
4.44444	95.4549
5.00000	92.4182

表 3-46　拱基线部位和帮部部位距巷道表面不同距离位移

距巷道表面距离/m	拱基线 *CD* 位移/mm	帮部 *EF* 位移/mm
0	146.657	194.746
0.344828	133.469	163.008
0.689655	118.154	114.848
1.03448	102.542	93.9674
1.37931	91.2133	86.8331
1.72414	82.9130	81.2353
2.06897	76.6047	76.648
2.41379	70.1540	70.4621
2.75862	63.6754	63.9609
3.10345	55.3705	55.7104
3.44828	46.8410	47.2447
3.79310	38.9369	39.2320
4.13793	31.2398	31.3693
4.48276	24.4094	24.4398
4.82759	18.8895	18.9218
5.17241	13.3697	13.4038
5.51724	10.1764	10.1991
5.86207	7.5307	7.53897
6.20690	4.88499	4.87880
6.55172	4.02263	4.02007
6.89655	3.23050	3.23229
7.24138	2.43837	2.44451
7.58621	2.12026	2.1281
7.93103	1.89924	1.90822
8.27586	1.67822	1.68835
8.62069	1.45720	1.46848
8.96552	1.23618	1.2486
9.31034	1.01516	1.02873
9.65517	0.794136	0.808856
10.0000	0.573116	0.588982

表 3-47　底板不同部位距巷道表面不同距离的位移

距巷道表面距离/m	底板 *GH* 位移/mm	底板 *IJ* 位移/mm	底板 *KL* 位移/mm
0	373.238	360.895	300.007
0.241379	267.236	268.305	217.733
0.482759	240.872	241.728	182.649
0.724138	226.731	219.232	157.520

续表

距巷道表面距离/m	底板 GH 位移/mm	底板 IJ 位移/mm	底板 KL 位移/mm
0.965517	214.270	194.575	139.402
1.2069	199.169	171.905	126.733
1.44828	179.572	152.142	117.307
1.68966	155.872	136.664	109.580
1.93103	132.400	124.738	102.918
2.17241	111.429	114.193	96.8934
2.41379	95.0542	103.797	91.1617
2.65517	87.0182	93.3702	85.4388
2.89655	83.6013	84.8013	79.3750
3.13793	81.4715	79.8832	74.5312
3.37931	79.4405	77.5157	71.9737
3.62069	77.3624	75.4676	69.9624
3.86207	75.2528	73.4147	68.0000
4.10345	73.4979	71.7176	66.4624
4.34483	71.8099	70.0870	65.0037
4.58621	70.1219	68.4564	63.5450
4.82759	68.4340	66.8257	62.0863
5.06897	66.7460	65.1951	60.6275
5.31034	65.0580	63.5645	59.1688
5.55172	63.3701	61.9339	57.7101
5.7931	61.6821	60.3033	56.2514
6.03448	59.9941	58.6726	54.7927
6.27586	58.3061	57.0420	53.3340
6.51724	56.6182	55.4114	51.8753
6.75862	54.9302	53.7808	50.4165
7.00000	53.2422	52.1502	48.9578

依据以上数值模拟结果可得，巷道典型部位围岩的位移分布如图 3-29 所示。

巷道围岩典型部位位移随距离变化的方程的回归系数如表 3-48 所示。

表 3-48 巷道围岩典型部位位移随距离变化的方程的回归系数

部位	k_0/mm	k_1/mm	k_2/m^{-1}
AB	73.30	53.66	1.61
CD	−12.21	160.93	0.63
EF	−4.25	178.48	0.64
GH	54.06	226.43	0.94
IJ	56.28	277.42	0.91
KL	58.17	212.06	0.90

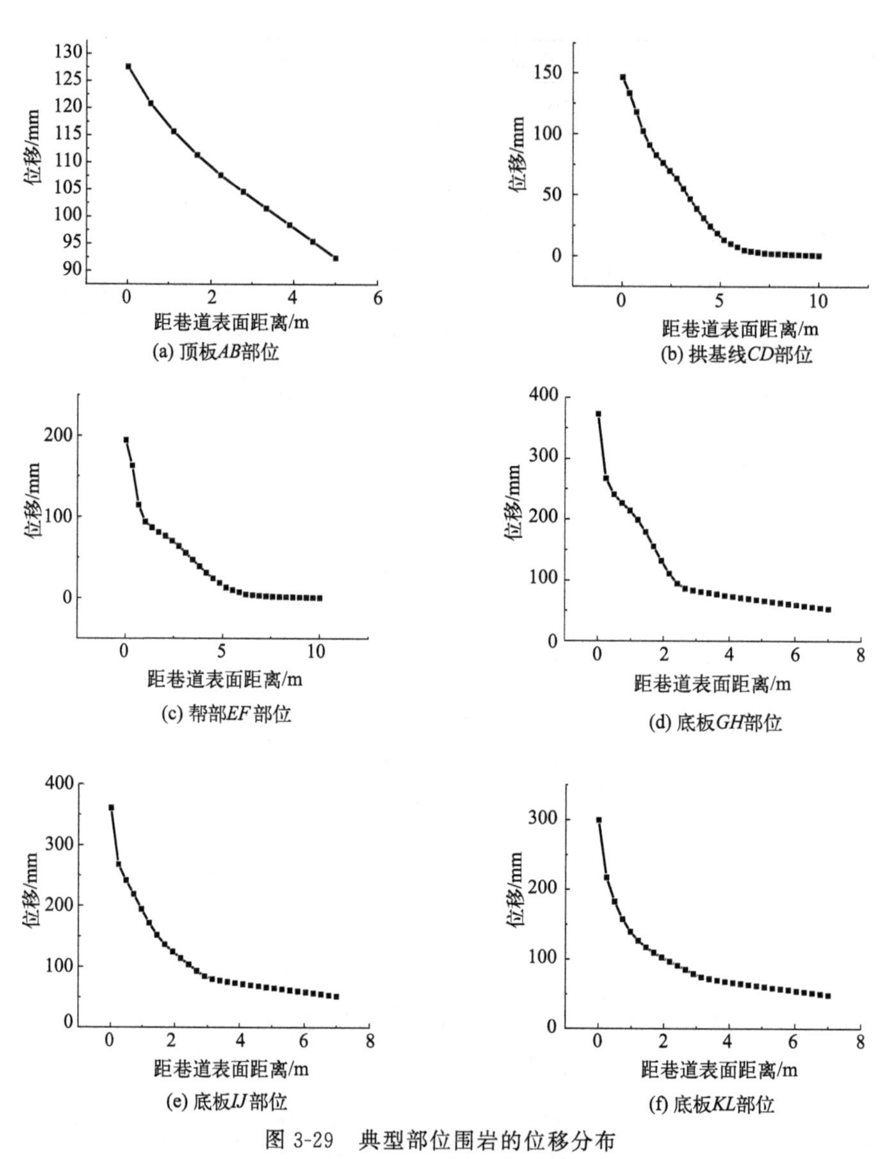

图 3-29 典型部位围岩的位移分布

依据式(3-2) 可得巷道各典型部位松动圈厚度及碎胀特征分布见表 3-49。

表 3-49 巷道典型部位松动圈厚度及碎胀特征分布

部位	松动圈厚度/m	表面位移/mm	表面位移梯度/(mm/m)	松动圈边界位移梯度/(mm/m)
AB	0.75	127.60	12.07	9.25
CD	5.14	146.66	38.25	9.26
EF	5.20	194.75	92.04	9.29
GH	3.38	373.24	439.15	8.82
IJ	3.76	360.90	383.59	9.81
KL	3.51	300.01	340.85	10.60

(3) 结论

综合以上数据：不考虑锚杆对围岩加固作用，取锚杆长度 $L=3.0\text{m}$、原岩应力 $P=13.0\text{MPa}$，比较锚杆间排距 $a\times b$ 为 400mm×400mm、600mm×600mm、800mm×800mm 时，巷道不同典型部位围岩的松动圈厚度及碎胀特征分布如下。

巷道顶板 AB 方向的松动圈厚度 R_{AB} 分别为 0.64m、0.83m、0.75m，巷道表面的位移梯度 λ_{AB} 分别为 11.05mm/m、11.89mm/m、12.07mm/m，巷道的表面位移 u_{AB} 分别为 108.61mm、121.85mm、127.60mm。

巷道拱基线 CD 方向的松动圈厚度 R_{CD} 分别为 5.11m、5.21m、5.14m，巷道的表面位移梯度 λ_{CD} 分别为 33.58mm/m、32.21mm/m、38.25mm/m，巷道的表面位移 u_{CD} 分别为 126.20mm、133.85mm、146.66mm。

巷道帮部 EF 方向的松动圈厚度 R_{EF} 分别为 5.11m、5.32m、5.20m，巷道的表面位移梯度 λ_{EF} 分别为 33.85mm/m、$\lambda=30.95$mm/m、$\lambda=92.04$mm/m，巷道的表面位移 u_{EF} 分别为 128.28mm、132.14mm、194.75mm。

巷道底板 GH 方向的松动圈厚度 R_{GH} 分别为 3.51m、3.53m、3.38m，巷道表面位移梯度 λ_{EF} 分别为 455.01mm/m、348.87mm/m、439.15mm/m，巷道表面位移 u_{EF} 分别为 383.69mm、389.77mm、373.24mm。

巷道底板 IJ 方向的松动圈厚度 R_{IJ} 分别为 3.61m、3.58m、3.76m，巷道表面的位移梯度 λ_{IJ} 分别为 398.70mm/m、397.18mm/m、383.59mm/m，巷道表面的位移 u_{IJ} 分别为 368.28mm、375.75mm、360.90mm。

巷道底板 KL 方向的松动圈厚度 R_{KL} 分别为 3.62m、3.59m、3.51m，巷道的表面位移梯度 λ_{KL} 分别为 353.88mm/m、352.69mm/m、340.85mm/m，巷道的表面位移 u_{KL} 分别为 311.52mm、319.57mm、300.01mm。

以上分析结果表明：不考虑锚杆对围岩的加固作用，锚杆间排距改变对巷道围岩典型部位松动圈厚度的影响可以忽略不计；锚杆间排距 $a\times b$ 为 400mm×400mm 及 600mm×600mm 时，巷道围岩典型部位的表面位移及位移梯度相差不明显，当锚杆间排距增加至 $a\times b=800\text{mm}\times800\text{mm}$ 时，巷道围岩典型部位表面位移及位移梯度增加显著。

3.1.3.2 不同锚杆长度无预紧力锚杆深部巷道围岩松动圈厚度及碎胀分布

不考虑锚杆长度改变对围岩强度的影响，取锚杆间排距 $a\times b=600\text{mm}\times600\text{mm}$，改变锚杆长度 $L=3.0\text{m}$ 为 $L=2.5\text{m}$、$L=2.2\text{m}$，分析锚杆长度变化对围岩松动破碎变形影响。

(1) 设锚杆长度为 2.5m

锚杆长度 $L=2.5\text{m}$ 时，巷道围岩黏结力分布云图如图 3-30 所示，巷道围岩位移分布云图如图 3-31 所示。

典型部位距巷道表面不同位置的黏结力数值模拟结果如表 3-50 所示，依据表中数据可得典型部位围岩的黏结力分布如图 3-32 所示。

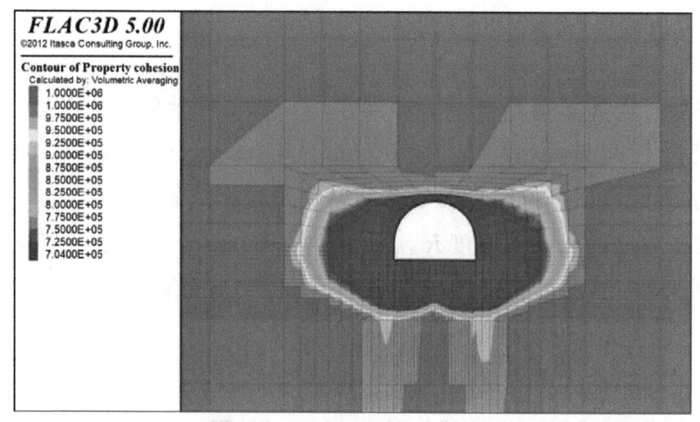

图 3-30 巷道围岩黏结力分布云图（扫前言二维码可见彩图）

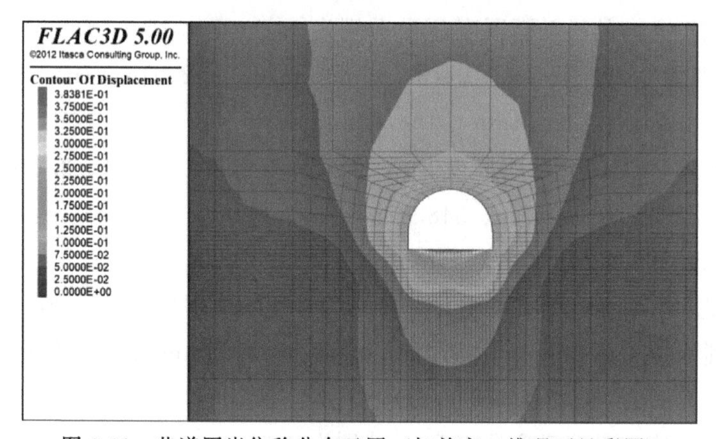

图 3-31 巷道围岩位移分布云图（扫前言二维码可见彩图）

表 3-50 典型部位距巷道表面不同位置的黏结力数值模拟结果 单位：MPa

距巷道表面距离/m	典型部位					
	顶板 *AB*	拱基线 *CD*	帮部 *EF*	底板 *GH*	底板 *IJ*	底板 *KL*
0	0.704000	0	0	0.704000	0.704000	0.704000
0.241379	0.704000	0.704000	0.704000	0.704000	0.704000	0.704000
0.482759	0.730691	0.704000	0.704000	0.704000	0.704000	0.704000
0.724138	0.906286	0.704000	0.704000	0.704000	0.704000	0.704000
0.965517	0.980310	0.704000	0.704000	0.704000	0.704000	0.704000
1.20690	0.999967	0.704000	0.704000	0.704000	0.704000	0.704000
1.44828	1.00000	0.704000	0.704000	0.704000	0.704000	0.704000
1.68966	1.00000	0.704000	0.704000	0.704000	0.704000	0.704000
1.93103	1.00000	0.704000	0.704000	0.704000	0.704000	0.704000
2.17241	1.00000	0.704000	0.704000	0.704000	0.704000	0.704000
2.41379	1.00000	0.704000	0.704000	0.704000	0.704000	0.704000
2.65517	1.00000	0.704000	0.704000	0.704000	0.704000	0.704000
2.89655	1.00000	0.704000	0.704000	0.707265	0.704000	0.704000

续表

距巷道表面距离/m	典型部位					
	顶板 *AB*	拱基线 *CD*	帮部 *EF*	底板 *GH*	底板 *IJ*	底板 *KL*
3.13793	1.00000	0.704000	0.704000	0.912806	0.704000	0.704000
3.37931	1.00000	0.704000	0.704000	1.00000	0.726865	0.704000
3.62069	1.00000	0.704000	0.704000	1.00000	0.999117	0.881922
3.86207	1.00000	0.704000	0.704000	1.00000	1.00000	0.917333
4.10345	1.00000	0.704000	0.704000	1.00000	1.00000	1.00000
4.34483	1.00000	0.704000	0.704000	1.00000	1.00000	1.00000
4.58621	1.00000	0.716593	0.716004	1.00000	1.00000	1.00000
4.82759	1.00000	0.716593	0.716264	1.00000	1.00000	1.00000
5.06897	1.00000	0.716593	0.716264	1.00000	1.00000	1.00000
5.31034	1.00000	0.869341	0.860523	1.00000	1.00000	1.00000
5.55172	1.00000	0.869341	0.860523	1.00000	1.00000	1.00000
5.7931	1.00000	0.869341	0.860523	1.00000	1.00000	1.00000
6.03448	1.00000	0.869341	0.860523	1.00000	1.00000	1.00000
6.27586	1.00000	1.00000	1.00000	1.00000	1.00000	1.00000
6.51724	1.00000	1.00000	1.00000	1.00000	1.00000	1.00000
6.75862	1.00000	1.00000	1.00000	1.00000	1.00000	1.00000
7.00000	1.00000	1.00000	1.00000	1.00000	1.00000	1.00000

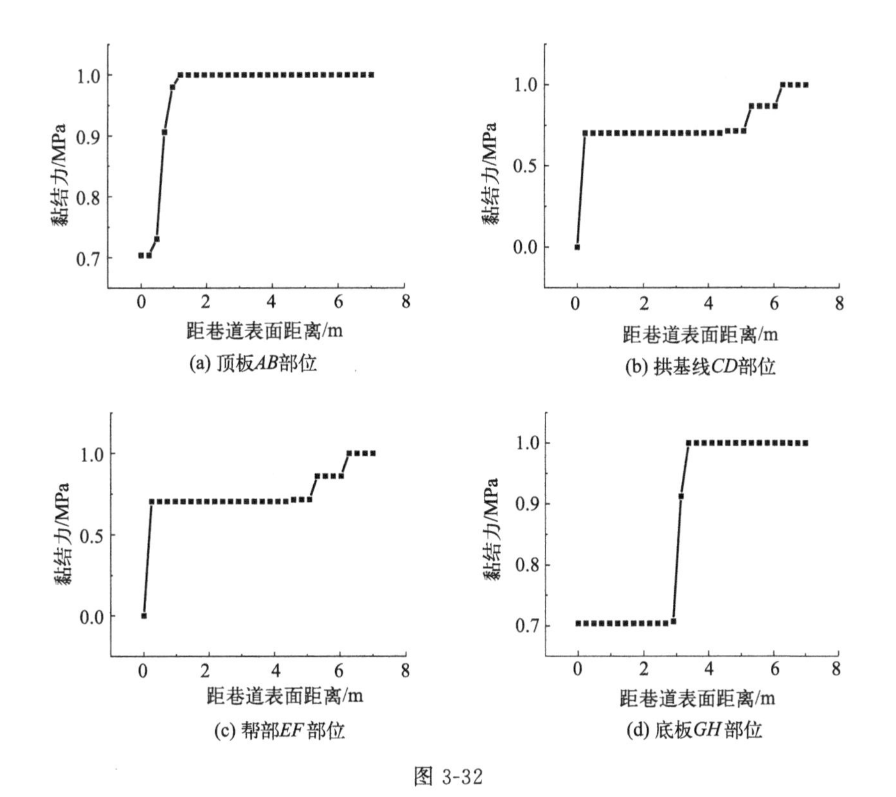

(a) 顶板*AB*部位

(b) 拱基线*CD*部位

(c) 帮部*EF*部位

(d) 底板*GH*部位

图 3-32

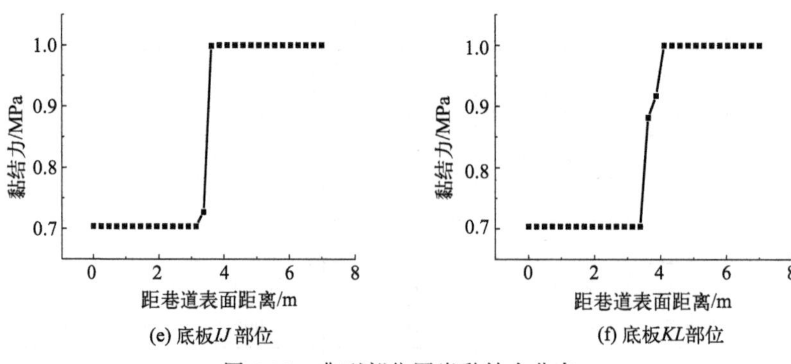

图 3-32 典型部位围岩黏结力分布

根据围岩残余强度分布范围估算巷道围岩典型部位松动圈厚度如表 3-51 所示。

AB 部位，拱基线 *CD* 部位，帮部 *EF* 部位，底板 *GH* 部位、*IJ* 部位、*KL* 部位距巷道表面不同距离的位移见表 3-52～表 3-54。

表 3-51 巷道典型部位松动圈厚度

部位	松动圈厚度/m	部位	松动圈厚度/m
AB	0.72	*GH*	3.14
CD	5.31	*IJ*	3.62
EF	5.31	*KL*	3.62

表 3-52 *AB* 部位距巷道表面不同距离的位移

距巷道表面距离/m	顶板 *AB* 位移/mm
0	120.834
0.555556	114.495
1.11111	109.658
1.66667	105.291
2.22222	101.496
2.77778	98.4913
3.33333	95.5988
3.88889	92.7064
4.44444	89.8139
5.00000	86.9215

表 3-53 拱基线部位和帮部部位距巷道表面不同距离位移

距巷道表面距离/m	拱基线 *CD* 位移/mm	帮部 *EF* 位移/mm
0	131.430	130.839
0.344828	119.872	120.162
0.689655	109.761	109.037
1.03448	99.9500	99.8716
1.37931	91.0025	93.1289

续表

距巷道表面距离/m	拱基线 *CD* 位移/mm	帮部 *EF* 位移/mm
1.72414	82.2564	86.4662
2.06897	74.2356	79.8562
2.41379	66.5649	71.2113
2.75862	59.2465	62.1652
3.10345	52.3246	52.9471
3.44828	45.6136	43.7078
3.7931	38.9346	35.8572
4.13793	32.5462	28.4665
4.48276	26.4631	22.0383
4.82759	20.4637	17.0659
5.17241	16.5432	12.0935
5.51724	13.5535	9.43197
5.86207	7.22123	7.31438
6.2069	5.26185	5.19679
6.55172	4.50410	4.43766
6.89655	3.79369	3.73203
7.24138	3.08327	3.02641
7.58621	2.77508	2.72246
7.93103	2.54928	2.50078
8.27586	2.32348	2.27910
8.62069	2.09768	2.05742
8.96552	1.87188	1.83574
9.31034	1.64608	1.61406
9.65517	1.42028	1.39238
10.0000	1.19448	1.17070

表 3-54　底板 *GH*、*IJ*、*KL* 部位距巷道表面不同距离位移

距巷道表面距离/m	底板 *GH* 位移/mm	底板 *IJ* 位移/mm	底板 *KL* 位移/mm
0	388.760	369.128	319.231
0.241379	278.360	272.614	233.414
0.482759	249.928	247.599	189.779
0.724138	235.426	227.009	161.464
0.965517	222.947	204.217	140.874
1.2069	209.158	181.294	127.330
1.44828	190.898	161.467	117.935

续表

距巷道表面距离/m	底板 GH 位移/mm	底板 IJ 位移/mm	底板 KL 位移/mm
1.68966	167.463	144.835	110.562
1.93103	142.577	131.575	104.273
2.17241	119.417	119.847	98.4905
2.41379	98.8939	108.478	92.8646
2.65517	87.0628	97.3917	87.1620
2.89655	81.9530	87.0334	81.2695
3.13793	79.5319	79.6084	75.2945
3.37931	77.4947	75.7567	70.6195
3.62069	75.4298	73.5070	68.0252
3.86207	73.3345	71.4546	65.9112
4.10345	71.5887	69.7648	64.3636
4.34483	69.9089	68.1420	62.9158
4.58621	68.2290	66.5192	61.4681
4.82759	66.5491	64.8964	60.0203
5.06897	64.8693	63.2736	58.5725
5.31034	63.1894	61.6508	57.1248
5.55172	61.5096	60.0280	55.6770
5.7931	59.8297	58.4052	54.2292
6.03448	58.1499	56.7824	52.7815
6.27586	56.4700	55.1596	51.3337
6.51724	54.7902	53.5368	49.8859
6.75862	53.1103	51.9141	48.4382
7.00000	51.4305	50.2913	46.9904

依据以上数值模拟结果可得，巷道典型部位围岩的位移分布如图 3-33 所示。

巷道围岩典型部位 AB、CD、EF、GH 围岩位移随距离变化的方程的回归系数如表 3-55 所示。

表 3-55　不同部位巷道围岩位移随距离变化的方程的回归系数

部位	k_0/mm	k_1/mm	k_2/m^{-1}
AB	25.81	91.13	2.01
CD	−14.88	151.55	0.62
EF	−16.02	150.00	0.62
GH	50.34	246.32	0.91
IJ	52.86	293.15	0.89
KL	57.40	233.57	0.95

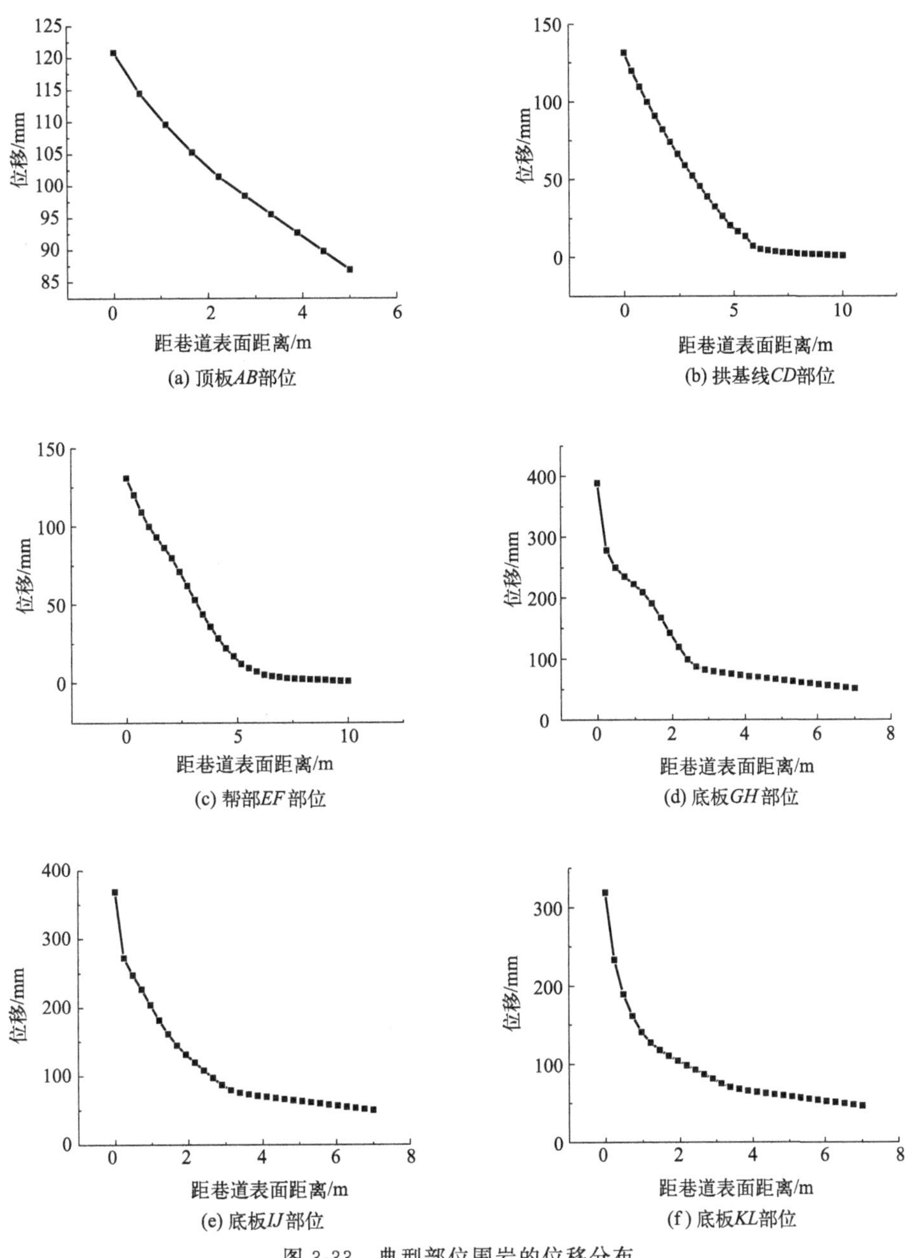

图 3-33 典型部位围岩的位移分布

依据式(3-2)可得巷道典型部位松动圈厚度及碎胀特征分布见表 3-56。

表 3-56 巷道典型部位的松动圈厚度及碎胀特征分布

部位	松动圈厚度/m	表面位移/mm	表面位移梯度/(mm/m)	松动圈边界位移梯度/(mm/m)
AB	0.75	120.83	11.41	10.21
CD	5.16	130.43	33.52	11.07
EF	5.14	130.84	30.97	10.86
GH	3.62	388.76	457.37	9.74

续表

部位	松动圈厚度/m	表面位移/mm	表面位移梯度/(mm/m)	松动圈边界位移梯度/(mm/m)
IJ	3.93	369.13	399.84	10.26
KL	3.37	319.23	355.53	10.75

(2) 设锚杆长度为 2.2m

锚杆长度 L=2.2m 时，巷道围岩黏结力分布云图如图 3-34 所示，巷道围岩位移分布云图如图 3-35 所示。

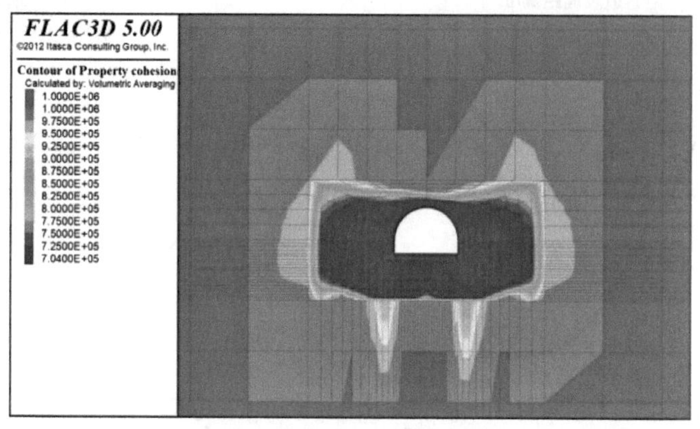

图 3-34　巷道围岩黏结力分布云图（扫前言二维码可见彩图）

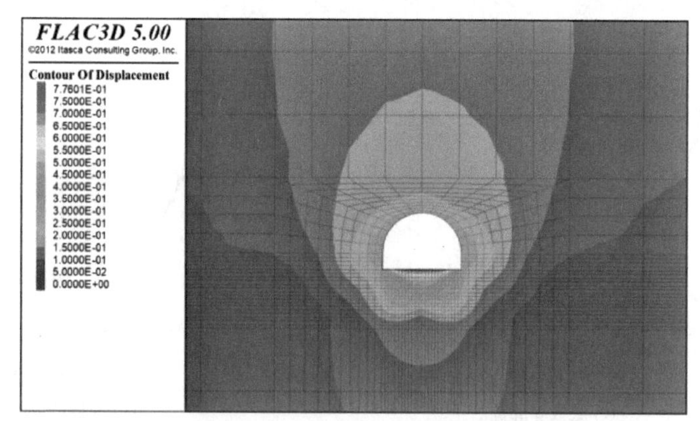

图 3-35　巷道围岩位移分布云图（扫前言二维码可见彩图）

典型部位距巷道表面不同位置的黏结力数值模拟结果如表 3-57 所示，依据表中数据可得典型部位围岩的黏结力分布如图 3-36 所示。

表 3-57　典型部位距巷道表面不同位置的黏结力数值模拟结果　　单位：MPa

距巷道表面距离/m	典型部位					
	顶板 *AB*	拱基线 *CD*	帮部 *EF*	底板 *GH*	底板 *IJ*	底板 *KL*
0	0.704000	0	0	0.704000	0.704000	0.704000
0.241379	0.704000	0.704000	0.704000	0.704000	0.704000	0.704000
0.482759	0.730691	0.704000	0.704000	0.704000	0.704000	0.704000

续表

距巷道表面距离/m	典型部位					
	顶板 *AB*	拱基线 *CD*	帮部 *EF*	底板 *GH*	底板 *IJ*	底板 *KL*
0.724138	0.906286	0.704000	0.704000	0.704000	0.704000	0.704000
0.965517	0.98031	0.704000	0.704000	0.704000	0.704000	0.704000
1.20690	0.999967	0.704000	0.704000	0.704000	0.704000	0.704000
1.44828	1.00000	0.704000	0.704000	0.704000	0.704000	0.704000
1.68966	1.00000	0.704000	0.704000	0.704000	0.704000	0.704000
1.93103	1.00000	0.704000	0.704000	0.704000	0.704000	0.704000
2.17241	1.00000	0.704000	0.704000	0.704000	0.704000	0.704000
2.41379	1.00000	0.704000	0.704000	0.704000	0.704000	0.704000
2.65517	1.00000	0.704000	0.704000	0.704000	0.704000	0.704000
2.89655	1.00000	0.704000	0.704000	0.708049	0.704000	0.704000
3.13793	1.00000	0.704000	0.704000	0.919681	0.704000	0.704000
3.37931	1.00000	0.704000	0.704000	1.00000	0.735515	0.704000
3.62069	1.00000	0.704000	0.704000	1.00000	0.999731	0.892579
3.86207	1.00000	0.704000	0.704000	1.00000	1.00000	0.929698
4.10345	1.00000	0.704000	0.704000	1.00000	1.00000	1.00000
4.34483	1.00000	0.704000	0.704000	1.00000	1.00000	1.00000
4.58621	1.00000	0.710991	0.709943	1.00000	1.00000	1.00000
4.82759	1.00000	0.710991	0.709943	1.00000	1.00000	1.00000
5.06897	1.00000	0.710991	0.709943	1.00000	1.00000	1.00000
5.31034	1.00000	0.811401	0.79853	1.00000	1.00000	1.00000
5.55172	1.00000	0.811401	0.79853	1.00000	1.00000	1.00000
5.79310	1.00000	0.811401	0.79853	1.00000	1.00000	1.00000
6.03448	1.00000	0.811401	0.79853	1.00000	1.00000	1.00000
6.27586	1.00000	1.00000	1.00000	1.00000	1.00000	1.00000
6.51724	1.00000	1.00000	1.00000	1.00000	1.00000	1.00000
6.75862	1.00000	1.00000	1.00000	1.00000	1.00000	1.00000
7.00000	1.00000	1.00000	1.00000	1.00000	1.00000	1.00000

根据围岩残余强度分布范围估算巷道围岩典型部位松动圈厚度如表3-58所示。

AB 部位，拱基线 *CD* 部位，帮部 *EF* 部位，底板 *GH* 部位、*IJ* 部位、*KL* 部位距巷道表面不同距离的位移见表3-59～表3-61。

表3-58 巷道典型部位松动圈厚度

部位	松动圈厚度/m	部位	松动圈厚度/m
AB	0.72	*GH*	3.14
CD	5.31	*IJ*	3.62
EF	5.31	*KL*	3.62

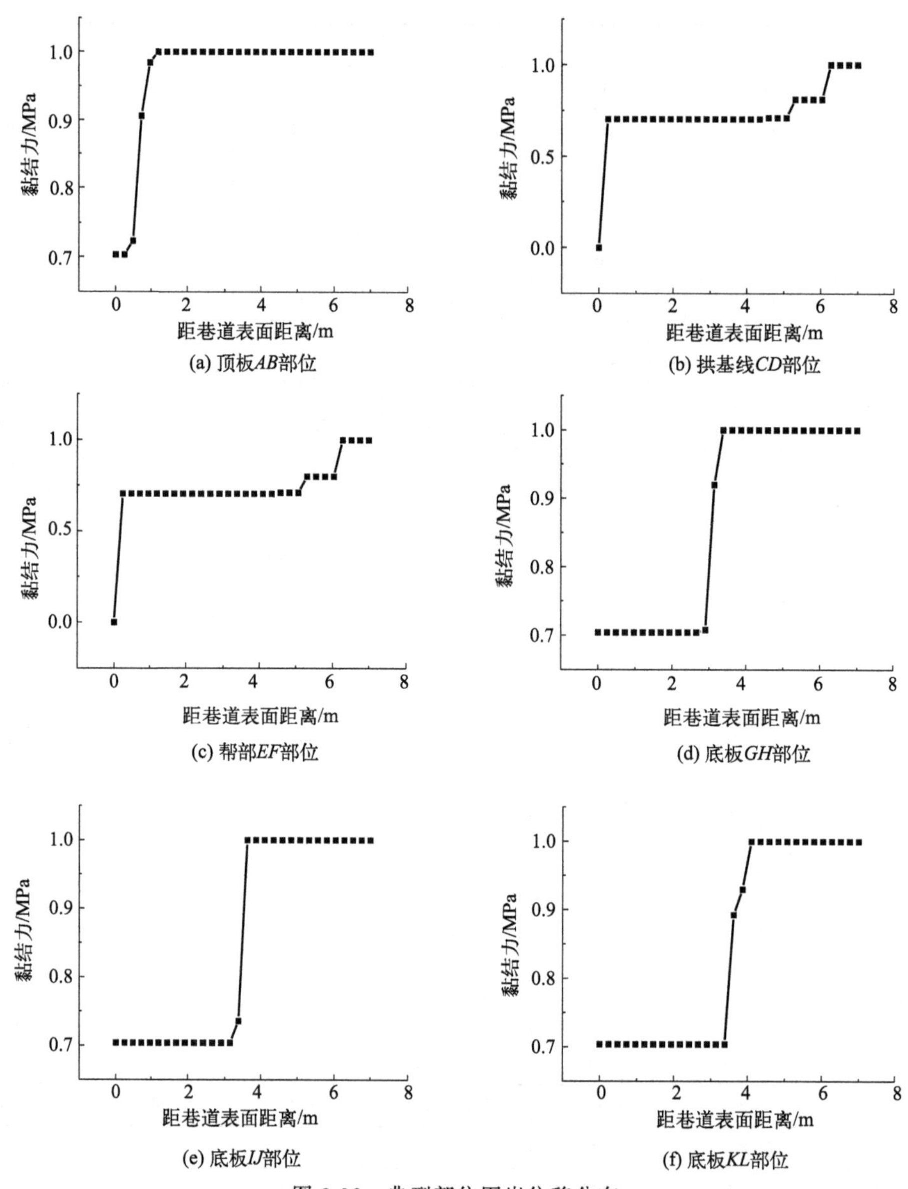

图 3-36 典型部位围岩位移分布

表 3-59 *AB* 部位距巷道表面不同距离的位移

距巷道表面距离/m	顶板 *AB* 位移/mm
0	125.077
0.555556	118.470
1.11111	113.536
1.66667	109.220
2.22222	105.342
2.77778	102.267
3.33333	99.3052

续表

距巷道表面距离/m	顶板 *AB* 位移/mm
3.88889	96.3438
4.44444	93.3823
5.00000	90.4209

表 3-60　拱基线部位和帮部部位距巷道表面不同距离的位移

距巷道表面距离/m	拱基线 *CD* 位移/mm	帮部 *EF* 位移/mm
0	150.506	142.288
0.344828	136.829	130.401
0.689655	127.010	122.090
1.03448	115.250	111.722
1.37931	105.638	103.667
1.72414	96.0895	95.2197
2.06897	86.582	86.5146
2.41379	76.1345	76.3791
2.75862	65.5017	65.9616
3.10345	55.7127	56.3982
3.44828	46.0274	46.9400
3.79310	37.8303	38.9034
4.13793	30.1261	31.3377
4.48276	23.4346	24.6465
4.82759	18.2749	19.2783
5.17241	13.1152	13.9101
5.51724	10.1815	10.7199
5.86207	7.77159	8.04227
6.2069	5.36171	5.36467
6.55172	4.51178	4.48876
6.89655	3.72329	3.6838
7.24138	2.9348	2.87884
7.58621	2.60593	2.55147
7.93103	2.37121	2.32193
8.27586	2.13649	2.09238
8.62069	1.90176	1.86283
8.96552	1.66704	1.63329
9.31034	1.43231	1.40374
9.65517	1.19759	1.17419
10.0000	0.962863	0.944648

表 3-61　底板 *GH*、*IJ*、*KL* 部位距巷道表面不同距离的位移

距巷道表面距离/m	底板 *GH* 位移/mm	底板 *IJ* 位移/mm	底板 *KL* 位移/mm
0	390.281	378.520	323.251
0.241379	279.369	279.682	235.600
0.482759	250.091	249.040	191.780
0.724138	234.971	226.724	161.655
0.965517	222.590	203.784	140.352
1.20690	209.153	180.888	126.672
1.44828	192.260	160.840	117.322
1.68966	169.307	144.015	110.095
1.93103	144.093	130.781	103.990
2.17241	120.576	119.278	98.3821
2.41379	99.9248	108.149	92.9102
2.65517	87.9988	97.2807	87.3370
2.89655	82.8279	87.2581	81.5308
3.13793	80.3886	80.1999	75.8041
3.37931	78.3466	76.5526	71.3744
3.62069	76.2788	74.3344	68.8356
3.86207	74.1823	72.2830	66.7253
4.10345	72.4336	70.5906	65.1761
4.34483	70.7503	68.9649	63.7264
4.58621	69.0671	67.3393	62.2768
4.82759	67.3838	65.7136	60.8271
5.06897	65.7005	64.0879	59.3775
5.31034	64.0173	62.4622	57.9279
5.55172	62.334	60.8365	56.4782
5.7931	60.6507	59.2108	55.0286
6.03448	58.9675	57.5851	53.579
6.27586	57.2842	55.9594	52.1293
6.51724	55.6009	54.3337	50.6797
6.75862	53.9177	52.7080	49.2300
7.00000	52.2344	51.0823	47.7804

依据以上数值模拟结果可得，巷道典型部位围岩的位移分布如图 3-37 所示。不同部位巷道围岩位移随距离变化的方程的回归系数如表 3-62 所示。

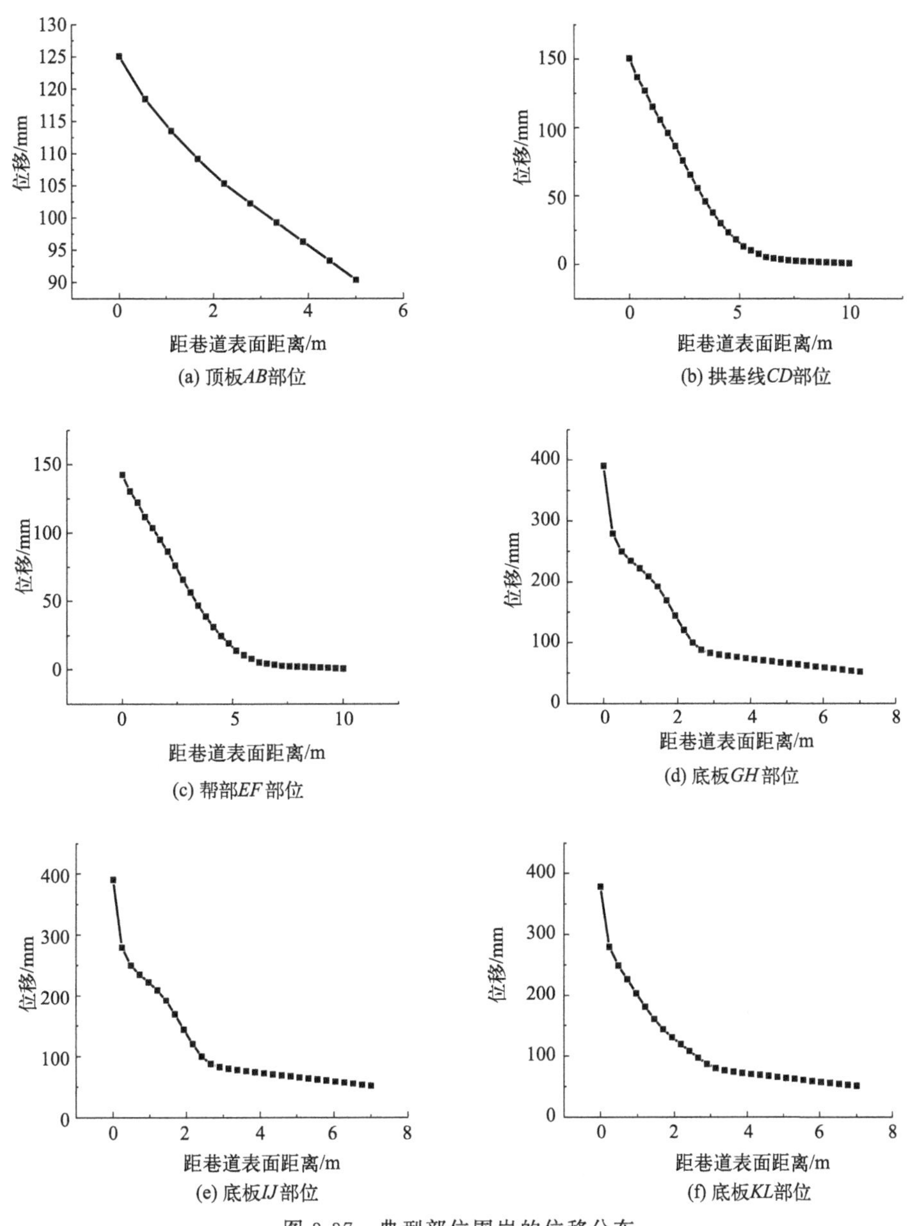

图 3-37　典型部位围岩的位移分布

表 3-62　不同部位巷道围岩位移随距离变化的方程的回归系数

部位	k_0/mm	k_1/mm	k_2/m^{-1}
AB	29.19	120.34	2.01
CD	−15.11	171.00	0.61
EF	−16.63	166.90	0.60
GH	51.67	280.30	0.94
IJ	54.86	288.56	0.88
KL	59.08	241.10	0.96

依据式(3-2）可得巷道典型部位松动圈厚度及碎胀特征分布见表 3-63。

表 3-63　巷道典型部位松动圈厚度及碎胀特征分布

部位	松动圈厚度/m	表面位移/mm	表面位移梯度/(mm/m)	松动圈边界位移梯度/(mm/m)
AB	0.89	125.08	11.80	10.52
CD	5.46	150.51	39.66	10.85
EF	5.54	142.29	34.47	10.77
GH	3.61	390.28	459.49	9.86
IJ	3.97	378.52	409.47	10.35
KL	3.36	323.25	363.13	10.41

(3）结论

综合以上数据：原岩应力 $P=13\text{MPa}$，锚杆间排距 $a\times b$ 取 600mm×600mm 的情况下，比较锚杆长度 L 分别为 2.2m、2.5m、3.0m 时，巷道不同典型部位围岩的松动圈厚度及碎胀特征分布如下。

巷道顶板 AB 方向的松动圈厚度 R_{AB} 分别为 0.89m、0.75m、0.83m，巷道的表面位移梯度 λ_{AB} 分别为 11.80mm/m、11.41mm/m、11.89mm/m，巷道的表面位移 u_{AB} 分别为 125.08mm、120.83mm、121.85mm。

巷道拱基线 *CD* 方向的松动圈厚度 R_{CD} 分别为 5.46m、5.16m、5.21m，巷道的表面位移梯度 λ_{CD} 分别为 39.66mm/m、33.52mm/m、32.21mm/m，巷道的表面位移 u_{CD} 分别为 150.51mm、130.43mm、133.85mm。

巷道帮部 *EF* 方向的松动圈厚度 R_{EF} 分别为 5.54m、5.14m、5.32m，巷道的表面位移梯度 λ_{EF} 分别为 34.47mm/m、30.97mm/m、30.95mm/m，巷道的表面位移 u_{EF} 分别为 142.29mm、130.84mm、132.14mm。

巷道底板 *GH* 方向的松动圈厚度 R_{GH} 分别为 3.61m、3.62m、3.53m，巷道的表面位移梯度 λ_{GH} 分别为 459.49mm/m、457.37mm/m、348.87mm/m，巷道的表面位移 u_{GH} 分别为 390.28mm、383.76mm、389.77mm。

巷道底板 *IJ* 方向的松动圈厚度 R_{IJ} 分别为 3.97m、3.93m、3.58m，巷道的表面位移梯度 λ_{IJ} 分别为 409.47mm/m、399.84mm/m、397.18mm/m，巷道的表面位移 u_{IJ} 分别为 378.52mm、369.13mm、375.75mm。

巷道底板 *KL* 方向的松动圈厚度 R_{KL} 分别为 3.36m、3.37m、3.59m，巷道的表面位移梯度 λ_{KL} 分别为 363.13mm/m、355.53mm/m、352.69mm/m，巷道的表面位移 u_{KL} 分别为 323.25mm、319.23mm、319.57mm。

以上分析结果表明：巷道顶板围岩松动圈厚度、围岩表面位移及位移梯度较小，巷道拱基线及帮部围岩松动圈厚度明显，但围岩表面位移及位移梯度不明显，巷道底板围岩松动圈厚度不明显，但围岩表面位移及位移梯度显著。锚杆长度改变对围岩松动圈厚度的影响较小，但对巷道拱基线及帮部围岩的表面位移及位移梯度有一定影响。锚杆长度由 2.2m 增加至 2.5m 时，巷道拱基线位置及巷道帮部位置的表面位移及位移梯度增加明显，当锚杆长度由 2.5m 增加至 3.0m 时，巷道围岩各部位的位移及位移梯度变化较小。

3.1.4 不同原岩应力围岩松动圈厚度及碎胀分布

(1) 原岩应力设为 10MPa

改变巷道围岩原应力 $P=13\text{MPa}$ 为 $P=10\text{MPa}$，分析不同原岩应力下围岩的松动破碎变形。10MPa 的原岩应力下巷道围岩的黏结力分布云图如图 3-38 所示，位移分布云图如图 3-39 所示。

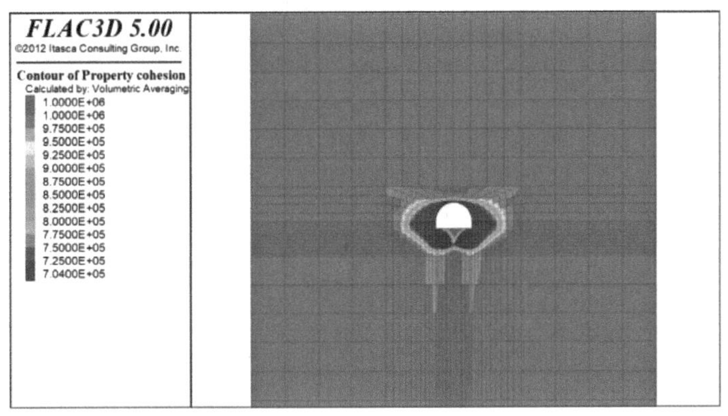

图 3-38　围岩黏结力分布云图（扫前言二维码可见彩图）

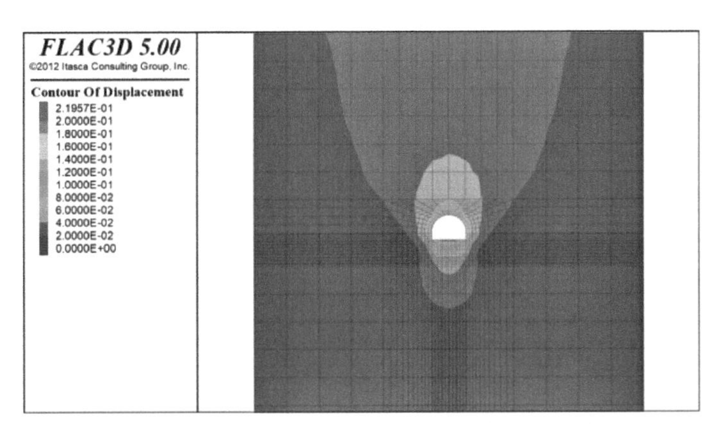

图 3-39　围岩位移分布云图（扫前言二维码可见彩图）

典型部位距巷道表面不同位置的黏结力数值模拟结果如表 3-64 所示，依据表中数据可得典型部位围岩的黏结力分布如图 3-40 所示。

表 3-64　典型部位距巷道表面不同位置的黏结力数值模拟结果　　单位：MPa

距巷道表面距离/m	典型部位					
	顶板 *AB*	拱基线 *CD*	帮部 *EF*	底板 *GH*	底板 *IJ*	底板 *KL*
0	0.704000	0	0	0.704000	0.704000	0.704000
0.241379	0.737685	0.704000	0.704000	0.704000	0.704000	0.704000
0.482759	0.939134	0.704000	0.704000	0.704000	0.704000	0.704000

续表

距巷道表面距离/m	典型部位					
	顶板 *AB*	拱基线 *CD*	帮部 *EF*	底板 *GH*	底板 *IJ*	底板 *KL*
0.724138	0.972603	0.704000	0.704000	0.704000	0.704000	0.704000
0.965517	0.99598	0.704000	0.705551	0.704000	0.704000	0.704000
1.20690	1.00000	0.704000	0.705551	0.704000	0.704000	0.704000
1.44828	1.00000	0.704000	0.705551	0.704000	0.704000	0.704000
1.68966	1.00000	0.708482	0.708436	0.704000	0.704000	0.704000
1.93103	1.00000	0.708482	0.708436	0.718677	0.704000	0.704000
2.17241	1.00000	0.708482	0.708436	0.718677	0.704000	0.704000
2.41379	1.00000	0.708482	0.708436	0.718677	0.704000	0.704000
2.65517	1.00000	0.708482	0.708436	0.718677	0.704000	0.704000
2.89655	1.00000	0.708482	0.708436	0.899215	0.727695	0.704000
3.13793	1.00000	0.708482	0.708436	1.00000	0.905337	0.704000
3.37931	1.00000	0.708482	0.708436	1.00000	1.00000	0.965307
3.62069	1.00000	0.740583	0.737566	1.00000	1.00000	0.965307
3.86207	1.00000	0.740583	0.737566	1.00000	1.00000	0.967266
4.10345	1.00000	0.740583	0.737566	1.00000	1.00000	1.00000
4.34483	1.00000	0.740583	0.737566	1.00000	1.00000	1.00000
4.58621	1.00000	0.991782	0.990606	1.00000	1.00000	1.00000
4.82759	1.00000	0.991782	0.992896	1.00000	1.00000	1.00000
5.06897	1.00000	0.991782	0.992896	1.00000	1.00000	1.00000
5.31034	1.00000	1.00000	1.00000	1.00000	1.00000	1.00000
5.55172	1.00000	1.00000	1.00000	1.00000	1.00000	1.00000
5.7931	1.00000	1.00000	1.00000	1.00000	1.00000	1.00000
6.03448	1.00000	1.00000	1.00000	1.00000	1.00000	1.00000
6.27586	1.00000	1.00000	1.00000	1.00000	1.00000	1.00000
6.51724	1.00000	1.00000	1.00000	1.00000	1.00000	1.00000
6.75862	1.00000	1.00000	1.00000	1.00000	1.00000	1.00000
7.00000	1.00000	1.00000	1.00000	1.00000	1.00000	1.00000

根据围岩残余强度分布范围估算巷道围岩典型部位松动圈厚度如表 3-65 所示。

AB 部位，拱基线 *CD* 部位，帮部 *EF* 部位，底板 *GH* 部位、*IJ* 部位、*KL* 部位距巷道表面不同距离的位移见表 3-66～表 3-68。

表 3-65　巷道典型部位松动圈厚度

部位	松动圈厚度/m	部位	松动圈厚度/m
AB	0.48	*GH*	2.90
CD	4.59	*IJ*	3.14
EF	4.59	*KL*	3.38

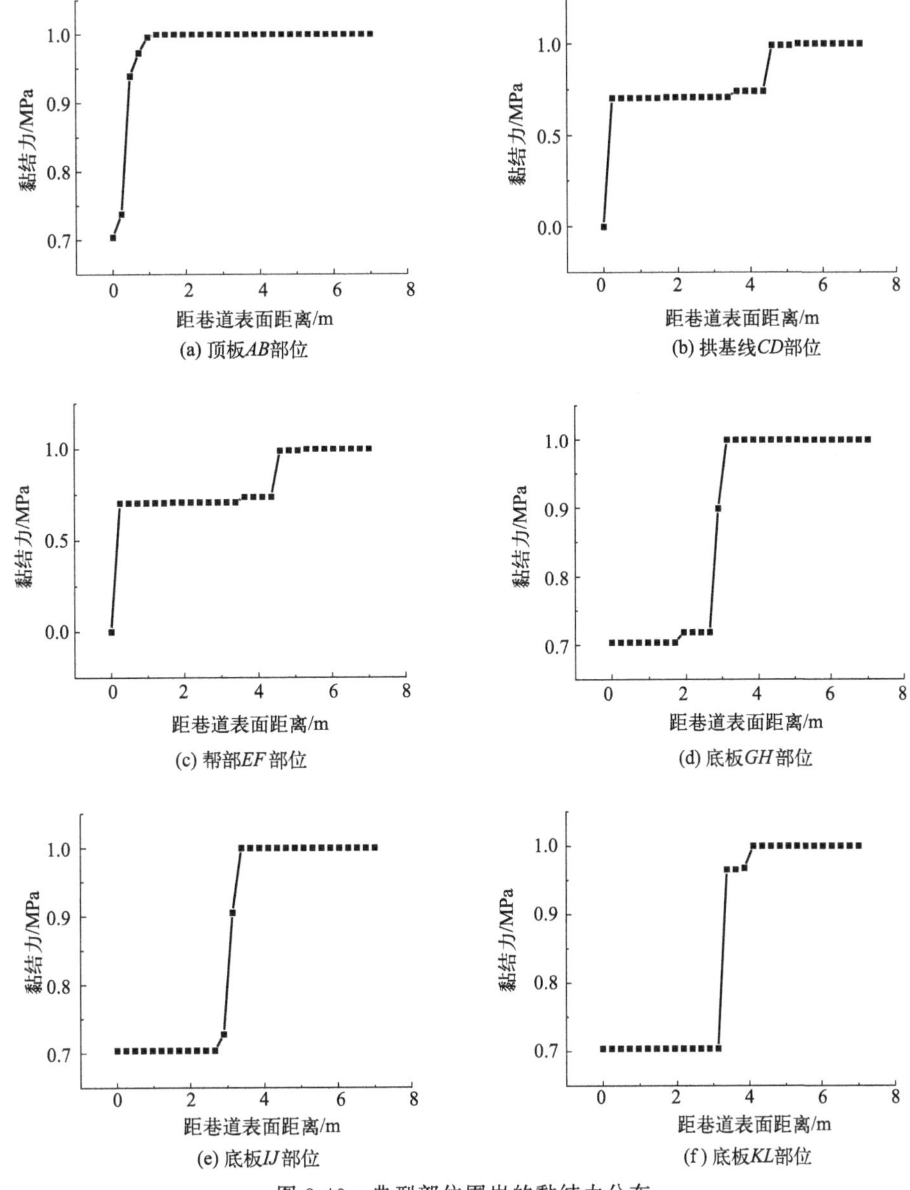

图 3-40 典型部位围岩的黏结力分布

表 3-66 *AB* 部位距巷道表面不同距离的位移

距巷道表面距离/m	顶板 *AB* 位移/mm
0	77.1449
0.555556	73.5265
1.11111	66.9495
1.66667	63.5487
2.22222	60.6465
2.77778	58.4923
3.33333	56.4364

续表

距巷道表面距离/m	顶板 AB 位移/mm
3.88889	54.3805
4.44444	52.3246
5.00000	50.2687

表 3-67　拱基线部位和帮部部位距巷道表面不同距离的位移

距巷道表面距离/m	拱基线 CD 位移/mm	帮部 EF 位移/mm
0	77.0344	73.3678
0.344828	67.5896	64.2166
0.689655	60.8764	57.5541
1.03448	52.5933	49.7921
1.37931	46.2473	44.3432
1.72414	40.9866	39.9313
2.06897	36.4395	36.2016
2.41379	31.6111	31.8603
2.75862	26.7272	27.3985
3.10345	21.4382	22.0635
3.44828	16.0994	16.6211
3.7931	12.2138	12.5226
4.13793	8.80958	8.86932
4.48276	6.36929	6.27483
4.82759	5.38703	5.28189
5.17241	4.40478	4.28894
5.51724	3.87731	3.78508
5.86207	3.45688	3.39632
6.2069	3.03644	3.00757
6.55172	2.8143	2.79085
6.89655	2.59996	2.5809
7.24138	2.38563	2.37096
7.58621	2.25533	2.24177
7.93103	2.14224	2.12912
8.27586	2.02914	2.01647
8.62069	1.91605	1.90382
8.96552	1.80296	1.79118
9.31034	1.68987	1.67853
9.65517	1.57678	1.56588
10.0000	1.46369	1.45323

表 3-68　底板 *GH*、*IJ*、*KL* 部位距巷道表面不同距离的位移

距巷道表面距离/m	底板 *GH* 位移/mm	底板 *IJ* 位移/mm	底板 *KL* 位移/mm
0	219.504	209.281	182.532
0.241379	157.139	153.195	134.48
0.482759	140.139	136.808	111.419
0.724138	128.674	126.122	95.0343
0.965517	118.846	114.965	83.3423
1.20690	109.750	103.092	75.5962
1.44828	98.9723	91.2177	69.8861
1.68966	86.8426	80.8474	65.1396
1.93103	75.1068	72.7071	60.9501
2.17241	65.5631	65.8539	57.0821
2.41379	58.8803	59.6660	53.4037
2.65517	55.1515	54.6883	49.9871
2.89655	52.8586	51.4093	46.9165
3.13793	51.1284	49.4483	44.4844
3.37931	49.4751	47.7988	42.8188
3.62069	47.8331	46.1834	41.3426
3.86207	46.2070	44.6062	39.908
4.10345	44.957	43.4144	38.8864
4.34483	43.7766	42.2933	37.9409
4.58621	42.5962	41.1722	36.9954
4.82759	41.4158	40.0511	36.0500
5.06897	40.2354	38.9299	35.1045
5.31034	39.0550	37.8088	34.159
5.55172	37.8746	36.6877	33.2135
5.7931	36.6942	35.5666	32.2680
6.03448	35.5138	34.4455	31.3226
6.27586	34.3334	33.3244	30.3771
6.51724	33.1529	32.2032	29.4316
6.75862	31.9725	31.0821	28.4861
7.00000	30.7921	29.9610	27.5406

依据以上数值模拟结果可得，巷道典型部位围岩的位移分布如图 3-41 所示。

不同部位巷道围岩位移随距离变化的方程的回归系数如表 3-69 所示。

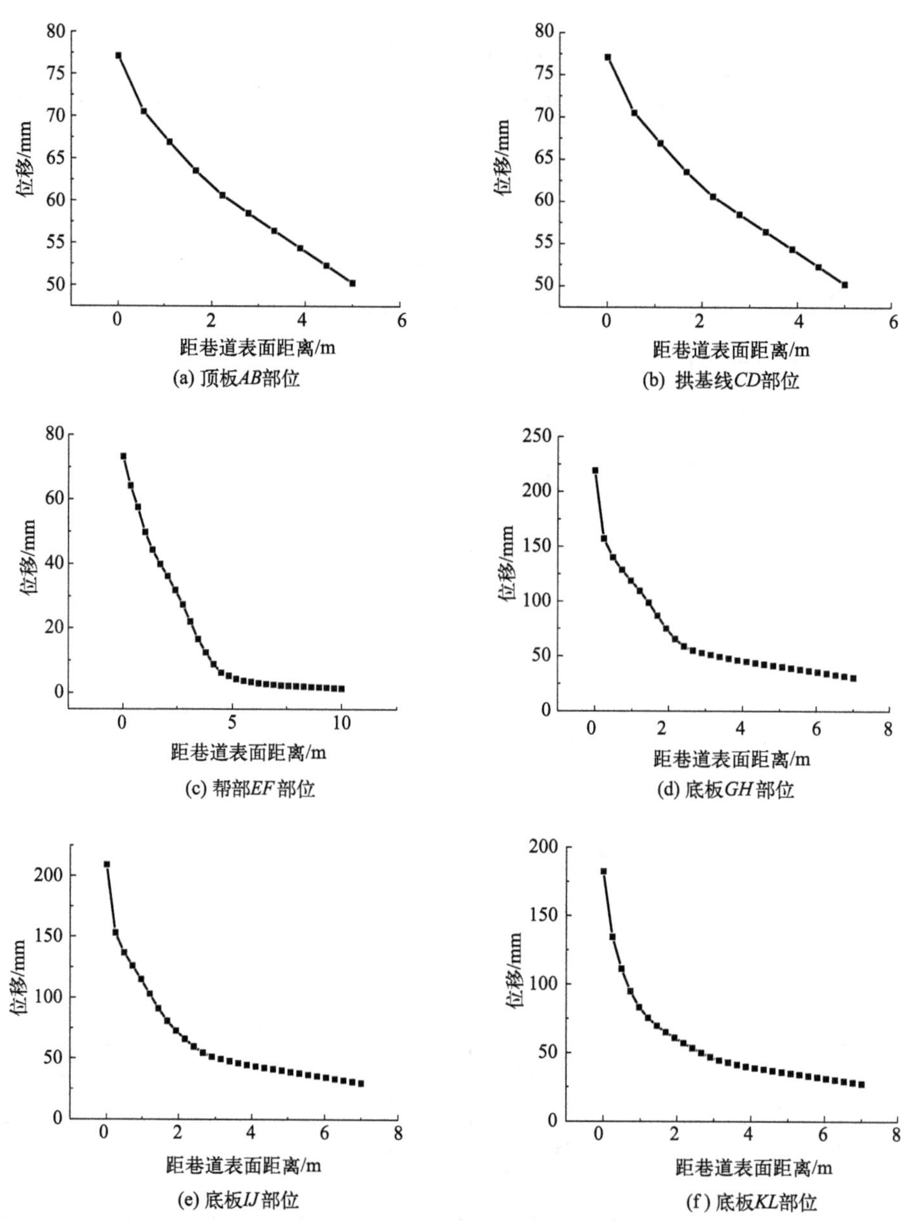

图 3-41 典型部位围岩位移分布

表 3-69 不同部位巷道围岩位移随距离变化的方程的回归系数

部位	k_0/mm	k_1/mm	k_2/m^{-1}
AB	42.96	33.39	1.62
CD	−1.94	132.13	0.66
EF	−2.22	138.11	0.68
GH	34.62	167.17	0.90
IJ	33.67	160.68	0.87
KL	34.07	155.16	0.92

依据式(3-2) 可得巷道典型部位松动圈厚度及碎胀特征分布见表 3-70。

表 3-70　巷道典型部位松动圈厚度及碎胀特征分布

部位	松动圈厚度/m	表面位移/mm	表面位移梯度/(mm/m)	松动圈边界位移梯度/(mm/m)
AB	0.45	77.14	6.51	11.91
CD	4.54	77.03	27.39	11.27
EF	4.43	73.37	26.54	10.59
GH	3.25	219.50	258.37	9.50
IJ	3.35	209.28	232.36	8.12
KL	3.07	182.53	199.07	10.08

(2) 原岩应力设为 16MPa

改变巷道围岩原应力 $P=13\mathrm{MPa}$ 为 $P=16\mathrm{MPa}$，分析不同原岩应力围岩松动破碎变形。10MPa 原岩应力下巷道围岩的黏结力分布云图如图 3-42 所示，位移分布云图如图 3-43 所示。

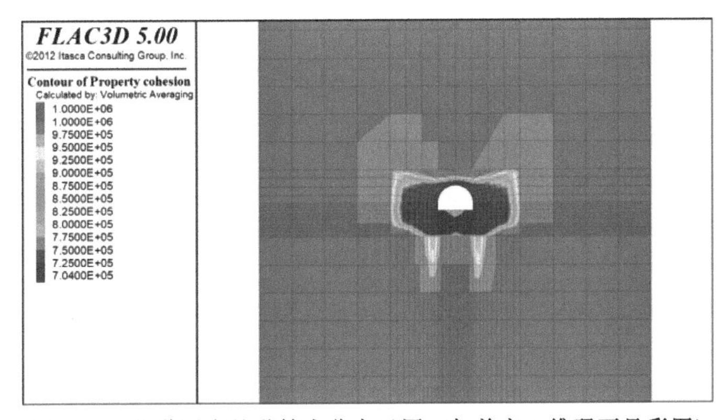

图 3-42　巷道围岩的黏结力分布云图（扫前言二维码可见彩图）

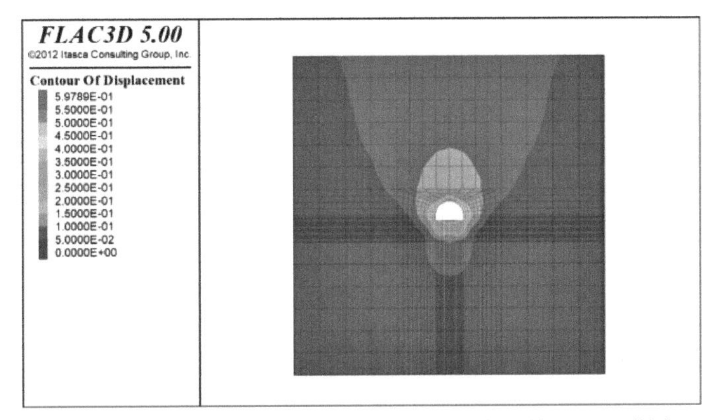

图 3-43　巷道围岩的位移分布云图（扫前言二维码可见彩图）

典型部位距巷道表面不同位置的黏结力数值模拟结果如表 3-71 所示，依据表中数据可得典型部位围岩的黏结力分布如图 3-44 所示。

表 3-71　典型部位距巷道表面不同位置的黏结力数值模拟结果　单位：MPa

距巷道表面距离/m	典型部位					
	顶板 AB	拱基线 CD	帮部 EF	底板 GH	底板 IJ	底板 KL
0	0.704000	0	0	0.704000	0.704000	0.704000
0.241379	0.704000	0.704000	0.704000	0.704000	0.704000	0.704000
0.482759	0.704000	0.704000	0.704000	0.704000	0.704000	0.704000
0.724138	0.774752	0.704000	0.704000	0.704000	0.704000	0.704000
0.965517	0.874639	0.704000	0.704000	0.704000	0.704000	0.704000
1.20690	0.995376	0.704000	0.704000	0.704000	0.704000	0.704000
1.44828	1.00000	0.704000	0.704000	0.704000	0.704000	0.704000
1.68966	1.00000	0.704000	0.704000	0.704000	0.704000	0.704000
1.93103	1.00000	0.704000	0.704000	0.704000	0.704000	0.704000
2.17241	1.00000	0.704000	0.704000	0.704000	0.704000	0.704000
2.41379	1.00000	0.704000	0.704000	0.704000	0.704000	0.704000
2.65517	1.00000	0.704000	0.704000	0.704000	0.704000	0.704000
2.89655	1.00000	0.704000	0.704000	0.704000	0.704000	0.704000
3.13793	1.00000	0.704000	0.704000	0.704000	0.704000	0.704000
3.37931	1.00000	0.704000	0.704000	0.727185	0.704000	0.704000
3.62069	1.00000	0.704000	0.704000	0.909952	0.704000	0.704000
3.86207	1.00000	0.704000	0.704000	0.987005	0.780582	0.704000
4.10345	1.00000	0.704000	0.704000	1.00000	1.00000	1.00000
4.34483	1.00000	0.704000	0.704000	1.00000	1.00000	1.00000
4.58621	1.00000	0.704000	0.704000	1.00000	1.00000	1.00000
4.82759	1.00000	0.704000	0.704000	1.00000	1.00000	1.00000
5.06897	1.00000	0.704000	0.704000	1.00000	1.00000	1.00000
5.31034	1.00000	0.713277	0.710967	1.00000	1.00000	1.00000
5.55172	1.00000	0.713277	0.710967	1.00000	1.00000	1.00000
5.7931	1.00000	0.713277	0.710967	1.00000	1.00000	1.00000
6.03448	1.00000	0.713277	0.710967	1.00000	1.00000	1.00000
6.27586	1.00000	1.00000	1.00000	1.00000	1.00000	1.00000
6.51724	1.00000	1.00000	1.00000	1.00000	1.00000	1.00000
6.75862	1.00000	1.00000	1.00000	1.00000	1.00000	1.00000
7.00000	1.00000	1.00000	1.00000	1.00000	1.00000	1.00000

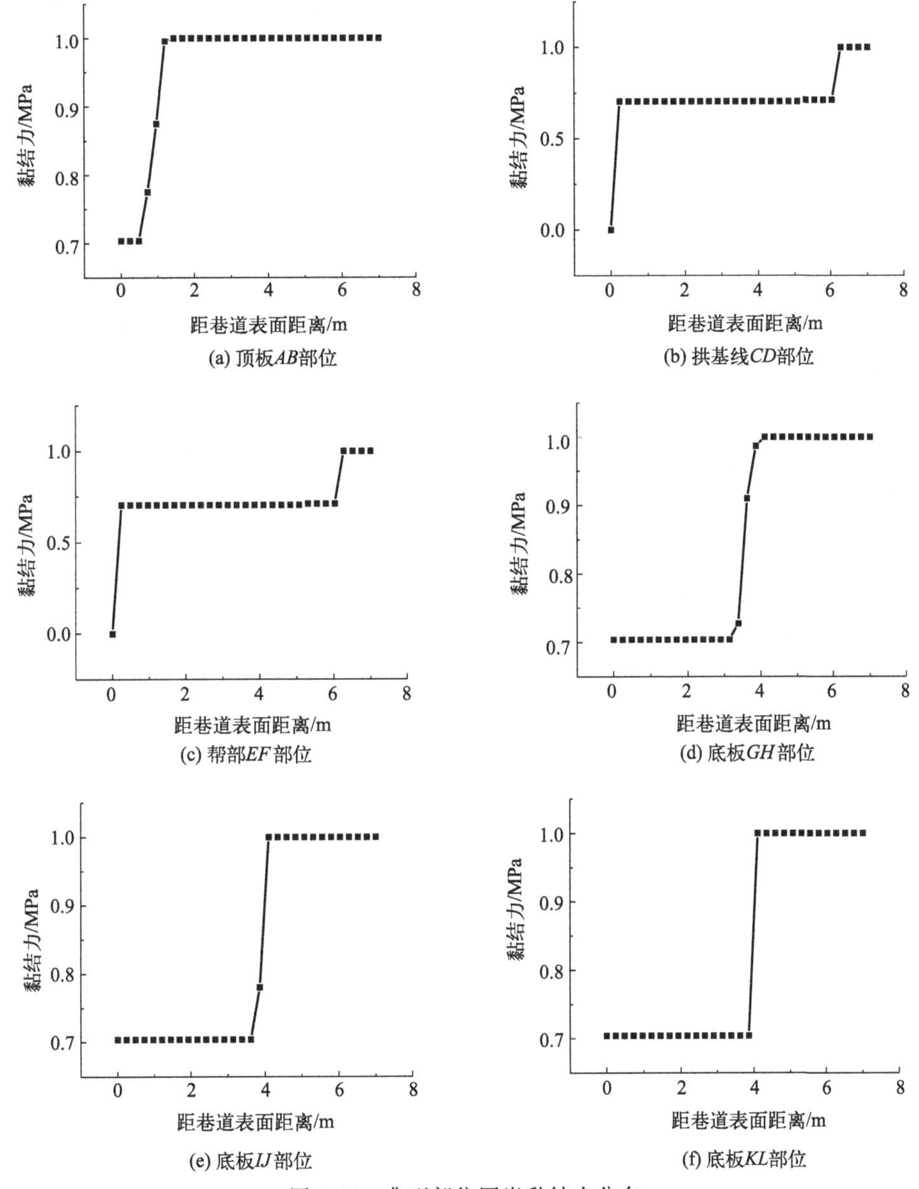

(a) 顶板*AB*部位　(b) 拱基线*CD*部位

(c) 帮部*EF*部位　(d) 底板*GH*部位

(e) 底板*IJ*部位　(f) 底板*KL*部位

图 3-44　典型部位围岩黏结力分布

根据围岩残余强度分布范围估算巷道围岩典型部位松动圈厚度如表 3-72 所示。

AB 部位，拱基线 *CD* 部位，帮部 *EF* 部位，底板 *GH* 部位、*IJ* 部位、*KL* 部位距巷道表面不同距离的位移见表 3-73～表 3-75。

表 3-72　巷道典型部位松动圈厚度

部位	松动圈厚度/m	部位	松动圈厚度/m
AB	0.97	*GH*	3.62
CD	6.28	*IJ*	4.10
EF	6.28	*KL*	4.10

表 3-73　*AB* 部位距巷道表面不同距离的位移

距巷道表面距离/m	顶板 *AB* 位移/mm
0	167.218
0.555556	157.570
1.11111	149.781
1.66667	143.998
2.22222	139.299
2.77778	135.697
3.33333	132.226
3.88889	128.755
4.44444	125.283
5.00000	121.812

表 3-74　拱基线部位和帮部部位距巷道表面不同距离的位移

距巷道表面距离/m	拱基线 *CD* 位移/mm	帮部 *EF* 位移/mm
0	193.022	189.891
0.344828	177.004	174.731
0.689655	167.791	165.694
1.03448	156.137	154.937
1.379310	146.685	146.670
1.72414	138.010	138.991
2.06897	129.846	131.701
2.41379	119.536	121.879
2.75862	108.801	111.557
3.10345	95.0936	97.7775
3.44828	81.0202	83.5720
3.79310	68.2964	70.5675
4.13793	56.0195	57.9608
4.48276	45.1693	46.8233
4.82759	36.477	37.9079
5.17241	27.7847	28.9926
5.51724	21.9720	22.9100
5.86207	16.8370	17.4940
6.2069	11.7020	12.0781
6.55172	9.81335	10.0149
6.89655	8.05258	8.08366
7.24138	6.29182	6.15246
7.58621	5.58582	5.42448
7.93103	5.09586	4.94295
8.27586	4.6059	4.46142

续表

距巷道表面距离/m	拱基线 *CD* 位移/mm	帮部 *EF* 位移/mm
8.62069	4.11594	3.97989
8.96552	3.62598	3.49836
9.31034	3.13602	3.01682
9.65517	2.64606	2.53529
10.0000	2.15609	2.05376

表 3-75　底板 *GH*、*IJ*、*KL* 部位距巷道表面不同距离的位移

距巷道表面距离/m	底板 *GH* 位移/mm	底板 *IJ* 位移/mm	底板 *KL* 位移/mm
0	597.882	575.741	469.847
0.241379	443.557	438.067	352.590
0.482759	398.241	392.201	293.163
0.724138	375.162	356.021	250.58
0.965517	355.356	320.605	216.75
1.20690	332.422	287.066	193.84
1.44828	301.914	255.491	178.444
1.68966	267.941	227.189	166.613
1.93103	233.245	203.000	156.723
2.17241	199.291	182.368	147.853
2.41379	165.987	164.333	139.533
2.65517	139.018	148.348	131.385
2.89655	121.639	133.369	123.091
3.13793	112.137	120.014	114.616
3.37931	107.243	109.804	106.568
3.62069	104.248	103.382	99.3645
3.86207	101.683	99.8103	94.0942
4.10345	99.4656	97.5332	91.6647
4.34483	97.3061	95.4227	89.7065
4.58621	95.1466	93.3122	87.7483
4.82759	92.9871	91.2017	85.7900
5.06897	90.8276	89.0912	83.8318
5.31034	88.6681	86.9807	81.8736
5.55172	86.5086	84.8702	79.9154
5.79310	84.3490	82.7597	77.9572
6.03448	82.1895	80.6493	75.999
6.27586	80.0300	78.5388	74.0407
6.51724	77.8705	76.4283	72.0825
6.75862	75.7110	74.3178	70.1243
7.0000	73.5515	72.2073	68.1661

依据以上数值模拟结果可得，巷道典型部位围岩的位移分布如图 3-45 所示。

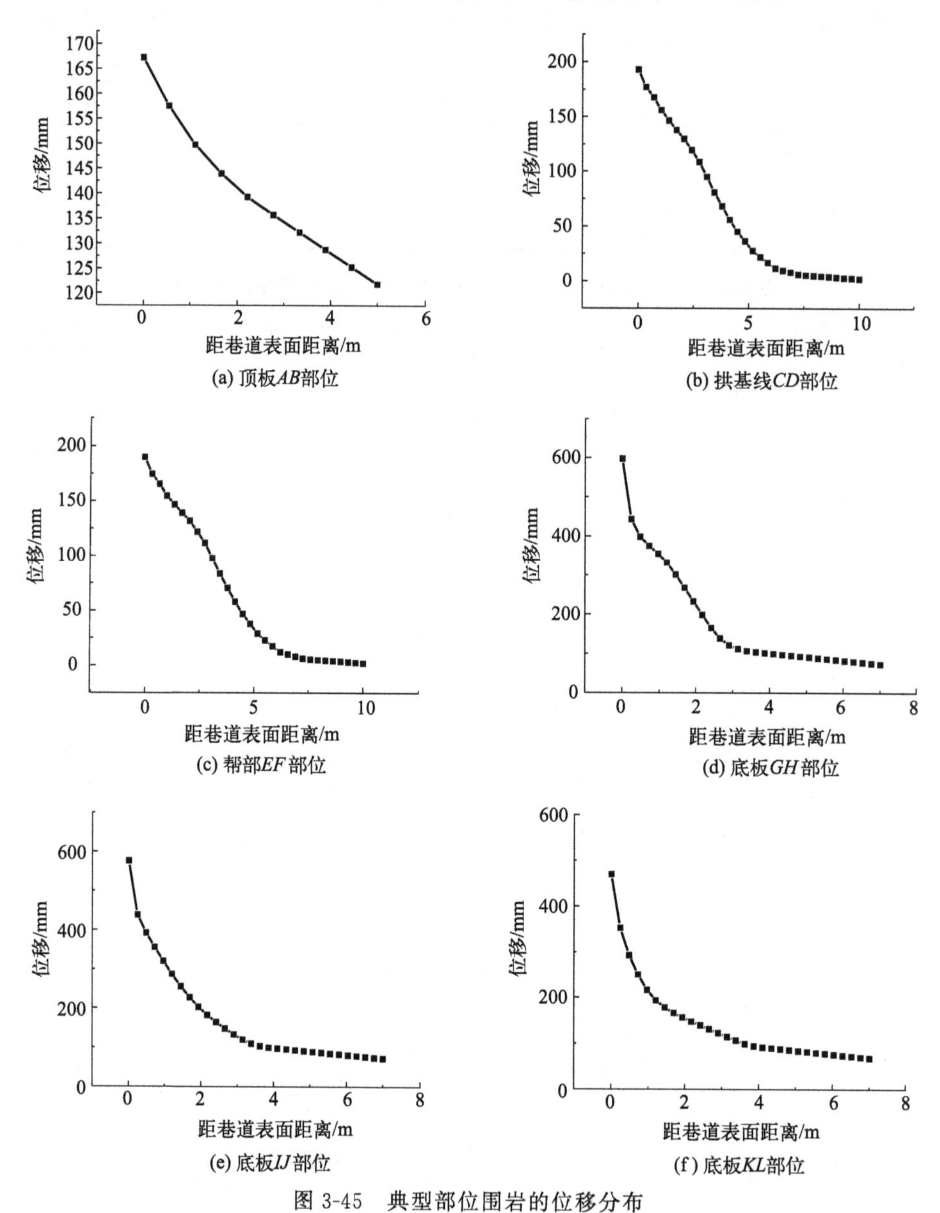

图 3-45　典型部位围岩的位移分布

不同部位巷道围岩位移随距离变化的方程的回归系数如表 3-76 所示。

表 3-76　不同部位巷道围岩位移随距离变化的方程的回归系数

部位	k_0/mm	k_1/mm	k_2/m^{-1}
AB	110.00	56.44	1.41
CD	−35.54	240.48	0.58
EF	−40.52	242.73	0.61
GH	63.82	427.27	0.96
IJ	71.56	452.94	0.87
KL	81.07	355.68	0.94

依据式(3-2) 可得巷道典型部位的松动圈厚度及碎胀特征分布见表 3-77。

表 3-77 巷道典型部位松动圈厚度及碎胀特征分布

部位	松动圈厚度/m	表面位移/mm	表面位移梯度/(mm/m)	松动圈边界位移梯度/(mm/m)
AB	0.98	167.22	17.37	10.41
CD	6.42	193.02	46.45	14.89
EF	6.04	189.89	43.96	15.71
GH	3.95	597.88	639.35	10.63
IJ	4.54	575.74	570.36	9.43
KL	3.87	469.85	485.78	10.07

总结以上数据：锚杆间排距 $a \times b = 600\text{mm} \times 600\text{mm}$、锚杆长度 $L = 3.0\text{m}$ 时，在原岩应力 P 设置为 10MPa、13MPa、16MPa 的情况下，巷道不同典型部位围岩的松动圈厚度及碎胀特征分布如下。

巷道顶板 AB 方向的松动圈厚度 R_{AB} 分别为 0.45m、0.83m、0.98m，巷道的表面位移梯度 λ_{AB} 分别为 6.51mm/m、11.89mm/m、$\lambda = 17.37$mm/m，巷道的表面位移 u_{AB} 分别为 77.14mm、121.85mm、167.22mm，巷道顶板部位松动圈厚度较小，巷道表面位移及位移梯度较小。

巷道拱基线 CD 方向的松动圈厚度 R_{CD} 分别为 4.54m、5.21m、6.42m，巷道的表面位移梯度 λ_{CD} 分别为 27.39mm/m、32.21mm/m、46.45mm/m，巷道的表面位移 u_{CD} 分别为 77.03mm、133.85mm、193.02mm，巷道拱基线部位松动圈厚度较大，但巷道表面位移及位移梯度较小。

巷道帮部 EF 方向的松动圈厚度 R_{EF} 分别为 4.43m、5.32m、6.04m，巷道的表面位移梯度 λ_{EF} 分别为 26.54mm/m、30.95mm/m、43.96mm/m，巷道的表面位移 u_{EF} 分别为 73.37mm、132.14mm、189.89mm，巷道帮部部位松动圈厚度较大，但巷道表面位移及位移梯度较小。

巷道底板 GH 方向的松动圈厚度 R_{GH} 分别为 3.25m、3.53m、3.95m，巷道的表面位移梯度 λ_{GH} 分别为 258.37mm/m、348.87mm/m、639.35mm/m，巷道表面位移 u_{GH} 分别为 219.50mm、389.77mm、597.88mm。

巷道底板 IJ 方向松动圈厚度 R_{IJ} 分别为 3.35m、3.58m、4.54m，巷道的表面位移梯度 λ_{IJ} 分别为 232.36mm/m、397.18mm/m、570.36mm/m，巷道的表面位移 u_{IJ} 分别为 209.28mm、375.75mm、575.74mm。

巷道底板 KL 方向的松动圈厚度 R_{KL} 分别为 3.07m、3.59m、3.87m，巷道表面的位移梯度 λ_{KL} 分别为 199.07mm/m、352.69mm/m、485.78mm/m，巷道的表面位移 u_{KL} 分别为 182.53mm、319.57mm、469.85mm。

以上分析结果表明：巷道底板部位松动圈厚度不明显，但巷道表面位移及位移梯度较大。原岩应力显著影响巷道顶板、巷道拱基线、巷道帮部以及巷道底板典型部位的松动圈厚度、表面位移及位移梯度。

3.2 典型深部巷道围岩松动圈厚度及碎胀分布

3.2.1 工程实例1围岩松动圈厚度及碎胀分布数值模拟

依据具体的工程实例1，采用如图2-18所示的数值计算模型，依据3.1.1数值模拟结果得出巷道典型部位松动圈厚度分布及碎胀分布如表3-2、表3-7所示。

依据具体的工程实例2，采用如图2-19所示的数值计算模型，取如图3-46所示的巷道围岩部位，分析典型巷道围岩松动圈厚度及碎胀分布。

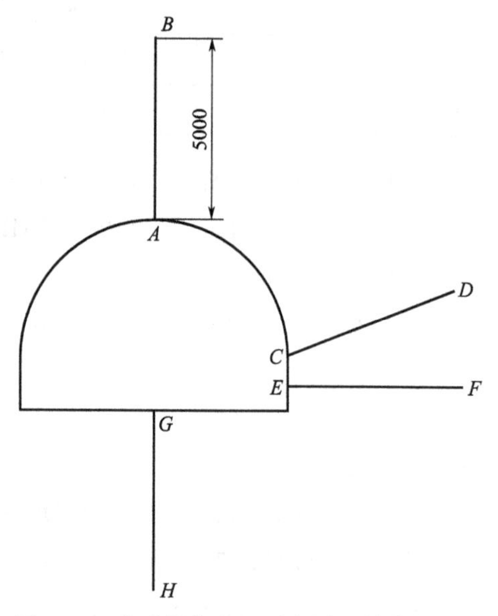

图3-46　典型部位布置示意图（单位：mm）

（1）典型巷道围岩典型部位黏结力分布

巷道典型部位围岩的黏结力分布如图3-47所示。

计算结果表明：巷道围岩不同典型部位，距巷道表面一定距离范围内，围岩黏结力为残余黏结力；随距巷道表面距离进一步增加，围岩黏结力由残余黏结力增加至原岩黏结力；随后随距离的增加，围岩黏结力保持不变。*AB*、*CD*、*EF*、*GH* 部位残余黏结力范围 r 不同，分别约为0.80m、3.20m、3.40m、2.90m。

（2）巷道围岩典型部位位移及位移梯度分布特征

巷道围岩 *AB*、*CD*、*EF*、*GH* 部位的位移分布如图3-48所示。

根据公式(3-1)可得不同部位巷道围岩位移随距离变化的方程的回归系数如表3-78所示。

表3-78　不同部位巷道围岩位移随距离变化的方程的回归系数

部位	回归系数		
	k_0/mm	k_1/mm	k_2/m^{-1}
AB	40.10	74.06	0.16
CD	12.98	132.72	0.63
EF	−4.97	124.61	0.46
GH	59.83	204.02	1.33

由此可得巷道围岩不同部位位移梯度的分布比较如图3-49所示。

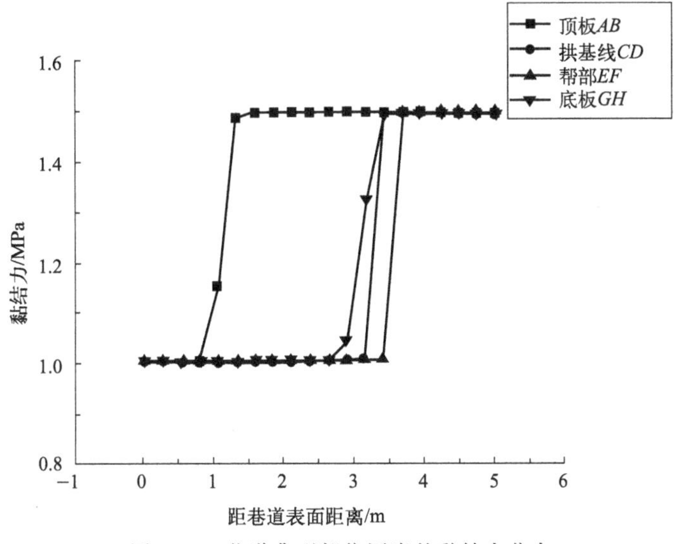

图 3-47　巷道典型部位围岩的黏结力分布

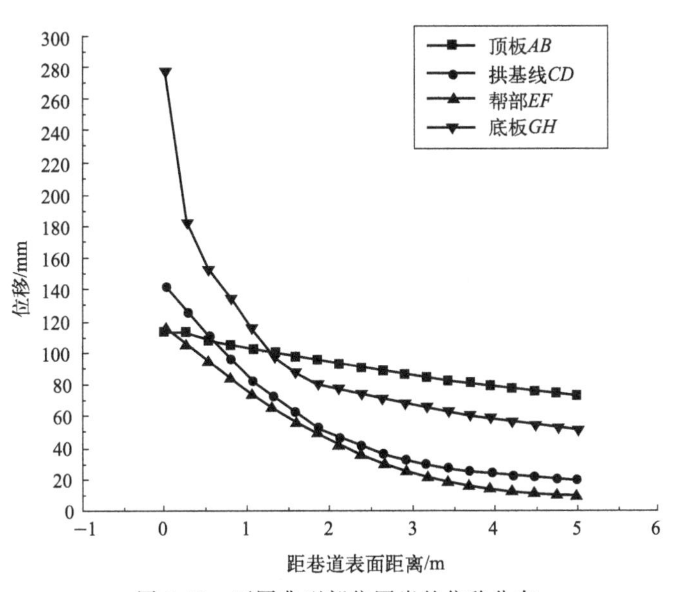

图 3-48　不同典型部位围岩的位移分布

计算结果表明：巷道顶板 AB 部位表面变形 u_{AB} 约为 74.06mm，表面位移梯度即破碎程度 λ_{AB} 约为 −17.153mm/m；拱基线 CD 部位 k_1 值即表面变形约为 132.72mm，表面位移梯度及破碎程度 λ_{CD} 约为 −63.775mm/m；巷道帮部 EF 部位表面变形 u_{EF} 约为 124.61mm，表面位移梯度及破碎程度 λ_{EF} 约为 −41.010mm/m；巷道底板中部 GH 部位表面变形 u_{GH} 约为 204.02mm，表面位移梯度及破碎程度 λ_{GH} 约为 −361.247mm/m。巷道顶板 AB 部位变形及破碎程度最小，巷道底板 GH 部位变形及破碎程度最大且衰减最快，巷道帮部 EF 部位围岩破碎衰减最慢。巷道典型部位围岩表面位移及表面位移梯度分布如表 3-79 所示。

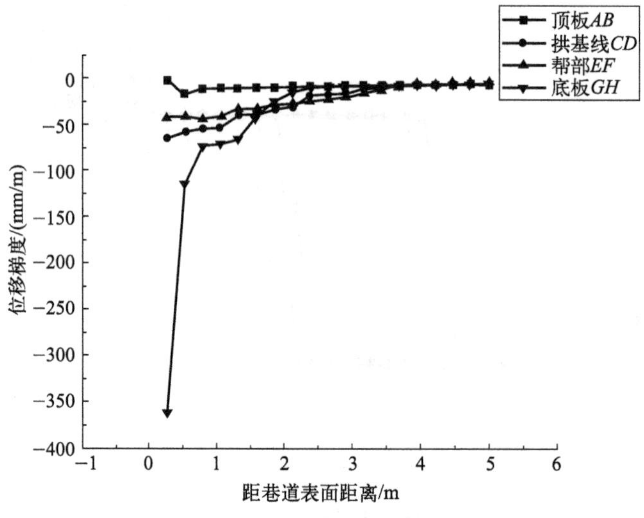

图 3-49　巷道围岩不同部位位移梯度的分布

表 3-79　巷道典型部位围岩表面位移及表面位移梯度分布

部位	表面位移/mm	表面位移梯度/(mm/m)
AB	74.06	−17.153
CD	132.72	−63.775
EF	124.61	−41.010
GH	204.02	−361.247

(3) 基于位移梯度的松动圈厚度确定

典型部位 *AB*、*CD*、*EF*、*GH* 残余黏结力分布范围 r 分别为 0.80m、3.20m、3.40m、2.90m，围岩位移梯度 $\lambda \leqslant 10.0$mm/m 的分布范围分别为 0.79m、3.16m、3.42m、2.63m，依据残余强度黏结力分布范围、围岩位移梯度 $\lambda \leqslant 10.0$mm/m 分布范围以及依据公式(3-2) 计算，得出围岩典型部位松动圈厚度如表 3-80 所示。巷道拱基线及帮部松动圈厚度较大，巷道顶板松动圈厚度较小。

表 3-80　巷道围岩典型部位松动圈厚度分布　　单位：m

项目	典型部位			
	AB	*CD*	*EF*	*GH*
残余黏结力分布范围	0.80	3.20	3.40	2.90
围岩位移梯度	0.79	3.16	3.42	2.63
松动圈厚度(公式法)	1.06	3.37	3.80	2.48

3.2.2 工程实例 2 围岩松动圈厚度及碎胀分布数值模拟

(1) 数值计算模型建立

依据工程概况建立数值计算模型（图 2-19），模型长×宽×厚＝60.0m×60.0m×

0.8m，网格划分见章节 2.4.2，巷道为宽×高=4.2m×3.8m 的直墙半圆拱巷道，巷道围岩岩性为砂质泥岩，力学性能及参数见表 2-4，应变软化本构模型见表 2-5，模型上部采用 apply 命令施加原岩应力 $P=16.0\text{MPa}$，模型两边及底部采用 fix 命令进行约束，取锚杆长度 $L=2.8\text{m}$，锚杆间排距 $a\times b=500\text{mm}\times500\text{mm}$。

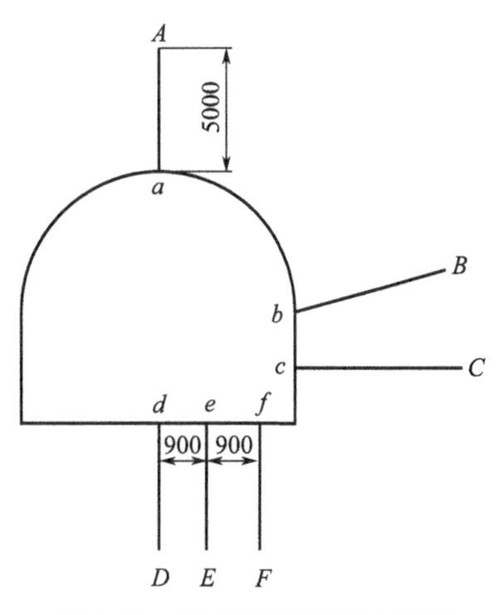

图 3-50 典型部位布置示意图（单位：mm）

(2) 数值模拟结果

为了分析巷道围岩松动破碎及其分布特征，取典型部位如图 3-50 所示，具体为巷道顶板 aA 方向，拱基线 bB 方向，帮部中部 cC，底板 dD、eE、fF 方向。

巷道围岩黏结力和位移分布云图见图 3-51、图 3-52。

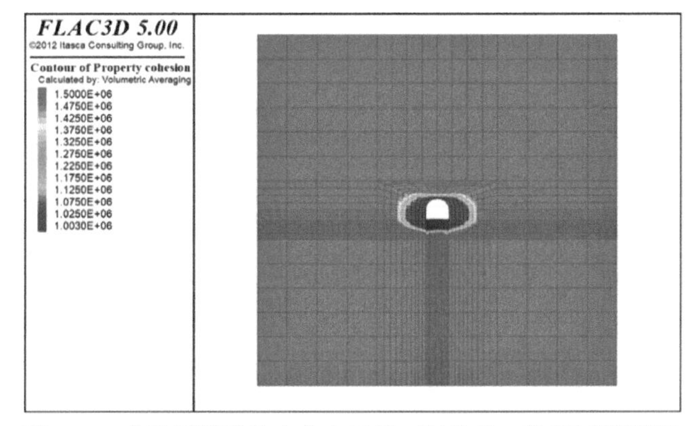

图 3-51 巷道围岩黏结力分布云图（扫前言二维码可见彩图）

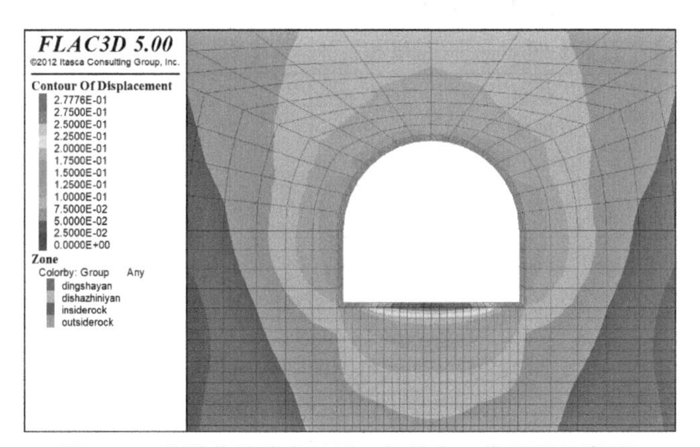

图 3-52 巷道位移分布云图（扫前言二维码可见彩图）

典型部位距巷道表面不同位置的黏结力及位移大小如表 3-81、表 3-82 所示，相应的黏结力及位移分布如图 3-53、图 3-54 所示。

表 3-81　典型部位距巷道表面不同位置的黏结力　　　单位：MPa

距巷道表面距离 r/m	黏结力					
	顶板 aA	拱基线 cC	帮部 bB	底板 dD	底板 eE	底板 fF
0.000	1.003	1.003	1.003	1.003	1.003	1.003
0.263	1.003	1.003	1.003	1.003	1.003	1.003
0.526	1.003	1.003	1.003	1.003	1.003	1.003
0.789	1.003	1.003	1.003	1.003	1.003	1.003
1.053	1.153	1.003	1.003	1.003	1.003	1.003
1.316	1.488	1.003	1.003	1.003	1.003	1.003
1.579	1.500	1.003	1.003	1.003	1.003	1.003
1.842	1.500	1.003	1.003	1.003	1.003	1.003
2.105	1.500	1.003	1.003	1.003	1.003	1.054
2.368	1.500	1.003	1.003	1.003	1.003	1.334
2.632	1.500	1.008	1.003	1.003	1.410	1.500
2.895	1.500	1.008	1.010	1.046	1.492	1.500
3.158	1.500	1.008	1.010	1.322	1.500	1.500
3.421	1.500	1.500	1.010	1.500	1.500	1.500
3.684	1.500	1.500	1.500	1.500	1.500	1.500
3.947	1.500	1.500	1.500	1.500	1.500	1.500
4.211	1.500	1.500	1.500	1.500	1.500	1.500
4.474	1.500	1.500	1.500	1.500	1.500	1.500
4.737	1.500	1.500	1.500	1.500	1.500	1.500
5.000	1.500	1.500	1.500	1.500	1.500	1.500

表 3-82　典型部位距巷道表面不同位置的位移和位移梯度

距巷道表面距离 r/m	顶板 aA		拱基线 bB		帮部 cC		底板 dD		底板 eE		底板 fF	
	位移/mm	位移梯度/(mm/m)	位移/mm	位移梯度/(mm/m)	位移/mm	位移梯度/(mm/m)	位移/mm	位移梯度/(mm/m)	位移/mm	位移梯度/(mm/m)	位移/mm	位移梯度/(mm/m)
0.000	113.471		142.422		116.151		277.749		246.494		121.069	
0.263	113.166	−1.159	125.639	−63.775	105.359	−41.010	182.684	361.247	168.552	296.179	84.175	140.196
0.526	108.652	−17.153	110.610	−57.110	94.844	−39.957	153.060	112.571	136.282	122.626	75.086	−34.538
0.789	105.829	−10.727	96.572	−53.346	83.816	−41.908	134.119	−71.976	116.093	−76.718	69.027	−23.025
1.053	103.070	−10.484	82.485	−53.529	72.924	−41.390	115.506	−70.730	102.605	−51.255	64.316	−17.904
1.316	100.380	−10.222	72.433	−38.200	64.713	−31.200	98.337	−65.241	92.470	−38.511	60.888	−13.024
1.579	97.898	−9.433	62.079	−39.342	56.221	−32.270	87.300	−41.941	84.165	−31.562	57.602	−12.487
1.842	95.435	−9.359	53.578	−32.304	49.298	−26.307	80.719	−25.006	77.365	−25.840	55.030	−9.772

续表

距巷道表面距离 r/m	顶板 aA		拱基线 bB		帮部 cC		底板 dD		底板 eE		底板 fF	
	位移/mm	位移梯度/(mm/m)	位移/mm	位移梯度/(mm/m)	位移/mm	位移梯度/(mm/m)	位移/mm	位移梯度/(mm/m)	位移/mm	位移梯度/(mm/m)	位移/mm	位移梯度/(mm/m)
2.105	93.026	−9.153	45.705	−29.919	42.563	−25.594	76.648	−15.470	73.176	−15.916	52.786	−8.530
2.368	90.647	−9.038	41.066	−17.629	36.078	−24.642	73.375	−12.441	70.356	−10.716	50.611	−8.265
2.632	88.372	−8.646	36.447	−17.552	30.249	−22.151	70.716	−10.101	67.686	−10.147	48.952	−6.302
2.895	86.142	−8.473	32.285	−15.815	24.972	−20.052	68.214	−9.508	65.108	−9.794	47.384	−5.960
3.158	84.216	−7.321	29.653	−10.000	20.910	−15.434	65.782	−9.240	62.565	−9.665	45.913	−5.588
3.421	82.572	−6.245	27.148	−9.519	18.053	−10.858	63.375	−9.147	60.179	−9.066	44.452	−5.553
3.684	81.005	−5.955	25.700	−5.503	16.088	−7.468	60.995	−9.044	57.925	−8.566	42.991	−5.551
3.947	79.438	−5.956	24.303	−5.308	14.729	−5.165	58.725	−8.627	55.969	−7.434	41.553	−5.467
4.211	77.971	−5.576	23.039	−4.805	13.443	−4.885	56.555	−8.247	54.013	−7.434	40.130	−5.405
4.474	76.503	−5.576	22.036	−3.809	12.344	−4.178	54.918	−6.218	52.156	−7.054	38.720	−5.358
4.737	75.036	−5.576	21.222	−3.095	11.356	−3.752	53.314	−6.097	50.500	−6.294	37.323	−5.309
5.000	73.569	−5.575	20.501	−2.738	10.435	−3.501	51.744	−5.967	48.844	−6.294	35.953	−5.206

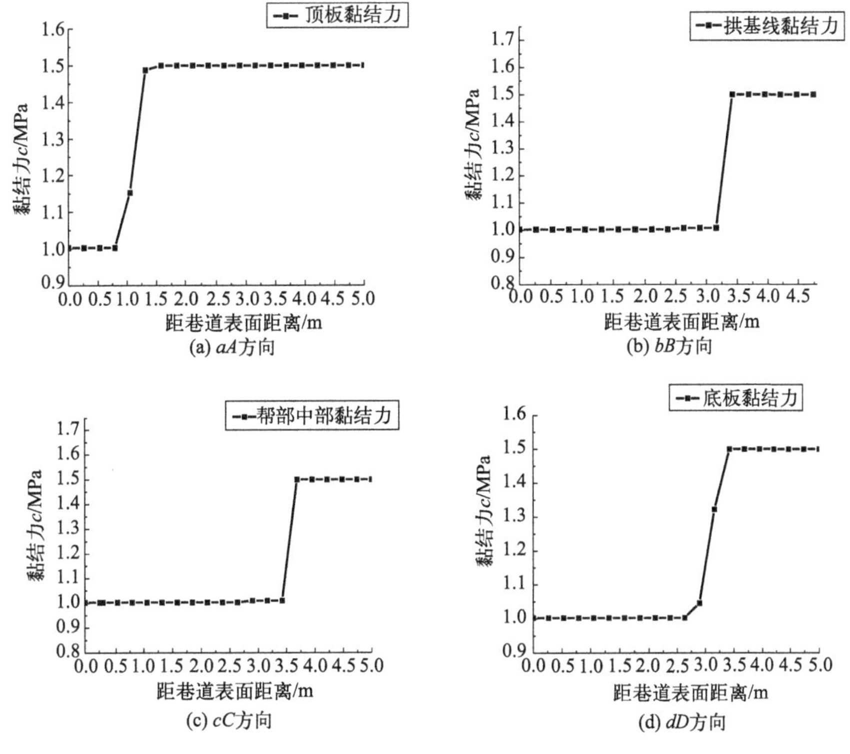

图 3-53

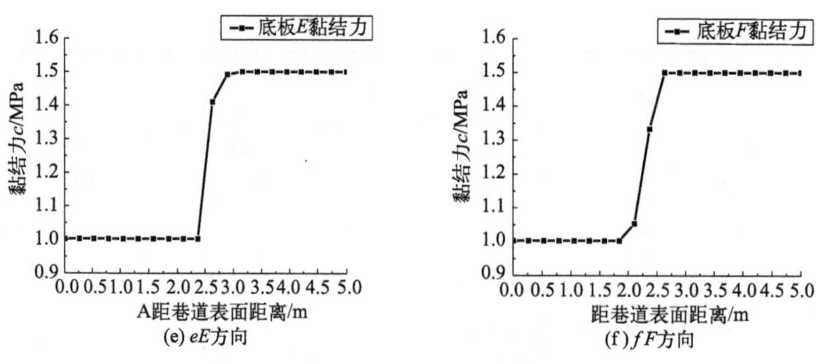

(e) eE方向　　(f) fF方向

图 3-53　典型部位巷道围岩黏结力分布

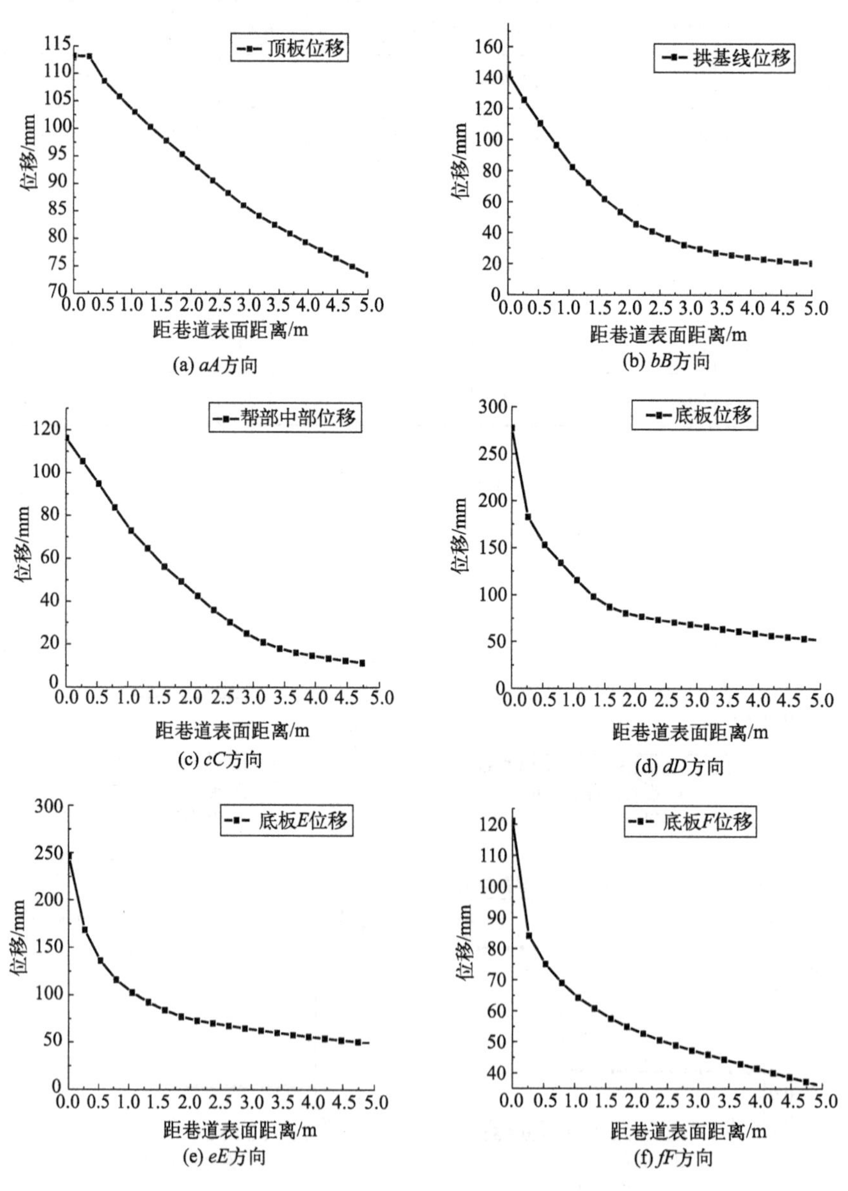

(a) aA方向　　(b) bB方向

(c) cC方向　　(d) dD方向

(e) eE方向　　(f) fF方向

图 3-54　不同典型部位围岩位移分布

(3) 数值模拟结果分析

深部巷道的六个典型部位在巷道表面位置位移最大，随着距巷道表面距离增加，位移随之减小。不同部位围岩位移随距巷道表面距离衰减的程度不同，其中底板中部 dD 部位衰减程度最为显著，随着距离巷道底板中部距离的增加，底板 eE、fF 部位位移衰减程度减小；顶板在距巷道表面一定范围内呈现整体移动，这是由于锚杆的作用，在一定范围内形成了一定强度的锚固区；拱基线和帮部都有不同程度的衰减。围岩残余黏结力反映了围岩残余强度，由计算结果可知，巷道帮部残余强度范围最大，说明巷道围岩破碎范围较大；巷道拱基线位置围岩变形比帮部显著，但破碎范围比帮部略小，拱基线位置围岩破碎程度比帮部显著；底板中部变形尤为显著，但与拱基线和帮部位置比较，底板中部破碎范围较小，一定范围内底板破碎尤为显著；巷道顶板变形破碎较小，相对稳定。

依据以上计算结果，巷道围岩不同测点位移随距巷道表面距离的衰减可表示为式(3-1)

以此可得不同测点位移梯度为：

$$\lambda=k_1k_2\mathrm{e}^{-\frac{r}{k_2}} \tag{3-3}$$

依据式(3-3)，随着距巷道表面距离的增加，位移梯度减小，根据项目组的研究成果，当位移梯度 λ 减少至临界容许值 $\mathrm{k}_{\min}=-10.0\mathrm{mm/m}$，围岩由松动破碎状态进入塑性状态，深部巷道软弱泥岩松动圈厚度根据式(3-2)（见第 45 页）计算。

巷道顶板 aA 方向距巷道表面距离 $r<0.789\mathrm{m}$ 范围内为残余强度，黏结力 $c=1.003\mathrm{MPa}$；$r=0.789\mathrm{m}$ 处的位移梯度 $k=-10.727\mathrm{mm/m}$，顶板 aA 方向松动圈厚度为 $R=0.789\mathrm{m}$。bB 方向即拱基线方向距巷道表面 $r<3.158\mathrm{m}$ 范围内为残余强度，黏结力 $c=1.007\mathrm{MPa}$；$r=3.158\mathrm{m}$ 处的位移梯度 $k=-10.000\mathrm{mm/m}$，bB 方向松动圈厚度为 $R=3.158\mathrm{m}$。cC 方向即帮部中部方向距巷道表面 $r<3.421\mathrm{m}$ 范围内为残余强度，黏结力 $c=1.009\mathrm{MPa}$；$r=3.421\mathrm{m}$ 处的位移梯度 $k=-10.858\mathrm{mm/m}$，cC 方向松动圈厚度为 $R=3.421\mathrm{m}$。dD 方向即底板方向距巷道表面 $r<2.895\mathrm{m}$ 范围内为残余强度，黏结力 $c=1.004\mathrm{MPa}$；$r=2.632\mathrm{m}$ 处的位移梯度 $k=-10.101\mathrm{mm/m}$，dD 方向松动圈厚度为 $R=2.634\mathrm{m}$。eE 方向即底板 E 方向距巷道表面 $r<2.368\mathrm{m}$ 范围内为残余强度，黏结力 $c=1.003\mathrm{MPa}$；$r=2.368\mathrm{m}$ 处的位移梯度 $k=-10.716\mathrm{mm/m}$，eE 方向松动圈厚度为 $R=2.368\mathrm{m}$。fF 方向即底板 F 方向距巷道表面 $r<1.842\mathrm{m}$ 范围内为残余强度，黏结力 $c=1.003\mathrm{MPa}$；$r=1.842\mathrm{m}$ 处的位移梯度 $k=-9.772\mathrm{mm/m}$，fF 松动圈厚度为 $R=1.842\mathrm{m}$。

巷道典型部位松动圈厚度分布如图 3-55 所示。

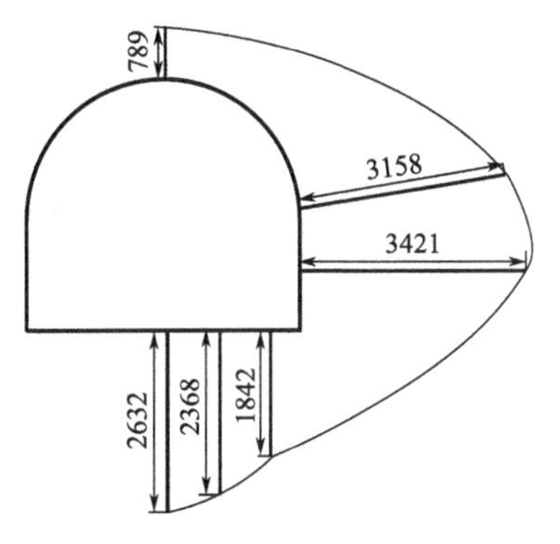

图 3-55　松动圈厚度分布图（单位：mm）

锚杆（索）最大位移 $u_{\max}=125\mathrm{mm}$，锚杆（索）最大位移差 $\Delta u=90\mathrm{mm}$，锚杆（索）长度为 $L=2.8\mathrm{m}$。

锚杆（索）受荷产生的应变可表示为：

$$\varepsilon=\frac{\Delta L}{L} \tag{3-4}$$

式中　ΔL——锚杆（索）最大伸长量，m；

L——锚杆长度，m；

ε——锚杆产生的应变。

取 $\Delta L=0.09$m、$L=2.8$m，可得 $\varepsilon=0.0321$。锚杆的拉应力可表示为：

$$\sigma=E\varepsilon \tag{3-5}$$

式中　E——弹性模量，MPa；

σ——锚杆拉应力，MPa。

取弹性模量 $E=10$GPa，$\sigma=321$MPa。锚杆受荷可表示为：

$$F=\sigma s \tag{3-6}$$

式中　s——锚杆横截面积，m^2；

F——锚杆承受的荷载，kN。

取锚杆直径 $d=20$mm，锚杆面积 $s=0.00038m^2$，锚杆受荷 $F=122.0$kN。

锚杆抗拉强度 $[\sigma]=540$MPa，极限承载力 $F_{容许}=205.0$kN。$\sigma<[\sigma]$，锚杆正常发挥作用。

3.3 典型深部巷道围岩松动破碎及稳定性分析

3.3.1 深部巷道围岩表面变形随时间演化及稳定性工程判据

岩石在三轴压力作用下应力-应变主要分为以下五个阶段：阶段一，岩石弹性变形阶段；阶段二，岩石屈服阶段；阶段三，岩石应变强化阶段；阶段四，岩石峰值变形阶段；阶段五，岩石破坏阶段。围压大小和岩石性质对围岩峰值压力、峰值后围岩变形和残余强度有较大的影响，深部巷道围岩呈现软岩性质。

实验研究表明：三轴压缩围岩大部分表现为剪切破坏，服从 Coulomb 强度准则，该准则认为岩石能承载的最大抗剪强度［τ］由黏结力 c、内摩擦角 φ 以及破坏面上的正应力 σ 确定。

围岩是均匀各向同性的黏性介质，符合连续介质力学的假设，塑性区的介质存在不可压缩性。

当围岩塑性变形满足不可压缩假设时，围岩表面变形随时间的变化规律满足指数关系，其中位移增加速度衰减系数和剪切模量及黏性系数有关，稳定时最大位移和围岩性质、巷道半径 a 以及地应力（反映在对塑性圈半径影响上）有关。

令

$$A=\frac{kR^2}{2Ga} \tag{3-7}$$

$$B=-\frac{G}{\eta} \tag{3-8}$$

式中　A——围岩最大变形，mm；

B——围岩变形增长速度衰减系数，d^{-1}；

k——系数，MPa；

R——塑性圈半径，m；

a——巷道半径，m；

G——剪切模量，MPa；

η——黏性系数，MPa·d。

则式(3-7) 可以表示为：

$$u=A(1-e^{-Bt}) \tag{3-9}$$

式中 u——一次蠕变巷道表面的位移，mm。

当围岩变形处于峰后扩容和软化阶段时，大量的工程实践表明围岩变形随时间变化虽可以用式(3-10) 近似表示，但增长速度衰减系数值明显减小，围岩二次蠕变随时间的变化可近似表示为：

$$u_0=A_0(1-e^{-B_0t}) \tag{3-10}$$

式中 A_0——围岩二次蠕变产生的位移；

B_0——围岩二次蠕变增长速度衰减系数。

当 $\sigma<\sigma_{min}$ 时，围岩变形随时间仅表现一次蠕变，即式(3-9) 表示的形式，当 $\sigma>\sigma_{max}$ 时，围岩变形刚开始就表现出二次蠕变即式(3-10) 的形式。当 σ 介于 σ_{min} 和 σ_{max} 之间时，围岩变形随时间变化刚开始呈现式(3-9) 的形式，然后呈现式(3-10) 的形式。允许围岩产生二次蠕变，但二次蠕变增长速度衰减系数的数值不能小于某极限值即 $B_0\geqslant0.04$，否则围岩失稳。现场观测围岩表面变形随时间的变化，通过数据分析得出围岩一次蠕变和二次蠕变增长速度的衰减系数，可根据其值大小判断围岩稳定性。

当围岩应力增加到一定程度时，随着时间及变形量增加，围岩将呈现出如图 3-56 所示的加速变形。

围岩表面变形随时间变化可分为变形速度随时间减小的减速阶段、变形速度近似不变的等速阶段即二次蠕变阶段和变形速度随时间增长的加速阶段。理论分析结合现场大量实测结果表明：不同岩性的围岩，当围岩二次蠕变速度衰减系数 $B_0\geqslant0.04$ 时围岩变形保持稳定；当围岩二次蠕变速度衰减系数 $B_0<0.04$ 时，围岩表面破裂，围岩变形趋于不稳定。由于围岩地质条件及地压的不同，不同地段巷道围岩变形不同，采用相同支护形式及参数可能造成巷道局部地段“失稳”，为保持围岩变形稳定，应在有“失稳”趋势的地段和部位进行二次支护。现场大量实测结果还表明，围岩产生二次蠕变的时间与岩石性质及地压大小等有关。现场可以通过测量 30d 左右围岩表面变形随时间的变化，依据式(3-10) 的回归分析得出 B_0 值，根据 B_0 的大小对围岩的稳定性进行判别，确定相应的围岩表面变形允许值。

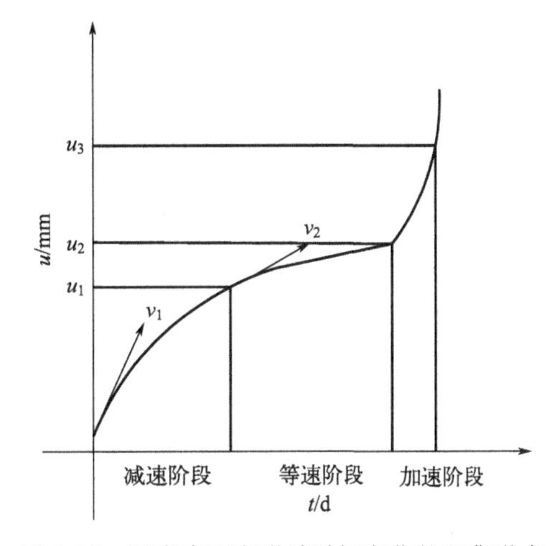

图 3-56 围岩表面变形随时间变化的经典形式

巷道表面变形随时间变化的不同阶段与围岩松动破碎紧密相关联，围岩一次蠕变阶段对应围岩松动破碎圈的形成与发展，围岩二次蠕变阶段对应松动圈范围内围岩的碎胀，围岩加速蠕变对应松动圈范围内围岩的加速过度碎胀，松动圈的形成发展时间可以用围岩一次蠕变阶段时间来表征，以围岩表面变形到达稳定值的 95%，即 $u=0.95u_{\max}$ 作为围岩的一次蠕变作用时间，此时围岩的一次蠕变作用时间 $t=\frac{3.0}{B}$，由式(3-8)，围岩表面变形衰减系数 B 由剪切模量 G 及黏性系数 η 确定，取其值 $B=0.1\sim0.2$，由此一次蠕变作用时间 t 为 15～30d。可以依据一次蠕变作用时间对围岩稳定性进行早期判别，围岩一次蠕变结束进入二次蠕变的时间点即为合理的二次支护时间。

3.3.2 典型深部巷道围岩松动圈厚度及碎胀分布工程实测

3.3.2.1 工程实例 1

(1) 工程实测简介

巷道底板围岩表面变形采用十字拉线法进行观测，十字拉线位于拱基线水平位置，多点位移计布置如图 2-13 所示。巷道顶板采用多点位移计观测，巷道拱基线位置采用十字拉线法和多点位移计共同观测巷道表面及围岩内部测点位移及其随时间变化。典型部位测点实测位移随时间的变化如图 3-57 所示，锚杆测力计实测帮部锚杆受荷如图 3-58 所示。

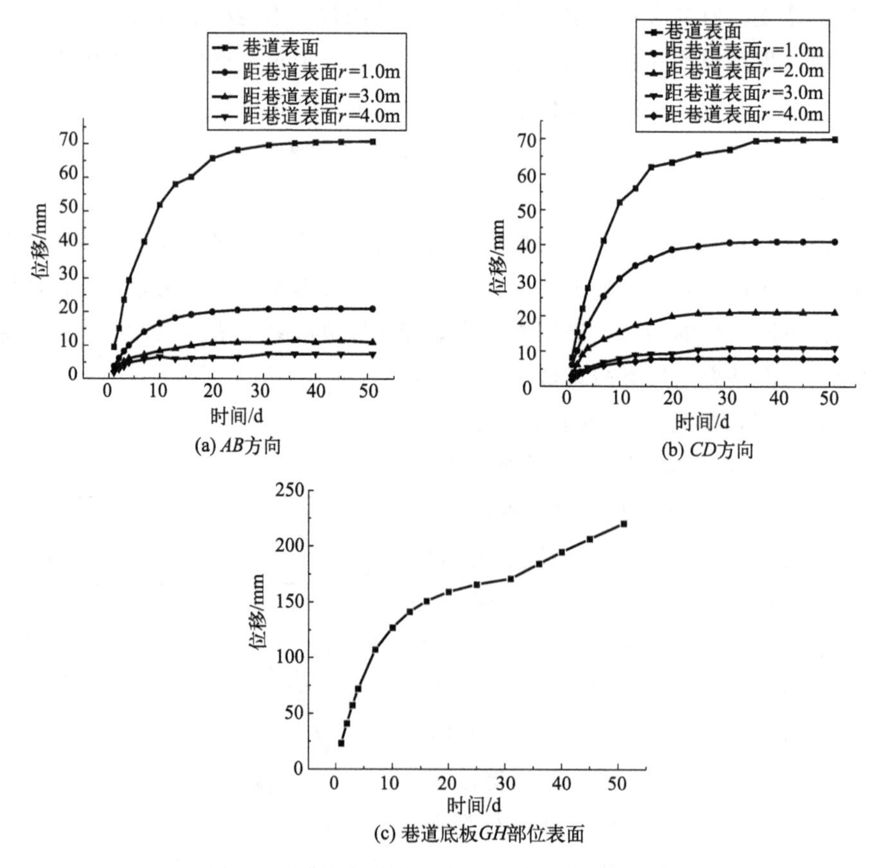

图 3-57 典型部位测点实测位移随时间的变化

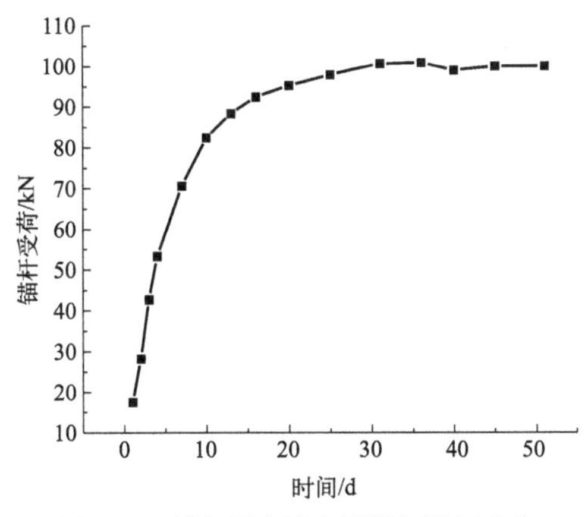

图 3-58 锚杆测力计实测帮部锚杆受荷

(2) 数值模拟结果分析

巷道顶板、拱基线、帮部表面二次蠕变随时间的演化回归方程如表 3-83 所示。

表 3-83 典型部位实测原始数据表达式

部位	回归方程	A_1/mm	B_1/d^{-1}
顶板	$u_0=70(1-e^{-0.14t})$	70.00	0.14
拱基线	$u_0=69(1-e^{-0.13t})$	69.00	0.13
底板	$u_0=280(1-e^{-0.03t})$	40.00	0.03

巷道顶板表面仅产生一次蠕变，一次蠕变变形增长速度衰减系数为 $B_1=0.14$，巷道顶板变形稳定；巷道顶板测点 1 位移随时间演化与测点 2、3、4 位移随时间演化存在明显差异，巷道顶板的破碎范围即松动圈厚度应在测点 2 范围之内，即松动圈厚度 $R<1.0$m。

拱基线位置围岩表面仅产生一次蠕变，一次蠕变变形增长衰减系数 $B_1=0.13$，拱基线位置围岩变形随时间演化变形稳定；距巷道表面 r 为 3.0m 及 4.0m 位置位移随时间变化相差不明显，而巷道表面 0、1.0m、2.0m 以及 3.0m 处围岩位移随时间变化差别明显，松动圈厚度 R 应在 3.0～4.0m。

巷道帮部锚杆测力计实测锚杆受荷随时间变化趋于稳定且未超过最大允许值，帮部围岩变形趋于稳定。巷道底板表面变形随时间变化呈现二次蠕变，二次蠕变速度衰减系数 $B_1=0.03$，围岩变形随时间演化趋于失稳。

3.3.2.2 工程实例 2

(1) 工程实测简介

① 巷道钻孔及多点位移计的安装。如图 2-14 所示，布置 6 个多点位移计来观测深部巷道围岩的变形情况，每个多点位移计具有两个测点，即深基点和浅基点，巷道顶板布置两个多点位移计，即位移计 1、位移计 2，拱基线处也布置两个多点位移计，即位移计 3 和位移计 4，巷道帮部中间部位布置两个多点位移计，即位移计 5 位移计 6，具体步骤如表 3-84 所示。锚杆受荷观测采用如图 2-17 所示的 MCS-200 数显式锚杆测力计，锚杆测力计安装在帮部多点位移计 5 和 6 之间。现场施工如图 3-59 所示。

表 3-84　巷道围岩多点位移计布置点位

多点位移计编号	深基点/m	浅基点/m	备注
1	7.0	2.6	
2	5.0	1.3	
3	5.0	4.0	与水平方向呈 21°
4	3.0	2.0	与水平方向呈 20°
5	4.0	3.0	与水平方向呈 12°
6	2.1	1.1	与水平方向呈 8°

图 3-59　现场施工图

② 监测主站及电源的连接。安装完毕的多点位移计需要跟监测主站进行相连，监测主站再和变压电源相连，所有仪器安装完成后，需要定期对监测主站的记录数据进行采集分析，仪器布置如图 3-60 所示。

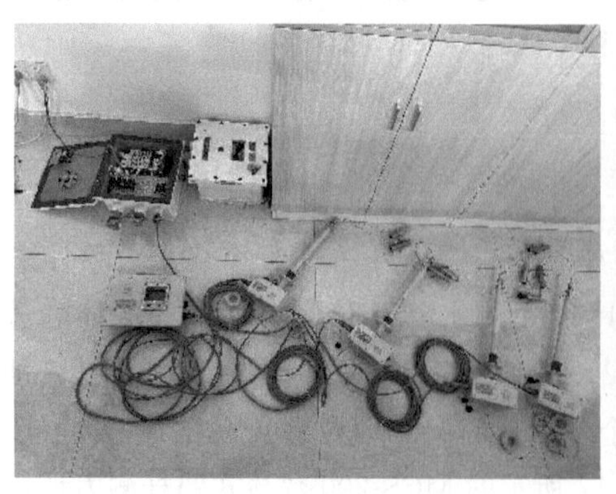

图 3-60　仪器布置图

(2) 工程实测结果

① 多点位移计工程实测结果。顶板、拱基线、帮部及底板典型部位多点位移计实测结果见表 3-85～表 3-87。通过 origin 得出典型部位不同测点位移随时间的变化如图 3-61 所示。

表 3-85　顶板离层仪 1、2 实测原始位移数据　　单位：mm

时间/d	离层仪 1#（顶板）		离层仪 2#（顶板）	
	深部 7.0m	浅部 1.3m	深部 5.0m	浅部 2.6m
0	0.0	0.0	0.0	0.0
1	6.0	1.0	1.0	2.0
2	11.5	2.0	3.0	5.0
4	21.0	2.5	3.0	5.0
6	28.0	3.0	5.0	7.0
8	34.0	3.5	6.0	7.0
11	40.0	2.5	3.0	5.0
14	44.5	2.0	2.5	4.5
17	48.0	3.5	5.0	4.5
20	50.0	2.5	4.0	4.0
23	51.5	1.5	3.5	4.5
26	52.5	1.5	2.5	1.5
30	55.5	1.0	0.0	1.0
32	55.5	1.0	0.0	1.0
34	57.5	2.0	0.0	1.0
37	59.5	2.0	0.0	2.0
40	65.0	2.0	1.0	2.0
43	66.5	3.0	0.0	2.0
45	67.5	3.0	0.0	2.0
54	69.5	6.0	3.0	1.0
58	71.5	6.0	3.0	3.0
62	72.5	3.0	3.0	3.0
68	74.5	6.0	3.0	3.0
72	75.5	6.0	3.0	3.0
75	76.5	4.0	3.0	6.0
78	77.5	3.0	3.0	2.0
82	78.5	3.0	6.0	3.0
87	79.0	2.0	4.0	3.0
96	79.5	3.0	2.0	3.0

表 3-86　拱基线位移计 3、4 实测原始位移数据　　单位：mm

时间/d	拱基线离层仪 3#		拱基线离层仪 4#	
	深度 5.0m	浅部 4.0m	深部 3.0m	浅部 2.0m
0	0.0	0.0	0.0	0.0
1	10.0	3.0	7.8	7.0
2	18.8	5.0	15.4	14.8
4	33.5	8.5	28.2	29.5
6	45.2	12.0	38.5	40.9
8	54.3	14.5	47.0	48.2
11	64.5	17.5	56.2	58.8
14	71.6	19.5	61.5	65.5
17	76.6	21.5	65.0	70.2
20	80.0	22.0	68.5	74.8
23	82.4	22.6	68.5	76.4
26	84.4	23.0	68.5	77.4
30	84.4	21.0	69.4	77.4
32	85.4	22.0	70.3	78.4
34	87.4	22.0	70.5	79.4
37	88.4	22.0	71.5	80.4
40	90.4	22.0	72.5	82.4
43	91.4	22.0	72.5	82.4
45	95.4	22.0	75.5	86.4
54	97.4	22.0	77.5	87.4
58	99.4	21.0	78.5	88.4
62	103.4	22.0	82.5	91.4
68	103.4	22.0	82.5	91.4
72	107.4	21.0	84.5	95.4
75	109.4	22.0	86.5	96.4
78	110.4	22.0	87.5	97.4
82	111.4	21.0	88.5	98.4
87	113.4	22.0	90.5	100.4
96	114.4	22.0	91.5	100.4
99	115.4	23.0	91.5	102.4

表 3-87　帮部位移计 5、6 实测原始位移数据　　单位：mm

时间/d	帮部离层仪 5#		帮部离层仪 6#	
	深部 4.5m	浅部 3.5m	深部 2.1m	浅部 1.1m
0	0.0	0.0	0.0	0.0
1	9.5	8.7	8.5	9.0
2	17.0	15.3	15.4	16.2
4	30.5	26.1	27.2	29.0

时间/d	帮部离层仪 5#		帮部离层仪 6#	
	深部 4.5m	浅部 3.5m	深部 2.1m	浅部 1.1m
6	40.2	34.2	35.5	37.2
8	47.5	42.3	42.7	44.5
11	56.0	47.4	49.9	52.0
14	61.0	50.1	54.6	56.0
17	64.0	56.3	57.2	58.7
20	66.0	57.5	59.4	62.2
23	67.0	58.2	62.8	63.0
26	68.2	59.0	63.0	63.9
30	69.2	60.8	64.8	65.7
32	71.2	62.6	66.6	67.5
34	74.2	65.0	69.0	69.9
37	76.2	67.3	71.3	72.2
40	78.2	69.3	73.3	74.2
43	80.2	70.6	74.6	75.5
45	84.2	75.4	79.4	80.3
54	86.2	76.2	81.2	82.1
58	88.2	76.7	81.7	82.6
62	90.2	76.8	81.8	83.7
68	91.2	78.4	83.4	85.3
72	92.2	77.2	82.2	86.1
75	93.2	76.9	81.9	86.8
78	94.2	75.7	80.7	86.6
82	95.2	76.5	80.5	88.4
87	96.2	76.8	81.8	90.7
96	96.2	77.7	82.7	90.6
99	97.2	78.2	82.7	91.1

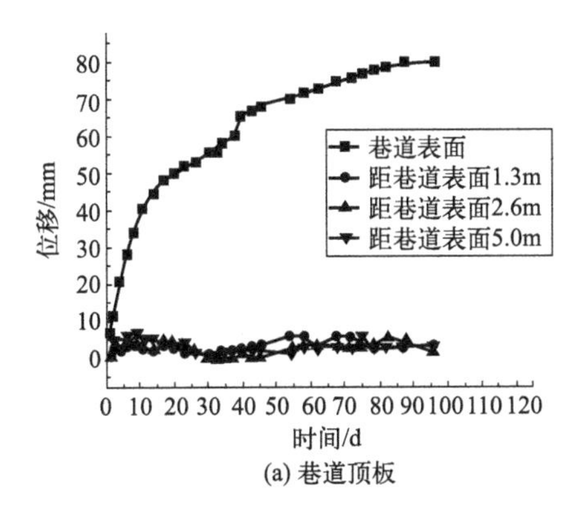

(a) 巷道顶板

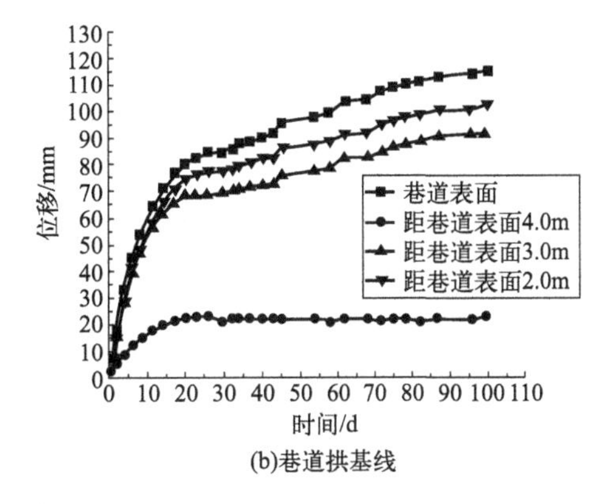

(b)巷道拱基线

图 3-61

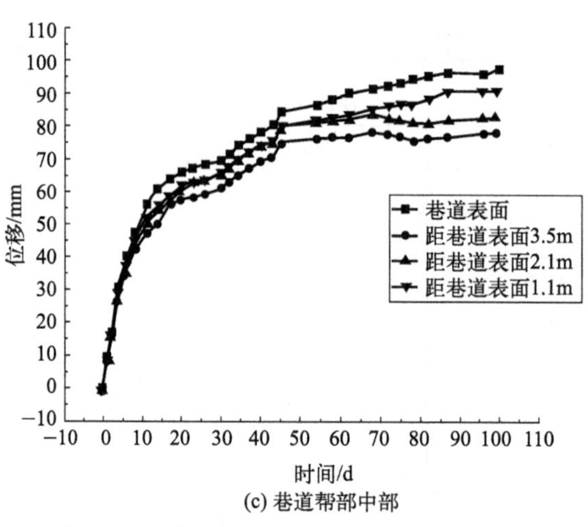

(c) 巷道帮部中部

图 3-61　典型部位测点位移随时间的变化

② 十字拉线法实测结果和锚杆测力计实测结果。十字拉线法实测的不同时间锚杆受荷和不同时间巷道底板的表面位移如表 3-88 所示，十字拉线法测得的巷道底板中部表面位移见图 3-62。

表 3-88　锚杆测力计原始记录数据和十字拉线法原始记录数据

监测点编号	锚杆应力/kN	底板距离①/mm	底鼓量/mm
0	59	1140	0
4	58	1125	15
6	58	1115	25
8	66	1077	63
11	64	1055	85
14	65	1035	105
17	68	985	155
19	68	955	185
28	77	1037	225
32	80	1080	270
36	86	1070	280
42	88	1095	350
48	88	1070	375
51	92	1055	390
54	93	1050	395
58	94	1037	408
63	97	1030	415
72	102	1025	420

① 为十字交叉点距离底板表面的距离。

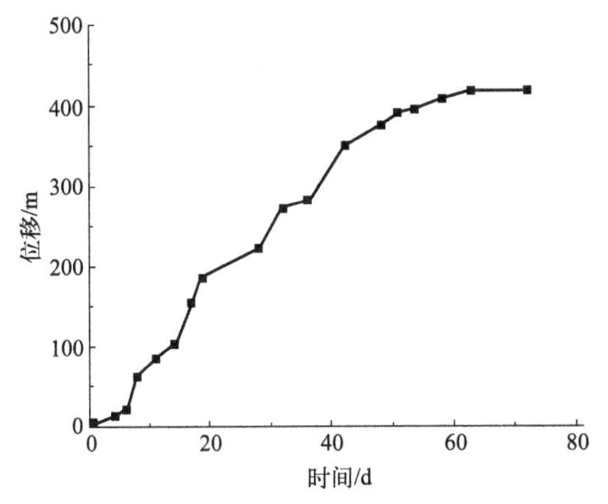

图 3-62 十字拉线法测得的巷道底板中部表面位移

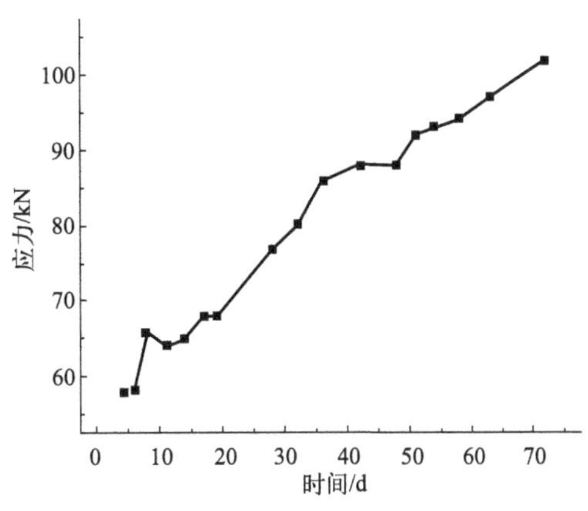

图 3-63 锚杆受荷随时间变化

(3) 工程实测结果与数值模拟结果符合度分析

巷道围岩变形数值模拟结果表明：巷道围岩 *aA*、*bB*、*cC*、*dD* 部位表面变形 *u* 分别为 113.0mm、142.0mm、116.0mm、278.0mm；工程实测巷道围岩 *aA*、*bB*、*cC*、*dD* 部位表面变形 *u* 分别为 88.0mm、148.0mm、100.0mm、420.0mm；巷道底板表面变形工程实测结果明显大于数值模拟结果。这是由于巷道底板产生显著的加速变形失稳，数值模拟难以准确模拟这一情况，其他部位围岩表面变形工程实测结果和数值模拟结果基本一致。巷道围岩松动破碎范围的数值模拟结果表明：巷道围岩 *aA*、*bB*、*cC* 部位松动圈厚度 *R* 分别为 0.789m、3.158m、3.421m，工程实测的巷道围岩 *aA*、*bB*、*cC* 部位松动圈厚度 *R* 在 0～1.3m、3.0～4.0m、3.0～4.0m 范围内，工程实测结果与数值模拟结果基本一致。帮部锚杆受荷载作用数值模拟结果为 $F=122.0\text{kN}$，工程实测结果为 $F=106.0\text{kN}$，结果基本相同。工程实测结果与数值模拟结果得到了较好的印证。

(4) 工程实测结果分析

巷道顶板、拱基线、帮部表面二次蠕变随时间的演化回归方程如表 3-89 所示。

表 3-89 典型部位实测原始数据表达式

部位	回归方程	A_0/mm	B_0/d^{-1}
顶板	$u_0=35(1-e^{-0.06t})$	35.00	0.06
拱基线	$u_0=60(1-e^{-0.02t})$	60.00	0.02
帮部	$u_0=40(1-e^{-0.05t})$	40.00	0.05

巷道顶板表面变形增长速度衰减系数为 $B_2=0.06$，$B_2>0.04$，巷道顶板变形稳定；巷道顶板测点 1 位移随时间的演化与测点 2、3、4 存在明显差异，巷道顶板的破碎范围即松动圈厚度应在测点 2 范围之内，即松动圈厚度 $R<1.3\text{m}$。拱基线位置表面变形增长衰减系数 $B_2=0.02$，$B_2<0.04$，拱基线位置围岩变形随时间推进有失稳趋势；测点 1、2、

3 处位移随时间推移的增长速率相近，而测点 4 处位移随时间推进的增长较小，说明该位置的破碎范围即松动圈厚度应在测点 4 范围之内，即松动圈厚度在 $R=3.0\sim4.0$m。巷道帮部表面变形随时间变化的增长速率 $B_2=0.05$，$B_2>0.04$，表明围岩变形随时间的演化趋于稳定；测点 1、2、3、4 的位移随时间变化的趋势基本相同，围岩破碎范围即松动圈厚度较大，松动圈厚度 R 在 4.0m 左右。

图 3-62 十字拉线法实测结果分析表明：底板表面变形随着时间的推进呈加速增长趋势，底板呈现出变形失稳趋势。图 3-63 锚杆测力计实测结果分析表明：在监测时间 $t=78$d 范围内，随着时间的增加，帮部锚杆荷载增加至 $F=106.0$kN，并有趋于稳定的趋势；拱基线部位锚杆荷载增加至 $F=143.0$kN，并有增长趋势。拱基线锚杆荷载明显高于帮部锚杆荷载，主要是由于巷道拱基线部位围岩变形显著所致。

(5) 巷道围岩稳定性分析

数值模拟及工程实测结果表明以下结论。

① 巷道顶板 aA 部位松动圈厚度 R 约为 0.789m、表面变形速度衰减系数 B 约为 0.06、巷道表面变形量 u 约为 113.0mm，巷道顶板变形趋于稳定。

② 巷道帮部拱基线 bB 部位松动圈厚度 R 约为 3.158m、表面变形速度衰减系数 B_0 约为 0.02、表面变形量 u 约为 142.0mm，巷道帮部拱基线 bB 围岩有失稳趋势。

③ 巷道帮部 cC 部位松动圈厚度 R 约为 3.421m、表面变形速度衰减系数 B_0 约为 0.05、表面变形量 u 约为 116.0mm，尽管松动破碎范围较为显著，但由于在破碎范围内，围岩未产生过度碎胀且碎胀随时间趋于稳定，所以可以断定巷道右帮帮部围岩变形趋于稳定。

④ 巷道底板 dD 部位松动圈厚度 R 约为 2.638m，表面变形 u 约为 278.0mm，并呈加速增长趋势，尽管松动圈破碎范围不明显，但可以断定底板中部围岩变形失稳。

⑤ 巷道底板 eE、fF 部位松动圈厚度 R 约为 2.368m、1.842m，表面变形 u 约为 246.0mm、126.0mm，尽管松动破碎范围较小，但仍有失稳趋势。

3.4 基于位移梯度的深部巷道围岩松动圈厚度实测

3.4.1 概述

目前，工程常用测试方法如声波法、地震波法、地质雷达法、钻孔摄像法等操作分析复杂且成本较高，对深部巷道软弱煤岩适用性较差，特别是不能实时连续测量松动圈厚度，工程上不宜普遍推广应用。通过多点位移计实测巷道围岩位移时空分布来分析巷道围岩松动圈厚度的时空分布，由于操作简单方便，可以在工程中广泛推广。

以上分析表明：针对深部巷道，巷道埋深、巷道断面以及围岩岩性在一定范围内变化时，围岩松动圈边界位移梯度变化不显著，一般为 $\lambda\approx10.0$mm/m，可通过测量巷道围岩位移的时空分布特征依据式(3-2) 估算围岩的松动圈厚度及时间变化。

3.4.2 深部巷道围岩松动圈厚度及碎胀工程实测

3.4.2.1 多点位移计布置

巷道围岩松动圈厚度及碎胀程度可以通过多点位移计进行测量，多点位移计的布置如图 3-64 所示。

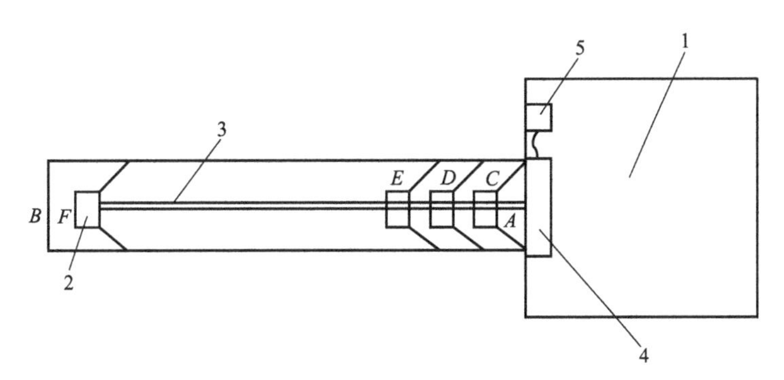

图 3-64 巷道围岩多点位移计示意图

1—巷道；2—锚固头；3—钢丝绳；4—位移记录器；5—数据分析仪

为测定巷道 1 某部位煤岩的松动圈厚度，在该部位钻孔，如图中 A 点～B 点段，并在孔内布置多点位移计的四个测点 C、D、E、F，其中 C、D、E 三个测点布置于松动圈范围内，另外 1 个测点 F 则布置于距巷道表面较远（一般超过 10.0m）的原岩应力区内。

多点位移计的锚固头 2 为类似爪状金属构件，可以由孔口方便进入钻孔内任意位置与孔壁固定，每个测点对应一个锚固头，并通过钢丝绳 3 与固定在孔口的多点位移计的位移记录器 4 连接，位移记录器 4 通过数据线连接数据分析仪 5，数据分析仪 5 悬挂于巷道两旁安全牢固处，数据分析仪 5 用于每隔一定时间（通常为一天）分析显示该部位的松动圈厚度。

由于测点 F 位于原岩应力区，可以认为测点 F 处不发生位移，位移 $u_F=0$，而巷道表面的 A 点位移值 u_A 可用连接 A 点与测点 F 的钢丝绳的伸长量 Δ_1 记录；由于连接 A 点与测点 C 的钢丝绳伸长量 $\Delta_2=u_A-u_C$，测点 C 位移值可用 $u_C=u_A-\Delta_2$ 表示；同理，测点 D 位移值可用巷道表面 A 点的位移值 u_A 与连接 A 点与测点 D 的钢丝绳伸长量 Δ_3 差值表示，即 $u_D=u_A-\Delta_3$；测点 E 位移值可用巷道表面 A 点位移值 u_A 与连接 A 点与测点 E 的钢丝绳的伸长量 Δ_4 差值表示，即 $u_E=u_A-\Delta_4$。

3.4.2.2 巷道围岩松动圈厚度及碎胀程度估算

基于以上围岩不同测点位移的实测结果，按以下步骤对围岩松动圈厚度进行估算。

① 在巷道的待测部位开孔，并于孔内布置多点位移计，记录多点位移计的各测点距巷道表面的距离 r，同时每隔一段时间通过多点位移计测量记录各测点的位移 u。

② 将各测点距巷道表面的距离 r 和位移 u 代入式(3-1) 即 $u=k_0+k_1\mathrm{e}^{-k_2r}$，得出系数 k_0k_1 和 k_2 值。

③ 由此可得各测点的位移梯度为：$\lambda=k_1k_2\mathrm{e}^{-k_2r}$

④ 确定巷道煤岩处于松动破碎临界状态的位移梯度临界容许值 $\lambda_{\min}=10.0\text{mm/m}$；结合式(3-2)，即 $L=-\frac{1}{k_2}\ln\frac{10}{k_1k_2}$ 和 $\lambda_{\min}$ 可得深部巷道软弱煤岩各典型部位松动圈厚度。

一般布置多点位移计的测点为 3～4 个，其中一个测点位于原岩应力区，其余的测点位于煤岩松动圈内。由此可得工程实测松动圈厚度及其随时间的变化，不同测点位移、位移梯度及其随时间的变化。

3.5 深部巷道围岩稳定性分类方法

3.5.1 深部巷道围岩稳定性合理评价指标选择

① 工程实例 2 典型巷道围岩松动破碎数值模拟及工程实测结果表明：拱基线 CD 部位松动圈厚度 $R=3.16\text{m}$、表面位移 $u=132.72\text{mm}$、表面位移梯度 $\lambda=-63.775\text{mm/m}$，帮部 EF 部位松动圈厚度 $R=3.42\text{m}$、表面位移 $u=124.61\text{mm}$、表面位移梯度 $\lambda=-41.010\text{mm/m}$，底板 GH 部位松动圈厚度 $R=2.63\text{m}$、表面位移 $u=204.02\text{mm}$、表面位移梯度 $\lambda=-361.247\text{mm/m}$。松动圈拱基线 CD 部位与帮部 EF 部位松动圈厚度比值 $n_R=0.92$、表面位移比值 $n_u=1.07$、表面位移梯度比值 $n_\lambda=1.56$，拱基线 CD 位置巷道表面位移速度衰减系数 $B_0=0.02$、帮部 EF 位置巷道表面位移速度衰减系数 $B_0=0.05$，拱基线 CD 位置围岩变形有失稳趋势，但巷道帮部 EF 位置围岩近似稳定，说明通过松动圈厚度和围岩表面位移对围岩稳定性判别存在局限性，巷道表面位移梯度和围岩稳定性有较好的相关性。巷道底板 GH 部位与帮部 EF 部位松动圈厚度比值 $n_R=0.77$、表面位移比值 $n_u=1.64$、表面位移梯度比值 $n_\lambda=8.81$，巷道底板围岩明显加速失稳，松动圈厚度比值和巷道表面位移与围岩稳定性关联性较差，巷道表面位移梯度能较好地评价巷道底板及帮部稳定性差异。

② 工程实例 1 典型巷道围岩松动破碎数值模拟及工程实测结果表明：黏结力 $c=1.2\text{MPa}$，锚杆间排距为 $a\times b=400\text{mm}\times400\text{mm}$，锚杆长度 $L=3.0\text{m}$ 时，帮部 EF 部位松动圈厚度 $R=3.50\text{m}$、表面位移 $u=66.51\text{mm}$、表面位移梯度 $\lambda=26.09\text{mm/m}$，底板 GH 部位松动圈厚度 $R=2.93\text{m}$、表面位移 $u=306.95\text{mm}$、表面位移梯度 $\lambda=364.01\text{mm/m}$。巷道底板 GH 部位与帮部 EF 部位松动圈厚度比值 $n_R=0.84$、表面位移比值 $n_u=4.62$、表面位移梯度比值 $n_\lambda=13.95$。工程实践表明：巷道帮部仅产生较小的一次蠕变，巷道底板明显变形失稳，与表面位移比较，以表面位移梯度值作为评价指标更能反映巷道底板与帮部的稳定性差异。

③ 工程实例 1 典型巷道围岩松动破碎数值模拟及工程实测结果表明：锚杆间排距为 $a\times b=800\text{mm}\times800\text{mm}$，黏结力 $c=1.0\text{MPa}$，锚杆长度 $L=3.0\text{m}$ 时，帮部 EF 部位松动圈厚度 $R=5.20\text{m}$、表面位移 $u=194.751\text{mm}$、表面位移梯度 $\lambda=92.04\text{mm/m}$，底板 GH 部位松动圈厚度 $R=3.38\text{m}$、表面位移 $u=373.24\text{mm}$、表面位移梯度 $\lambda=$

439.15mm/m。巷道底板 GH 部位与帮部 EF 部位松动圈厚度比值 λ=0.65、表面位移比值 n_u=1.92、表面位移梯度比值 λ=4.77。当锚杆间排距改为 $a \times b$=400mm×400mm 时，帮部 EF 部位松动圈厚度 R=5.11m、表面位移 u=128.28mm、表面位移梯度 λ=33.85mm/m，底板 GH 部位厚度 R=3.51m、表面位移 u=383.69mm、表面位移梯度 λ=455.01mm/m。巷道底板 GH 部位与帮部 EF 部位松动圈厚度比值 n_R=0.69、表面位移比值 n_u=2.99、表面位移梯度比值 n_λ=13.44。锚杆间排距 $a \times b$=800mm×800mm 与 $a \times b$=400mm×400mm 比较，帮部 EF 部位松动圈厚度比值 n_R=1.02，表面位移比值 n_u=1.52，表面位移梯度比值 n_λ=2.72。工程实践表明：锚杆间排距 $a \times b$=800mm×800mm 与锚杆间排距 $a \times b$=400mm×400mm 比较，巷道围岩帮部 EF 部位围岩稳定性明显降低，采用表面位移梯度对围岩稳定性评价更为合理。锚杆间排距 $a \times b$=400mm×400mm 时，巷道帮部 EF 部位仅产生较小的一次蠕变，而巷道底板 GH 部位有明显失稳趋势，采用表面位移梯度比值评价巷道底板与巷道帮部围岩的关联性；锚杆间排距 $a \times b$=800mm×800mm 时，分析结果也表明采用表面位移梯度作为深部巷道围岩稳定性评价指标更为合理。

④ 工程实例 1 典型巷道围岩松动破碎数值模拟工程实测结果表明：锚杆间排距为 $a \times b$ = 600mm × 600mm，黏结力 c = 1.0MPa，锚杆长度 L = 3.0m，原岩应力 P = 10.0MPa 时，帮部 EF 部位松动圈厚度 R=4.43m、表面位移 u=73.37mm、表面位移梯度 λ=26.54mm/m，底板 GH 部位厚度 R=3.25m、表面位移 u=219.50mm、表面位移梯度 λ=258.37mm/m；巷道底板 GH 部位与帮部 EF 部位松动圈厚度比值 n_R=0.73、表面位移比值 n_u=2.99、表面位移梯度比值 n_λ=9.74。原岩应力 P=13.0MPa 时，帮部 EF 部位松动圈厚度 R=5.32m、表面位移 u=132.14mm、表面位移梯度 λ=30.95mm/m，底板 GH 部位松动圈厚度 R = 3.53m、表面位移 u = 389.77mm、表面位移梯度 λ = 348.87mm/m；巷道底板 GH 部位与帮部 EF 部位松动圈厚度比值 n_R=0.66、表面位移比值 n_u=2.95、表面位移梯度比值 n_λ=11.27。原岩应力 P=16.0MPa 时，帮部 EF 部位松动圈厚度 R=6.04m、表面位移 u=189.89mm、表面位移梯度 λ=43.96mm/m，底板 GH 部位松动圈厚度 R = 3.95m、表面位移 u = 597.88mm、表面位移梯度 λ = 639.35mm/m；巷道底板 GH 部位与帮部 EF 部位松动圈厚度比值 n_R=0.65、表面位移比值 n_u=3.15、表面位移梯度比值 n_λ=14.54。工程实践表明：随着原岩应力增加，与帮部比较，巷道底板不稳定性趋势更加明显，但通过松动圈厚度和表面位移都不能较好地评价帮部底板稳定性差异，以表面位移梯度作为指标能较好地反映围岩不同部位的稳定性差异。

结合经典松动圈理论，以巷道表面位移梯度作为深部巷道围岩变形稳定性评价指标更趋于合理。

3.5.2 深部巷道围岩变形稳定性的工程判据

深部巷道围岩变形稳定性和围岩一次蠕变作用时间有关，当围岩一次蠕变作用时间

t_0＞30d 仍未呈现二次蠕变，围岩将呈现一次蠕变而呈现稳定；t_0＜30d 时，围岩一次蠕变作用时间即塑性变形阶段时间越短，围岩越早进入破坏碎胀阶段，围岩越易失稳，可以通过围岩一次蠕变作用时间对围岩稳定性进行评价。围岩二次蠕变作用时间较长，一般为 t=60～100d，采用二次蠕变作用时间不能及时对围岩变形稳定性进行判别，围岩变形稳定性和二次蠕变等速变形速度有关，可以根据二次蠕变等速变形速度大小对围岩变形稳定性判别，项目组研究成果表明：当二次蠕变速度衰减系数 B_2≤0.04 时，围岩有变形失稳趋势。

3.6 深部软岩巷道围岩稳定性分类及合理支护参数选择

3.6.1 深部巷道围岩稳定性分类

基于以上研究成果，以深部软岩巷道围岩二次蠕变系数 B_2 为判据对深部软岩巷道围岩稳定性进行评价，并提出相应的深部软岩巷道合理支护形式及参数选择方法。巷道围岩稳定性分为五类：极稳定状态、稳定状态、基本稳定状态、不稳定状态以及极不稳定状态，极稳定状态围岩仅产生一次蠕变而未有二次蠕变产生、稳定状态围岩产生二次蠕变但二次蠕变衰减系数 B_2≥0.05，基本稳定状态围岩二次蠕变衰减系数 B_2=0.04～0.05，不稳定状态围岩二次蠕变衰减系数 B_2＜0.04，极不稳定状态巷道开挖后仅在 5～10d 内围岩即进入加速变形阶段。

3.6.2 深部软岩巷道合理支护选择的一般方法

极稳定巷道应降低现有巷道支护强度，基本稳定巷道围岩应进行二次支护局部加强支护强度，不稳定巷道围岩应进行及时二次支护加强支护强度，极不稳定巷道围岩应重新进行支护设计。二次支护形式及调整后的支护参数主要依据松动圈厚度及围岩表面碎胀程度确定。针对锚杆（索）支护，应采用工程类比法根据巷道围岩松动圈厚度选择锚杆（索）长度，根据巷道围岩表面碎胀程度选择锚杆（索）间排距。

对于松动圈厚度 R＞2.5m 的部位，二次支护应布置预应力锚索，锚索长度应取 L=R+(0.5～1.0m)，对于松动圈厚度 R＜2.5m 的部位，应布置预应力锚杆，锚杆长度应取 L=R+(0.3～0.5m)，通过调整预应力锚杆间排距改变围岩碎胀程度，使其在允许范围内，巷道顶板与帮部围岩表面碎胀程度控制在 λ=30～40mm/m，巷道底板围岩表面碎胀程度控制在 λ=50～70mm/m。

3.7 本章小结

① 典型巷道数值模拟及工程实测结果表明：以位移梯度作为围岩碎胀程度评价指标，可以以位移梯度 λ≤10mm/m 的范围作为围岩松动圈来确定松动圈厚度，工程中可以通过

多点位移计实测巷道围岩不同位置的位移及其随时间的变化来分析巷道围岩不同位置位移梯度随时间的变化，进一步分析松动圈厚度及碎胀程度的时空分布，通过回归分析得出围岩位移随距巷道表面距离变化的回归方程，估算围岩松动圈厚度。

② 不同条件下巷道典型部位松动圈厚度及碎胀程度分析结果表明：巷道典型部位围岩松动圈厚度及碎胀程度呈现明显的非均匀分布，巷道顶板围岩松动圈厚度及碎胀程度不明显；巷道拱基线和巷道帮部围岩松动圈厚度和一定程度的碎胀范围均较明显，巷道底板围岩松动圈有一定厚度和明显碎胀。考虑预应力锚杆对围岩的加固作用，锚杆间排距及锚杆长度显著影响巷道围岩松动圈厚度、巷道围岩表面位移梯度及碎胀程度；不考虑预应力锚杆对围岩的加固作用，锚杆间排距及锚杆长度对巷道围岩典型部位松动圈厚度的影响较小，对巷道拱基线及帮部表面位移梯度的影响较大，对巷道拱基线及帮部表面位移有一定影响；由于预应力锚杆对围岩加固改变了围岩的力学性能，使得围岩松动圈厚度及碎胀程度明显减小。原岩应力显著影响巷道各部位的松动圈厚度、表面位移梯度及表面位移，尤其是对巷道拱基线及帮部松动圈厚度、巷道底板表面位移梯度的影响更为显著。

③ 典型巷道数值模拟及工程实测结果表明：深部软岩巷道底板呈现明显的不稳定性，但松动圈厚度明显小于巷道帮部，以松动圈厚度作为深部软岩巷道围岩的稳定性评价指标存在明显局限性。典型巷道工程实测及数值模拟结果表明：巷道拱基线部位围岩稳定性明显比巷道帮部稳定性差，但巷道表面位移比值近似相同；随着原岩应力的增加，巷道底板表面位移与巷道帮部表面位移比值变化较小，这与工程实际中“随原岩应力增加，底板稳定性明显减弱”不符，以巷道表面位移作为围岩稳定性评价指标不尽合理。巷道表面位移梯度作为围岩稳定性评价指标能较好地符合工程实际。工程中可以通过实测分析深部巷道围岩二次蠕变速度衰减系数并以此作为判据对深部巷道围岩稳定性进行判别。在此基础上，根据围岩二次蠕变衰减系数的大小及一次蠕变作用时间对围岩的稳定性进行分类，在此基础上选择合理的支护，对于松动圈厚度 $R>2.5\text{m}$ 的部位，二次支护应布置预应力锚索，锚索长度应为 $L=R+(0.5\sim1.0\text{m})$，对于松动圈厚度 $R<2.5\text{m}$ 的部位，应布置预应力锚杆，锚杆长度 L 根据松动圈厚度 R 而定，应为 $L=R+(0.3\sim0.5\text{m})$，通过调整预应力锚杆间排距改变围岩碎胀程度，使其在允许范围内，巷道顶板与帮部围岩表面碎胀程度控制在 $\lambda=30\sim40\text{mm/m}$，保持巷道底板稳定。

第4章 深部巷道围岩变形破碎及影响因素分析

根据工程实例2的具体工程实际，选择如图2-19所示的数值计算模型，取如图4-1所示巷道典型部位，分析原岩应力、围岩岩性以及锚杆支护参数对围岩变形破碎特征的影响。

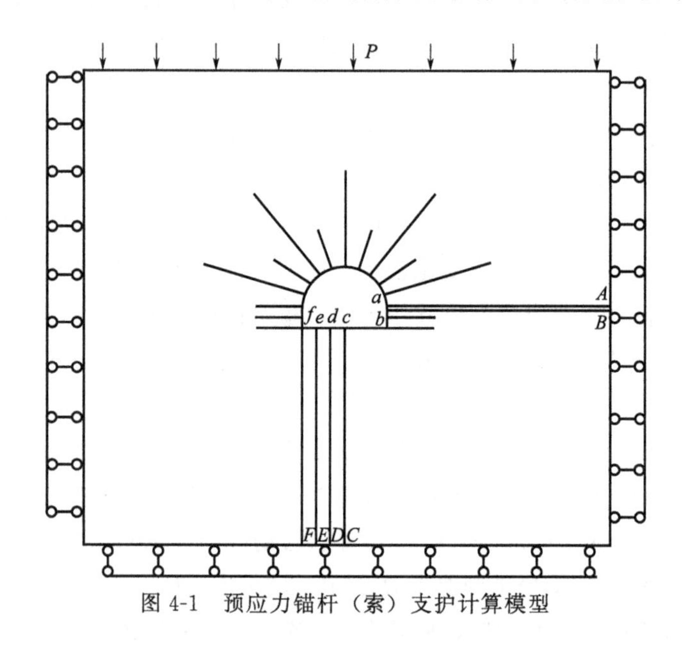

图4-1 预应力锚杆（索）支护计算模型

4.1 不同岩性巷道围岩变形特征

4.1.1 不同岩性巷道围岩松动破碎范围

淮北朱仙庄煤矿巷道锚杆（索）分布如图4-1所示，借鉴其他巷道锚杆（索）的参数及力学性能如表4-1所示，深部软岩巷道泥岩、砂质泥岩、泥质砂岩的性能参数和相关衰减回归方程如表2-4、表2-5所示，高强预应力锚杆预紧力 $F=70\mathrm{kN}$，高强预应力锚索预紧力 $F=100\mathrm{kN}$，选择应变软化模型，在原岩应力 $P=16\mathrm{MPa}$ 作用下，分析深部软岩巷道底板、帮部破碎情况在三种围岩岩性情况下的特征。巷道帮部拱基线部位为 aA，取巷道典型部位底板中间部位 cC 和帮部距拱基线 0.1m 部位 bB，分析围岩黏聚力及位移变化，取巷道底板不同部位 cC 底板中部、dD 距底板中部 0.8m、eE 距底板中部 1.6m、fF 距底板中部 2.4m，分析在不同岩性下底板不同部位的破碎位移情况。

表 4-1　锚杆（索）参数及力学性能

名称	长度/mm	直径/mm	抗拉强度/MPa	预紧力/kN	间排距/mm	托盘/mm
锚杆	2600	22	540	70	600×800	200×200×10
锚索	6300	17.8	1400	100	1400×1400	300×300×12

将原岩应力 $P=16\text{MPa}$、巷道支护形式与不同岩性参数导入 FLAC3D 数值计算软件，得出巷道围岩黏聚力分布云图见图 4-2。分析围岩黏聚力变化情况，计算结果见图 4-3。

从黏聚力分布情况和计算结果可得，围岩岩性为泥岩，直墙半圆拱形巷道底板中部破碎范围为 4.40m，帮部拱基线破碎范围为 8.50m，围岩岩性为砂质泥岩、泥质砂岩，巷道底板中部破碎范围较小，分别为 2.60m、1.90m，帮部拱基线部位存在较大的破碎范围，分别为 3.64m、2.43m。随着围岩岩性的改善，巷道围岩破碎范围逐渐降低，三种围岩岩性下巷道帮部拱基线围岩破碎范围均比底板中部破碎范围显著。

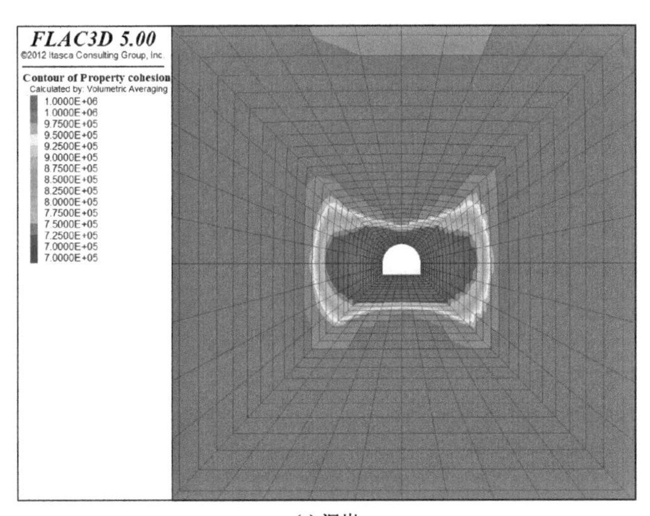

(a) 泥岩

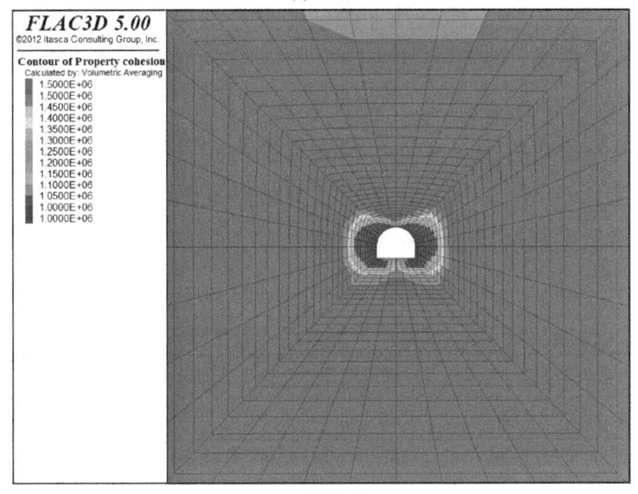

(b) 砂质泥岩

图 4-2

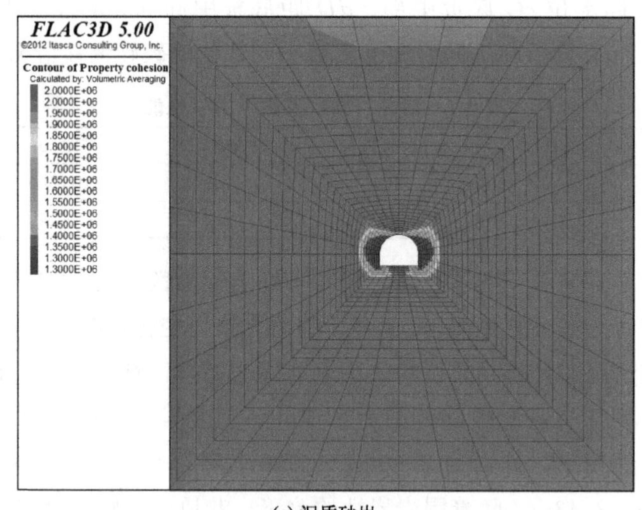

(c) 泥质砂岩

图 4-2　不同岩性巷道围岩黏聚力分布云图（扫前言二维码可见彩图）

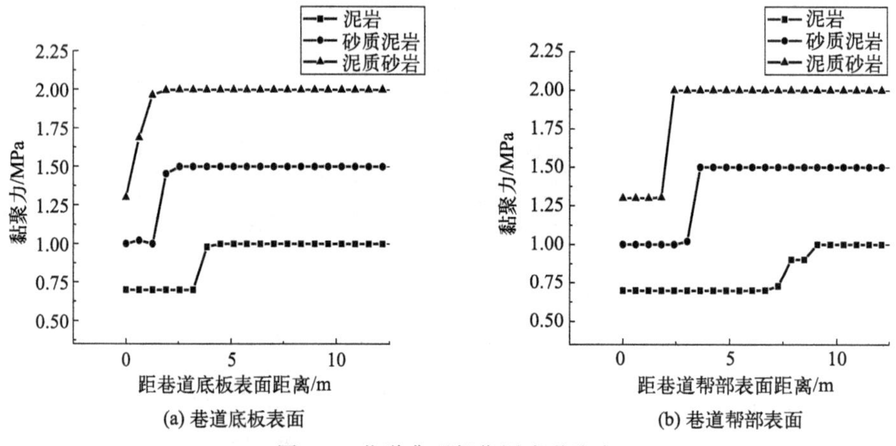

图 4-3　巷道典型部位围岩黏聚力

分析巷道底板不同部位在不同岩性下的破碎分布特点，计算结果见图 4-4、图 4-5。

表 4-2 的计算结果表明：围岩岩性为泥岩、砂质泥岩及泥质砂岩时底板沿中部向两端位置围岩松动破碎范围均显著降低。围岩岩性为泥岩，巷道底板中部破碎范围约为 4.40m，底板端部破碎范围约为 3.82m。围岩岩性为砂质泥岩和泥质砂岩，巷道底板中间部位破碎范围分别为 2.60m、1.90m，底板端部破碎范围几乎为零。由此可得，三种围岩岩性直墙半圆拱形巷道底板表现为“中部位置破碎范围较大，向端部位置方向逐渐降低”的变化特征。

表 4-2　底部不同部位不同岩性破碎范围　　单位：m

岩性	*cC* 方向破碎范围	*dD* 方向破碎范围	*eE* 方向破碎范围	*fF* 方向破碎范围
泥岩	4.40	4.40	3.83	3.82
砂质泥岩	2.60	2.60	2.01	0
泥质砂岩	1.90	1.32	0	0

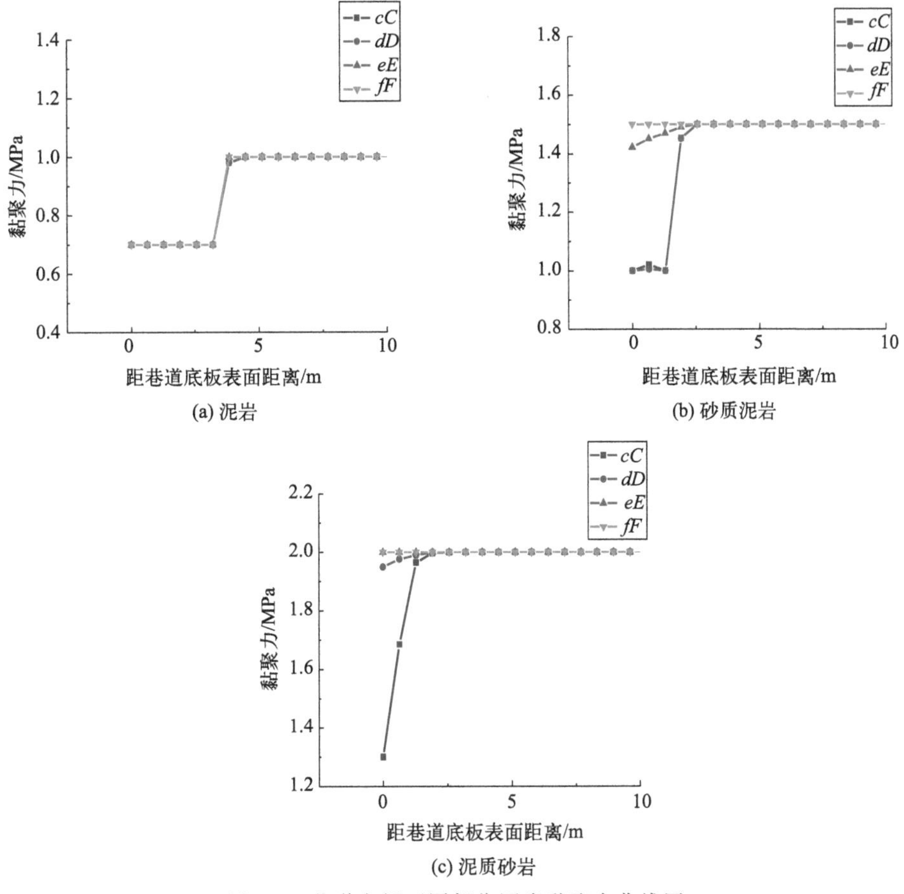

图 4-4　巷道底板不同部位围岩黏聚力曲线图

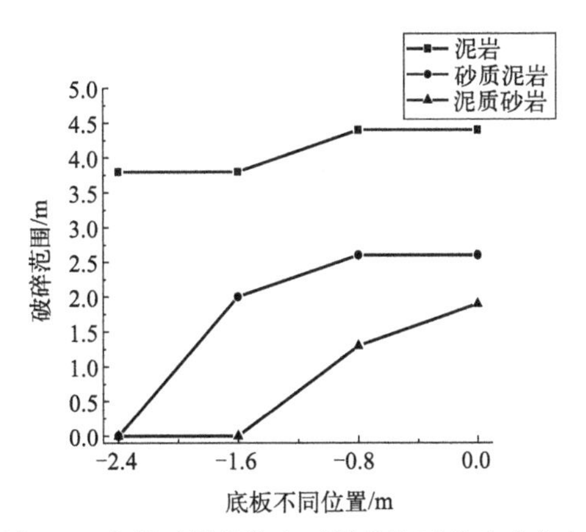

图 4-5　底部不同部位在不同岩性下的破碎分布

4.1.2　不同岩性巷道围岩变形特征分析

位移是分析深部巷道变形的重要指标，根据上述计算结果，分析在不同岩性下帮部 bB 和底板 cC 的位移，见图 4-6。

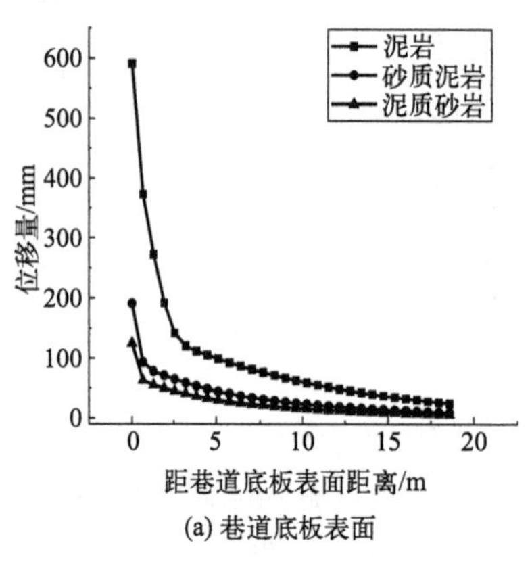

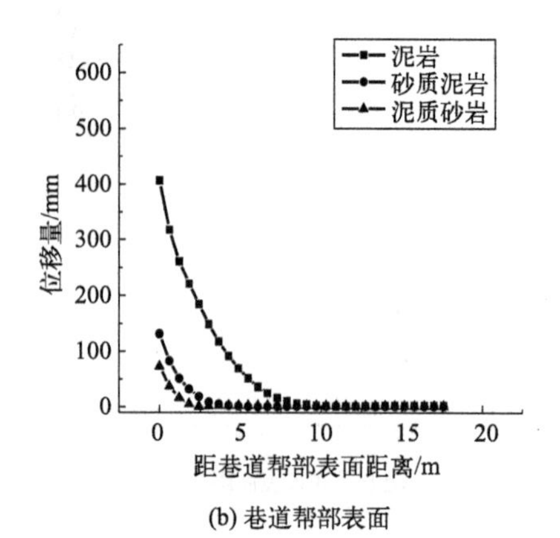

图 4-6　不同围岩岩性底板和帮部的位移分布

计算得出围岩岩性为泥岩，底板中部表面位移为 590.75mm，帮部拱基线表面位移为 406.73mm，该岩性巷道围岩变形最严重。围岩岩性为砂质泥岩，底板中部表面位移为 190.95mm，帮部拱基线表面位移为 131.44mm。围岩岩性为泥质砂岩，底板中部表面位移为 124.71mm，帮部拱基线表面位移为 73.03mm。由此得出随着围岩岩性的改善，巷道围岩变形逐渐减小，三种围岩岩性巷道底板中部的变形程度均大于帮部拱基线。

取巷道底板 cC、dD、eE、fF 位置，再以底板中点为对称轴取点，分析不同岩性下底板表面不同部位的位移及位移梯度特点，计算结果见图 4-7、图 4-8 和表 4-3、表 4-4。

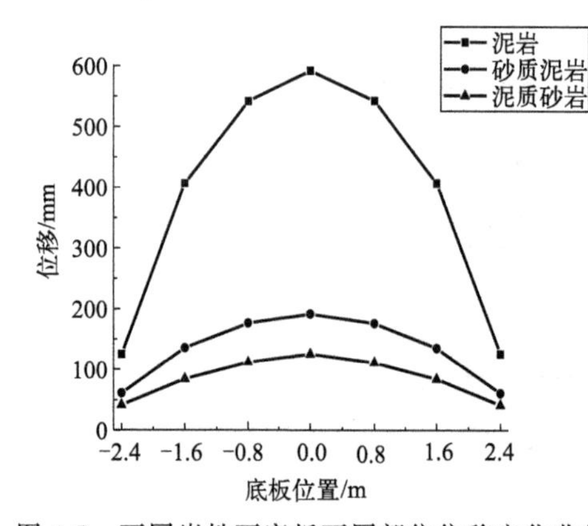

图 4-7　不同岩性下底板不同部位位移变化曲线

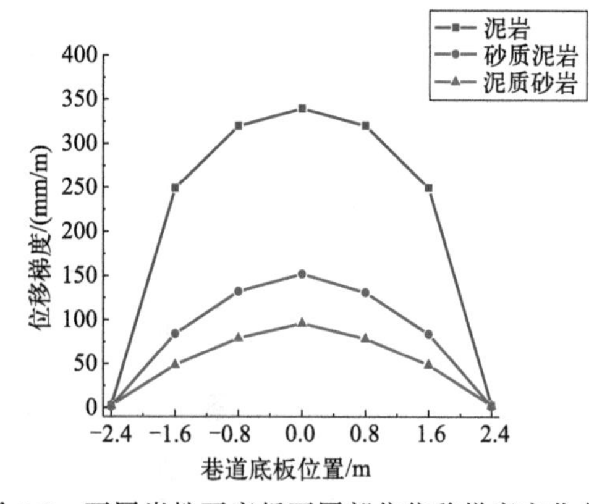

图 4-8　不同岩性下底板不同部位位移梯度变化曲线

表 4-3　不同岩性下底板不同部位的位移　　单位：mm

距底板中部距离/m	泥岩	砂质泥岩	泥质砂岩
－2.4	124.52	60.12	40.71
－1.6	406.33	135.04	83.73
－0.8	541.04	175.93	111.12
0	590.75	190.95	124.71
0.8	541.65	175.63	110.82

续表

距底板中部距离/m	泥岩	砂质泥岩	泥质砂岩
1.6	406.54	134.72	83.83
2.4	125.23	60.21	40.92

表 4-4　不同岩性下底板不同部位的位移梯度　　单位：mm/m

距底板中部距离/m	泥岩	砂质泥岩	泥质砂岩
−2.4	2.02	1.42	2.31
−1.6	249.13	83.92	48.22
−0.8	319.82	132.01	79.01
0	339.54	151.71	95.81
0.8	320.12	130.92	78.52
1.6	249.73	83.84	48.53
2.4	2.52	1.53	2.51

以上计算结果表明：泥岩巷道底板中部表面位移量为 590.75mm，向端部逐渐减小至 125.23mm，底板中部表面位移梯度为 339.54mm/m，向端部逐渐减小至 2.52mm/m；砂质泥岩巷道底板中部表面位移量为 190.95mm，向端部逐渐减小至 60.21mm，底板中部表面位移梯度为 151.71mm/m，向端部逐渐减小至 1.53mm/m；泥质砂岩巷道底板中部表面位移量为 124.71mm，向端部逐渐减小至 40.92mm，底板中部表面位移梯度为 95.81mm/m，向端部逐渐减小至 2.51mm/m，三种岩性底板不同部位位移变化曲线及位移梯度变化曲线均呈抛物线形状，围岩岩性为泥岩，巷道底板中部变形最严重，向两端衰减程度最显著。

根据巷道围岩位移 u 随距离 r 的变化特征，取回归方程分析巷道围岩位移 u 随距巷道表面距离 r 的变化，如式(4-1) 和表 4-5 所示：

$$u=A_1e^{-\frac{r}{t_1}}+A_2e^{-\frac{r}{t_2}}+C_3 \tag{4-1}$$

式中　u——位移量，mm；

r——距巷道表面距离，m；

A_1, A_2, C_3——系数，mm；

t_1, t_2——系数，m^{-1}。

位移梯度为位移 u 对巷道距离 r 的求导，即碎胀率 k，通常取绝对值，如式(4-2) 所示：

$$k=\left|\frac{d_u}{d_r}\right|=\frac{A_1}{t_1}e^{-\frac{r}{t_1}}+\frac{A_2}{t_2}e^{-\frac{r}{t_2}} \tag{4-2}$$

表 4-5　不同部位不同岩性位移回归方程系数

巷道部位	围岩岩性	A_1/mm	A_2/mm	C_3/mm	t_1/m^{-1}	t_2/m^{-1}
底板	泥岩	191.24	460.39	−61.25	22.40	1.08
	砂质泥岩	96.70	89.97	4.21	0.26	6.40
	泥质砂岩	57.03	64.06	3.64	0.20	5.80

续表

巷道部位	围岩岩性	A_1/mm	A_2/mm	C_3/mm	t_1/m^{-1}	t_2/m^{-1}
帮部	泥岩	205.40	207.18	−5.69	2.87	2.87
	砂质泥岩	53.10	79.31	0.31	1.23	1.23
	泥质砂岩	26.64	45.93	1.53	0.75	0.75

计算结果表明底板和帮部碎胀率 k 随距巷道表面距离 r 的增加而减小，底板和帮部碎胀率在巷道表面浅部位置最大，取距巷道距离 x 为 0、2.5m、5m、7.5m、10m，当围岩岩性为泥岩时，底板在 cC 方向的碎胀率分别为 435.73mm/m、49.63mm/m、10.96mm/m、6.51mm/m、5.50mm/m；帮部在 bB 方向的碎胀率分别为 143.88mm/m、60.17mm/m、25.16mm/m、10.52mm/m、4.40mm/m。当围岩岩性为砂质泥岩时，底板在 cC 方向的碎胀率分别为 391.63mm/m、9.53mm/m、6.44mm/m、4.36mm/m、2.95mm/m；帮部在 bB 方向的碎胀率分别为 107.69mm/m、14.10mm/m、1.85mm/m、0.24mm/m、0.03mm/m。当围岩岩性为泥质砂岩时，底板在 cC 方向的碎胀率分别为 296.07mm/m、7.18mm/m、4.66mm/m、3.03mm/m、1.97mm/m；帮部在 bB 方向的碎胀率分别为 96.23mm/m、3.50mm/m、0.13mm/m、0.01mm/m、0mm/m。由此得出，在三种围岩性下，巷道底板表面碎胀率总比帮部表面碎胀率大，围岩岩性为泥岩时，距巷道底板和帮部表面距离 7.5m 处，围岩碎胀率仍大于 5mm/m，此围岩岩性下巷道围岩深部仍存在一定量的变形，而围岩岩性为砂质泥岩、泥质砂岩时，距巷道底板和帮部表面距离 5m 处，围岩碎胀率小于 5mm/m，该围岩岩性下巷道围岩变形主要集中在围岩浅部，这为在不同围岩岩性下选择治理控制底鼓的措施提供了参考价值。

4.2 不同原岩应力下巷道围岩的变形特征

4.2.1 不同原岩应力巷道围岩破碎范围分析

本节研究不同原岩应力对深部巷道底板和帮部破碎圈的影响，改变原岩应力 $P=16MPa$ 为 $P=8MPa$、10MPa、12MPa、14MPa，分析不同原岩应力在泥岩、砂质泥岩、泥质砂岩三种不同围岩岩性下巷道底板和帮部围岩的松动破碎变形情况。

不同原岩应力下泥岩围岩的黏聚力分布云图见 4-9，取底板 cC 和帮部 bB 典型位置分别监测其残余强度，计算得出的不同原岩应力下泥岩围岩的黏聚力变化曲线如图 4-10 所示。

不同原岩应力下砂质泥岩围岩的黏聚力分布云图如图 4-11 所示，取底板 cC 和帮部 bB 典型位置分别监测其残余强度，计算得出的不同原岩应力下砂质泥岩的黏聚力变化曲线如图 4-12 所示。

不同原岩应力下泥质砂岩围岩的黏聚力分布云图如图 4-13 所示，取底板 cC 和帮部 bB 典型位置分别监测其残余强度，计算得出的不同原岩应力下泥质砂岩围岩的黏聚力变化曲线如图 4-14 所示。

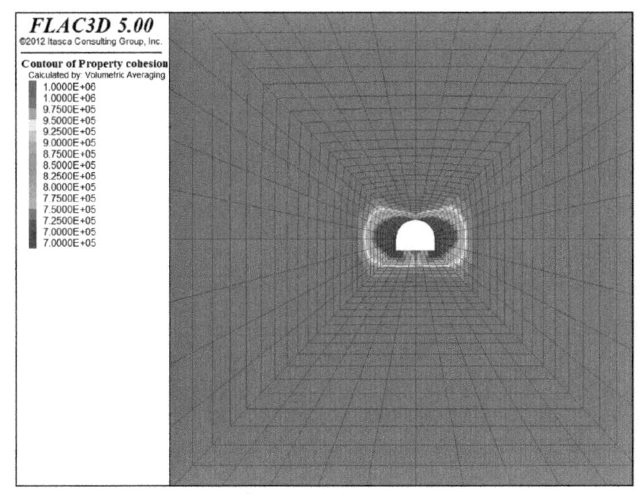

(a) P=8MPa

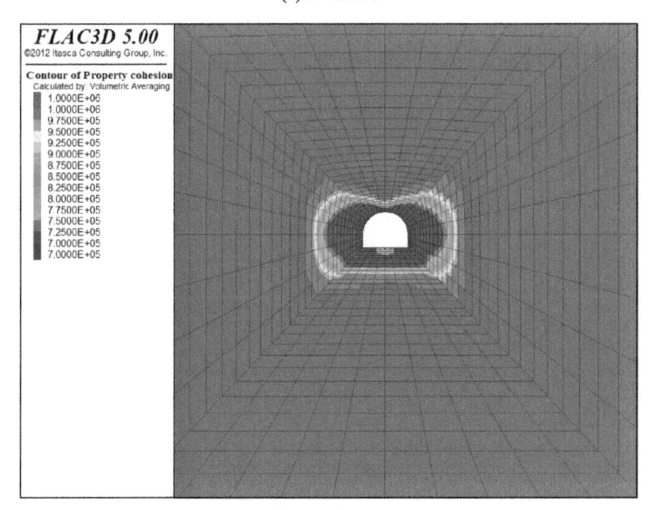

(b) P=10MPa

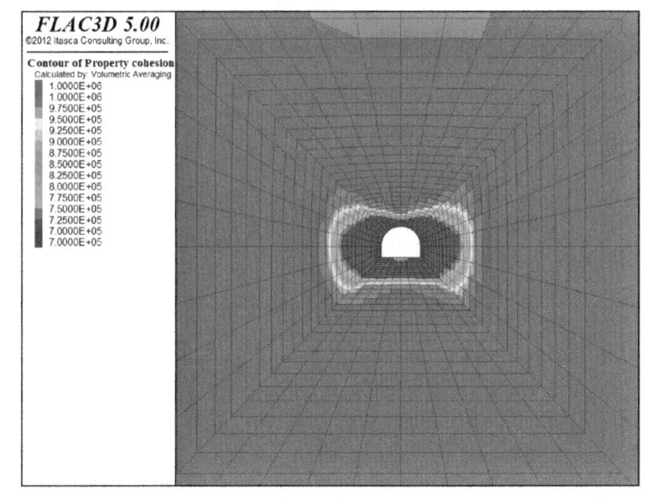

(c) P=12MPa

图 4-9

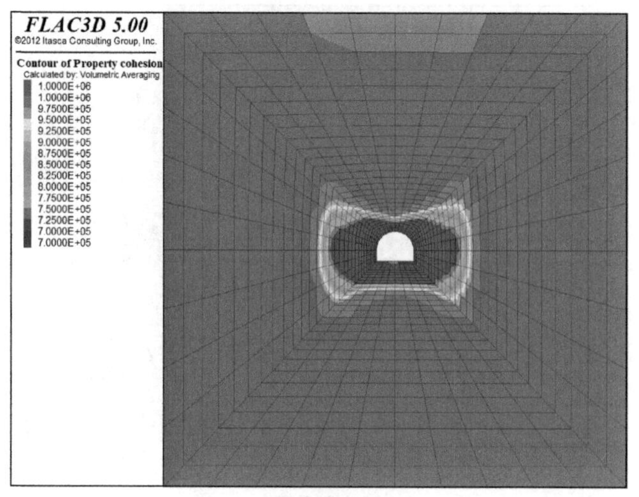

(d) P=14MPa

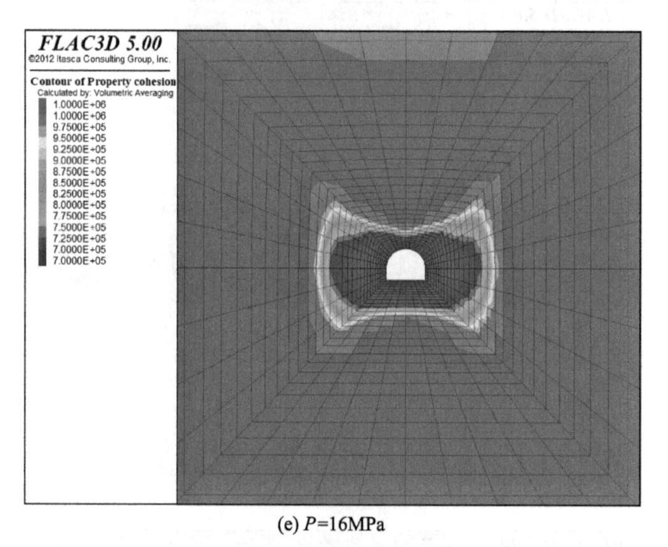

(e) P=16MPa

图 4-9 不同原岩应力下泥岩围岩的黏聚力分布云图（扫前言二维码可见彩图）

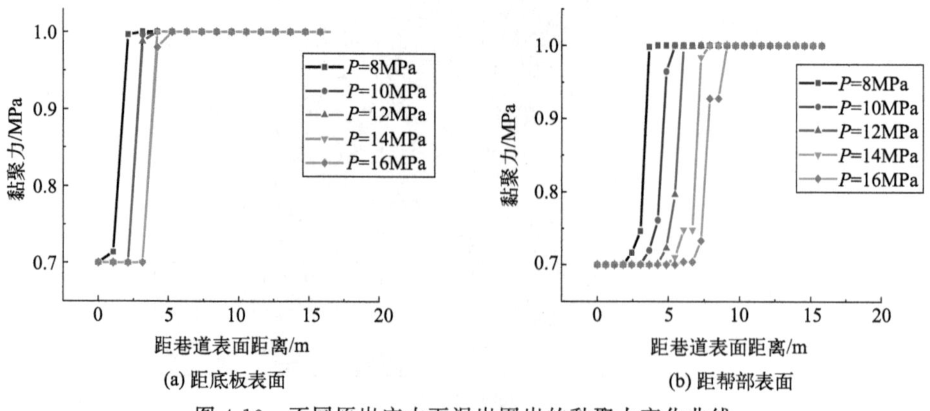

(a) 距底板表面　　(b) 距帮部表面

图 4-10 不同原岩应力下泥岩围岩的黏聚力变化曲线

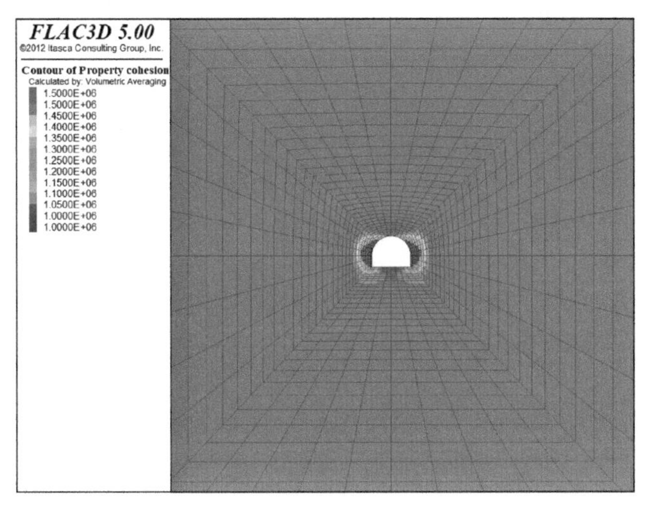

(a) P=8MPa

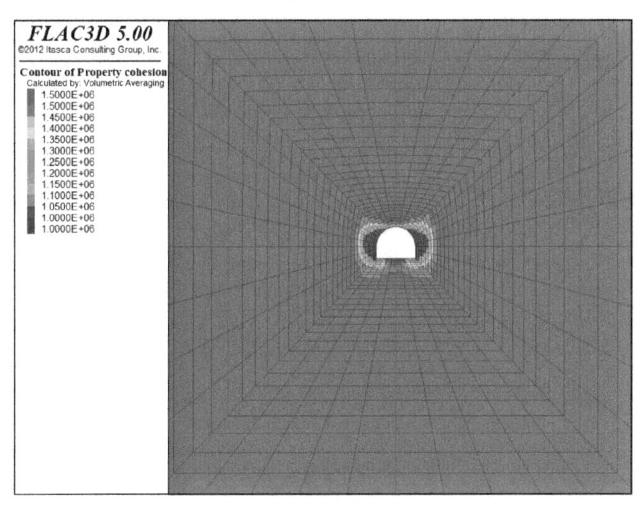

(b) P=10MPa

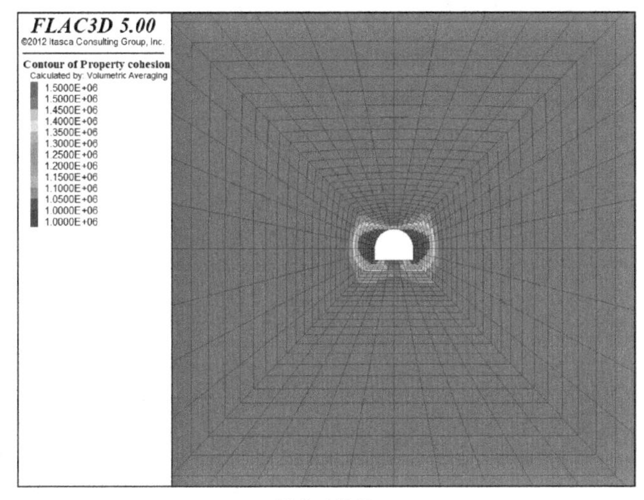

(c) P=12MPa

图 4-11

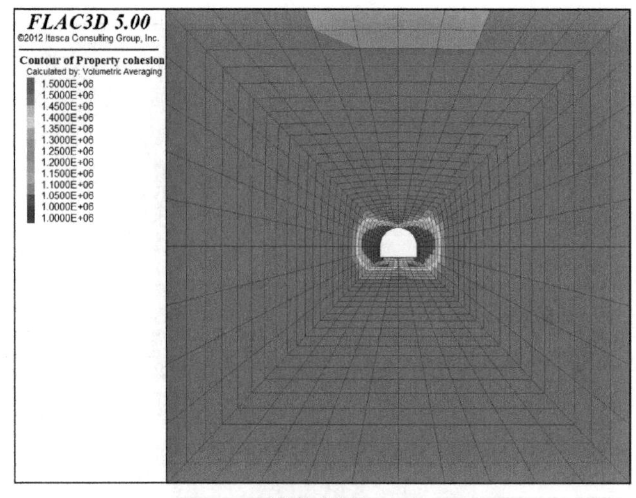

(d) P=14MPa

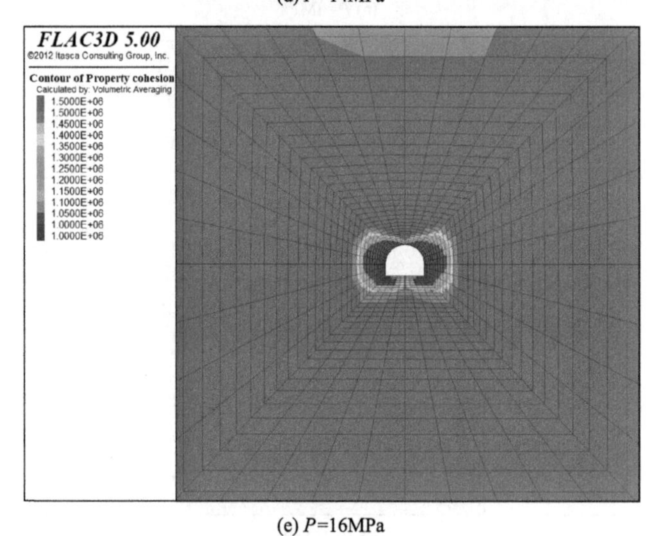

(e) P=16MPa

图 4-11　不同原岩应力下砂质泥岩围岩黏聚力分布云图（扫前言二维码可见彩图）

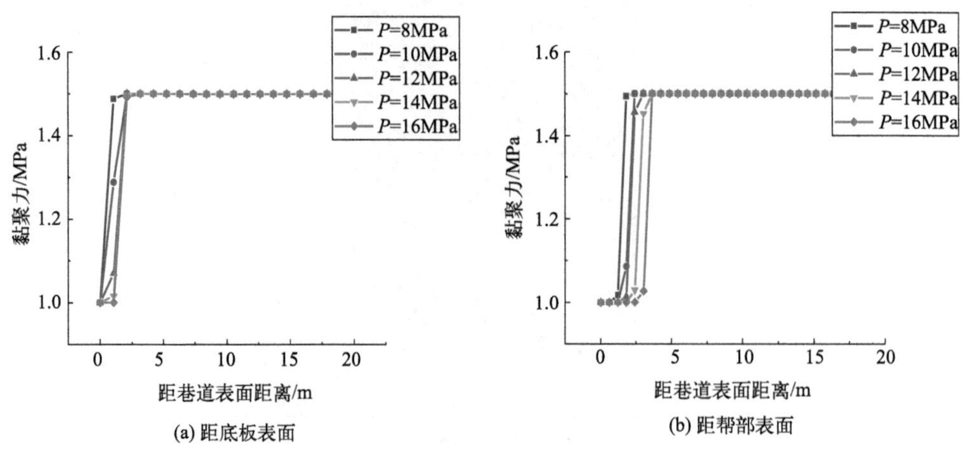

图 4-12　不同原岩应力砂质泥岩围岩的黏聚力变化曲线

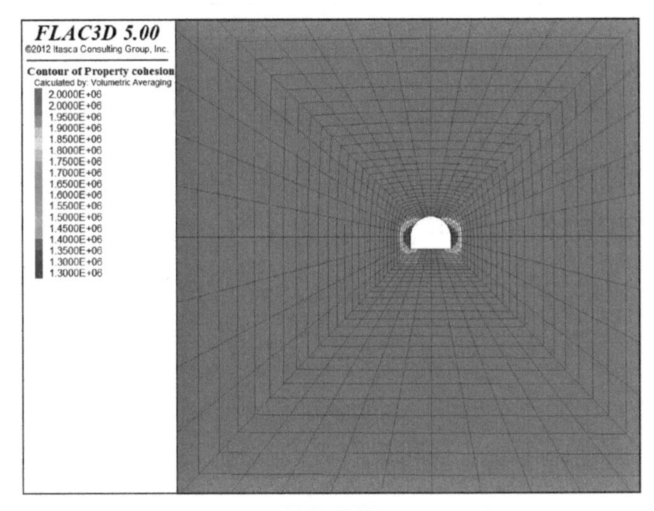

(a) P=8MPa

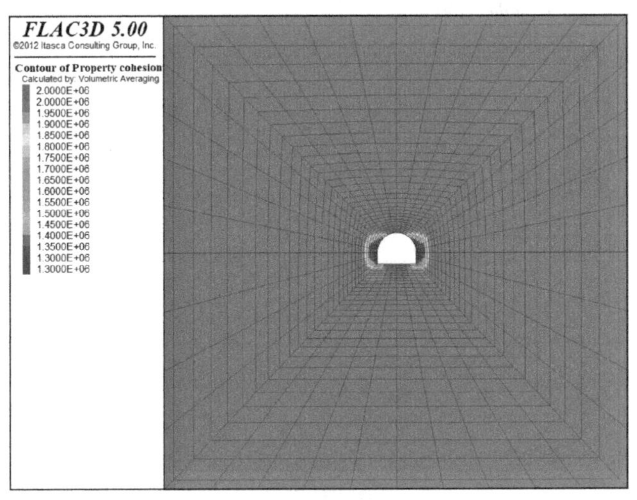

(b) P=10MPa

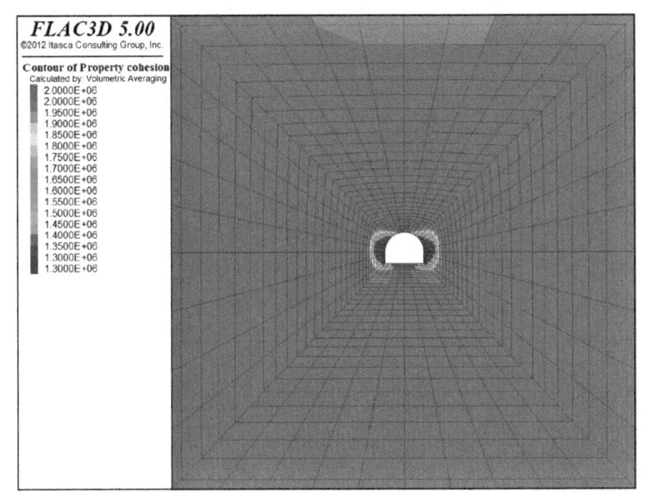

(c) P=12MPa

图 4-13

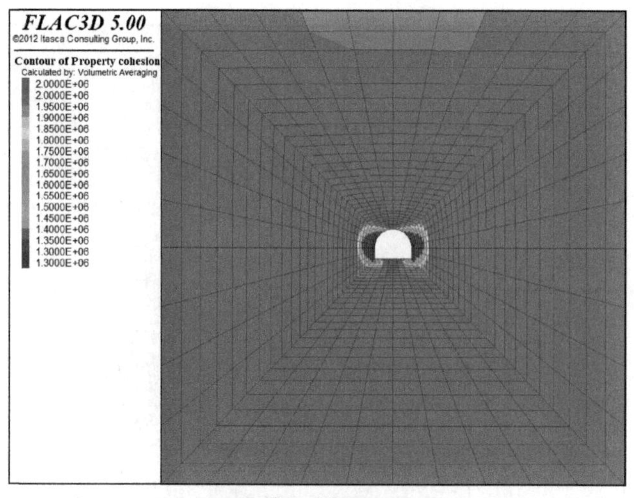

(d) P=14MPa

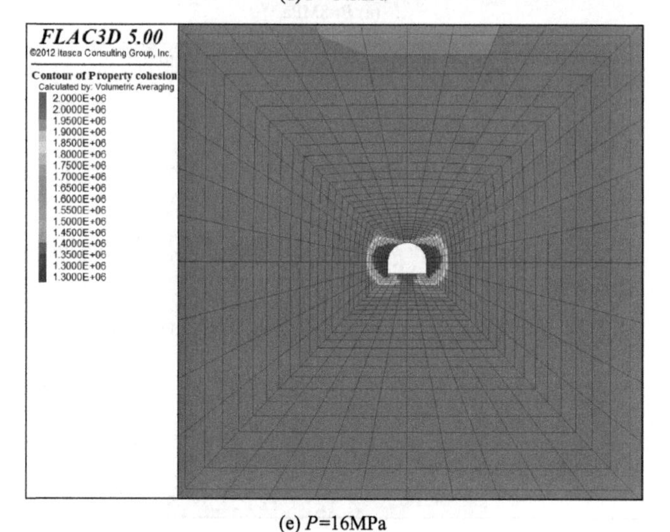

(e) P=16MPa

图 4-13 不同原岩应力泥质砂岩围岩的黏聚力分布云图（扫前言二维码可见彩图）

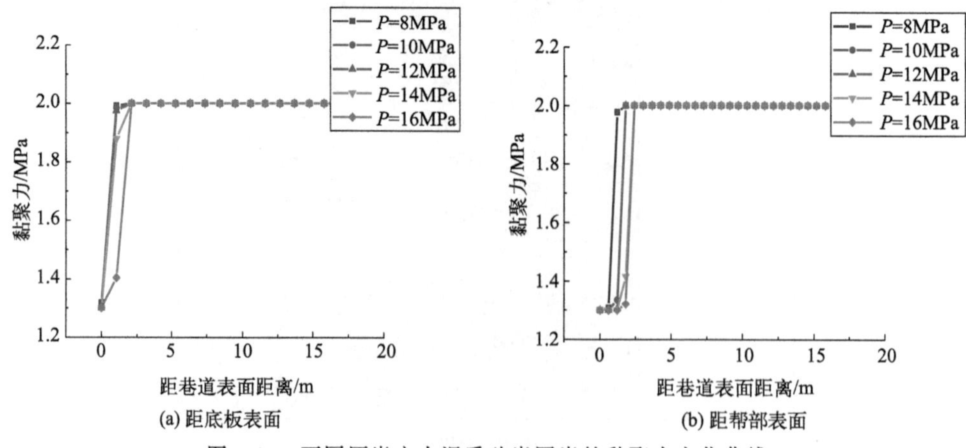

(a) 距底板表面　　(b) 距帮部表面

图 4-14 不同原岩应力泥质砂岩围岩的黏聚力变化曲线

依据以上计算结果，对巷道底板 cC 和帮部 bB 典型位置的黏聚力进行分析，不同岩性典型位置残余强度分别为 c=1MPa、1.5MPa 及 2MPa，以残余强度的范围为松动破碎范围，不同岩性下不同岩性围岩的破碎范围如图 4-15 所示。

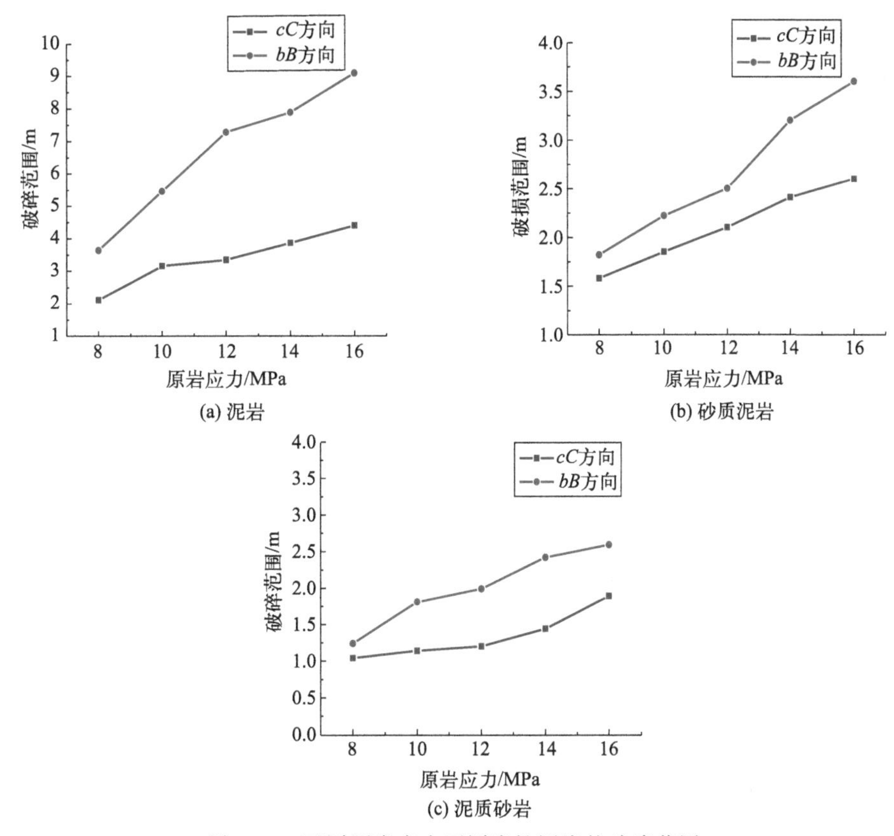

图 4-15　不同原岩应力不同岩性围岩的破碎范围

以上计算结果表明：随着巷道埋深的增加，围岩岩性为泥岩、砂质泥岩及泥质砂岩时底板中部及帮部拱基线部位围岩的松动破碎范围均有所增加，泥岩巷道底板中部破碎范围由 2.11m 增加至 4.40m，帮部拱基线破碎范围由 3.64m 增加至 9.10m；砂质泥岩巷道底板中部破碎范围由 1.58m 增加至 2.60m，帮部拱基线破碎范围由 1.82m 增加至 3.60m；泥岩巷道底板中部破碎范围由 1.05m 增加至 1.90m，帮部拱基线破碎范围由 1.25m 增加至 2.60m，泥岩岩性巷道围岩破碎范围增加的效果最明显。与帮部围岩相比，巷道埋深的增加对于底板围岩破碎范围的影响不显著。

4.2.2　不同原岩应力巷道围岩变形特征分析

研究不同原岩应力下深部软岩巷道围岩的变形情况，取原岩应力 P=8MPa、10MPa、12MPa、14MPa、16MPa，分析不同原岩应力在不同围岩岩性条件下巷道底板和帮部典型位置的位移情况。

在泥岩围岩岩性条件下，取底板 cC 和帮部 bB 典型位置分别监测其围岩变形，计算得出不同原岩应力下泥岩围岩的位移变化曲线如图 4-16 所示。

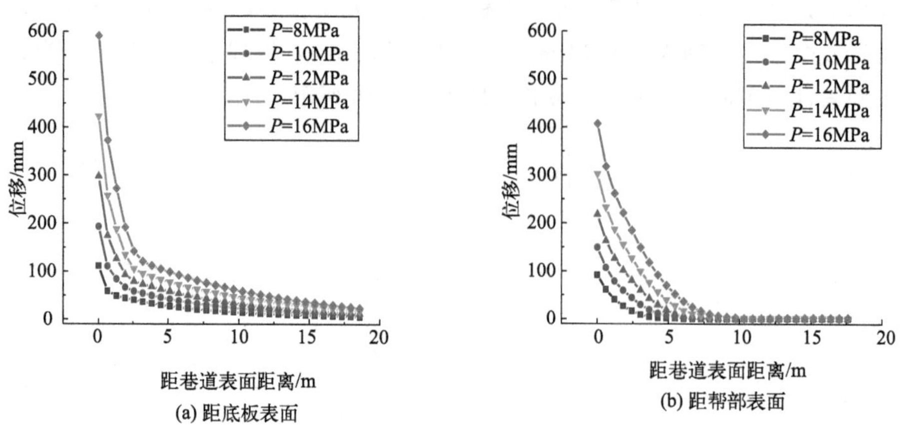

图 4-16　不同原岩应力下泥岩围岩的位移变化曲线

在砂质泥岩围岩岩性条件下，取底板 cC 和帮部 bB 典型位置分别监测其围岩变形，计算得出不同原岩应力下砂质泥岩围岩的位移变化曲线如图 4-17 所示。

在泥质砂岩围岩岩性条件下，取底板 cC 和帮部 bB 典型位置分别监测其围岩变形，计算得出不同原岩应力下泥质砂岩围岩的位移变化曲线如图 4-18 所示。

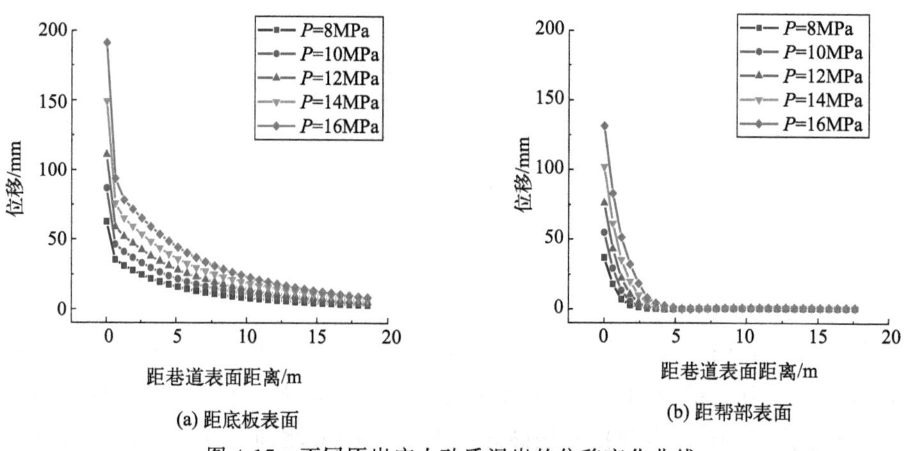

图 4-17　不同原岩应力砂质泥岩的位移变化曲线

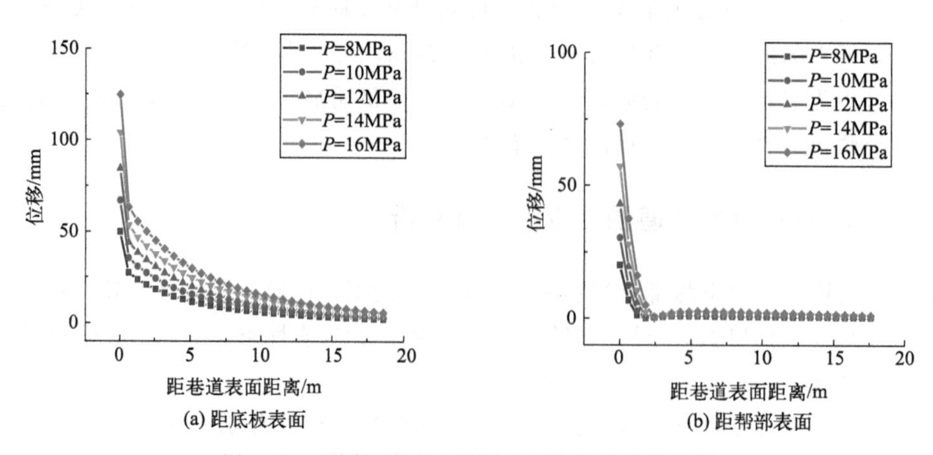

图 4-18　不同原岩应力泥质砂岩位移变化曲线图

以上计算结果表明：随着巷道埋深即原岩应力 P 的增加，巷道表面围岩位移量逐渐增大。与帮部围岩对比，巷道底板表面围岩变形增大更明显。围岩岩性为泥岩时，巷道表面围岩变形随着巷道埋深增加的表现最为显著。

研究随着巷道埋深的增加，比较底板与帮部围岩的位移量、位移梯度，计算出在泥岩、砂质泥岩及泥质砂岩围岩岩性下各比率的变化曲线如图 4-19 所示。

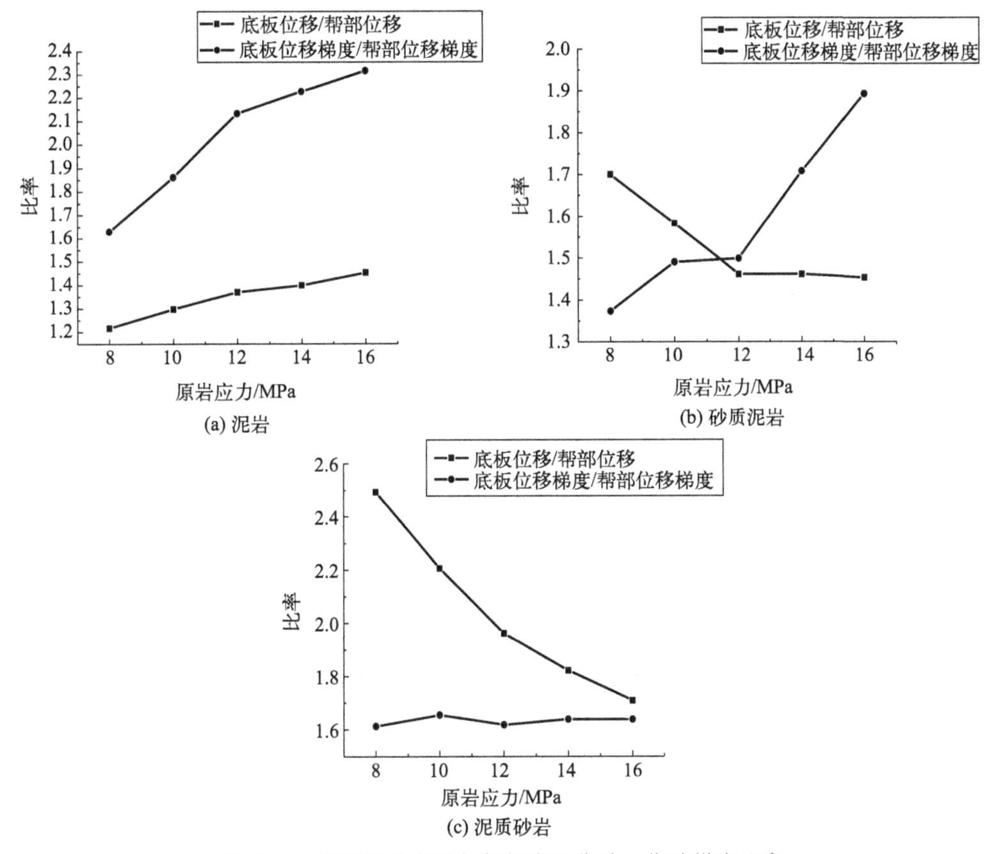

图 4-19　不同岩性底板与帮部表面位移、位移梯度比率

以上计算结果表明：三种围岩岩性底板帮部围岩位移比率及底板帮部围岩位移梯度比率均大于 1，由此得出无论巷道浅部还是深部，底板围岩位移量、位移梯度均大于帮部围岩。由上述得出，随着巷道埋深的增加，底板与帮部围岩变形逐渐增大，且在不同围岩岩性条件下，巷道围岩变形趋势也有所不同。

围岩岩性为泥岩时，随着巷道埋深的增加，底板围岩位移量均大于 1.2 倍帮部围岩位移量，比率曲线呈上升趋势，底板位移梯度均大于 1.6 倍帮部表面位移梯度，曲线呈上升趋势，由此得出在该岩性下巷道埋深的增加使得巷道围岩位移量、位移梯度逐渐增大，且与巷道帮部部位相比，底板部位表现此特征最为明显。

围岩岩性为砂质泥岩时，随着巷道埋深的增加，底板帮部围岩位移量比在 1.7～1.5，比率曲线呈现下降后平稳趋势，底板位移梯度均大于 1.4 倍帮部位移梯度，曲线呈上升趋势，由此得出在浅部埋深即当原岩应力 P 小于 12MPa 时，与巷道底板相比，帮部位移量增大最为显著，当原岩应力 P 大于 12MPa 时，巷道埋深的增加对于底板帮部围岩变形影响的效果几乎相同。且在该围岩岩性条件下，随着巷道埋深的增加，与帮部部位围岩位移梯度相比，底板位移梯度增大更加显著。

围岩岩性为泥质砂岩时，随着巷道埋深的增加，底板帮部围岩位移量比在 2.5～1.7，变化曲线呈下降趋势，底板帮部位移梯度比始终保持约为 1.6，由此得出在此围岩岩性条件下，巷道埋深的增加对于巷道围岩位移量增大的影响主要体现在帮部，巷道底板帮部围岩位移梯度增大的效果基本相同。

取距巷道底板及帮部表面 0.5m、1m、1.5m 位置，研究随着巷道的埋深的增加，底板与帮部围岩的位移量、位移梯度，计算出不同原岩应力下泥岩、砂质泥岩及泥质砂岩底板、帮部的位移比和位移梯度比如图 4-20～图 4-22 所示。

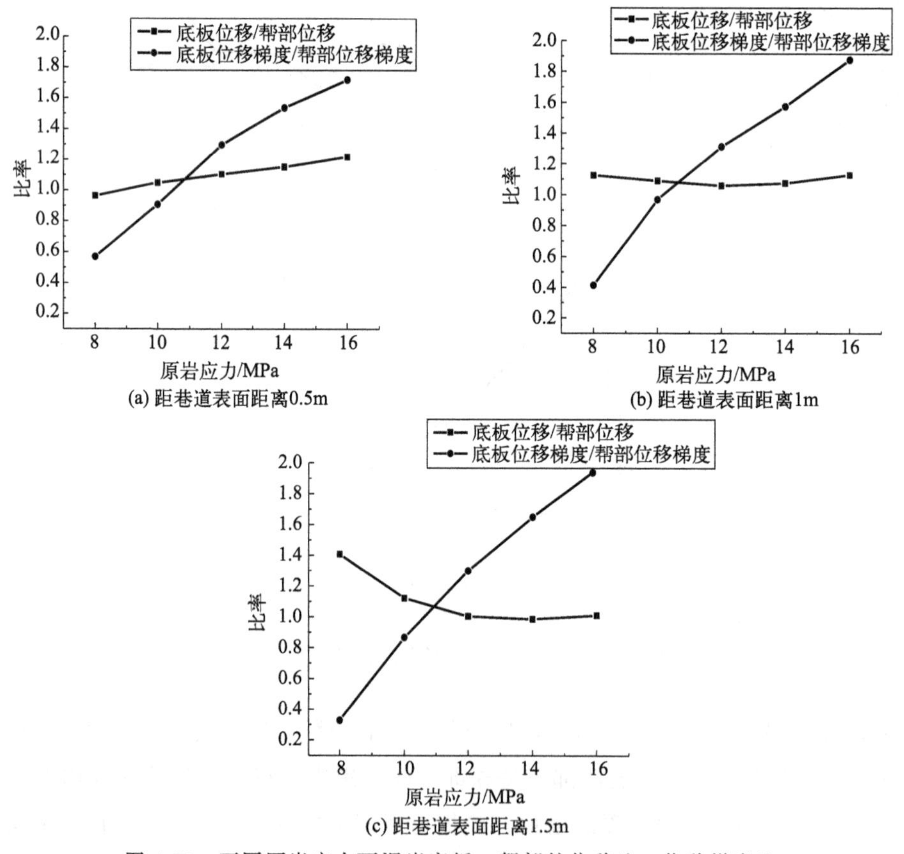

图 4-20　不同原岩应力下泥岩底板、帮部的位移比、位移梯度比

由上述计算结果可得，随着距巷道表面距离的增加，巷道围岩的位移量、位移梯度逐渐减小，随着巷道埋深的增加，巷道围岩的位移量、位移梯度逐渐增大。

围岩岩性为泥岩时，巷道围岩距巷道表面距离 0.5m、1m、1.5m 处，底板围岩位移量均大于帮部围岩位移量，底板围岩位移梯度与帮部围岩位移梯度比率曲线呈上升趋势，当原岩应力 P 小于 10MPa，与巷道底板围岩相比，帮部围岩位移梯度较大；当原岩应力 P 大于 10MPa，与巷道帮部围岩相比，底板围岩位移梯度较大。巷道埋深的增加对于底板帮部位移量变化的影响几乎相同，而对底板围岩位移梯度增大的影响大于帮部围岩。

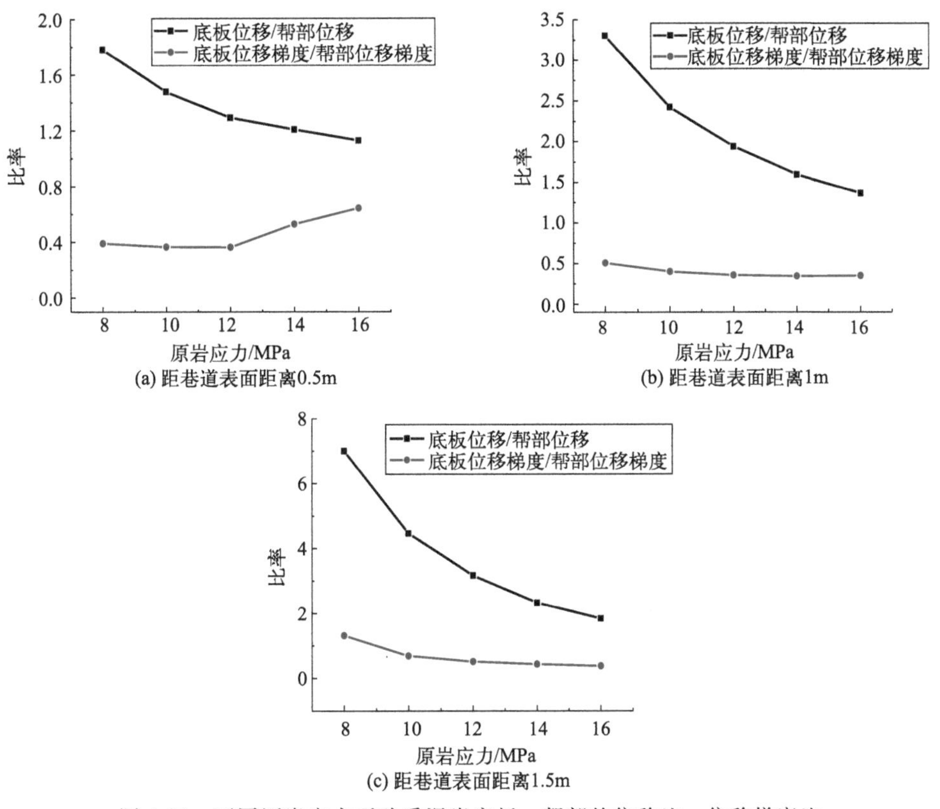

(a) 距巷道表面距离0.5m

(b) 距巷道表面距离1m

(c) 距巷道表面距离1.5m

图 4-21　不同原岩应力下砂质泥岩底板、帮部的位移比、位移梯度比

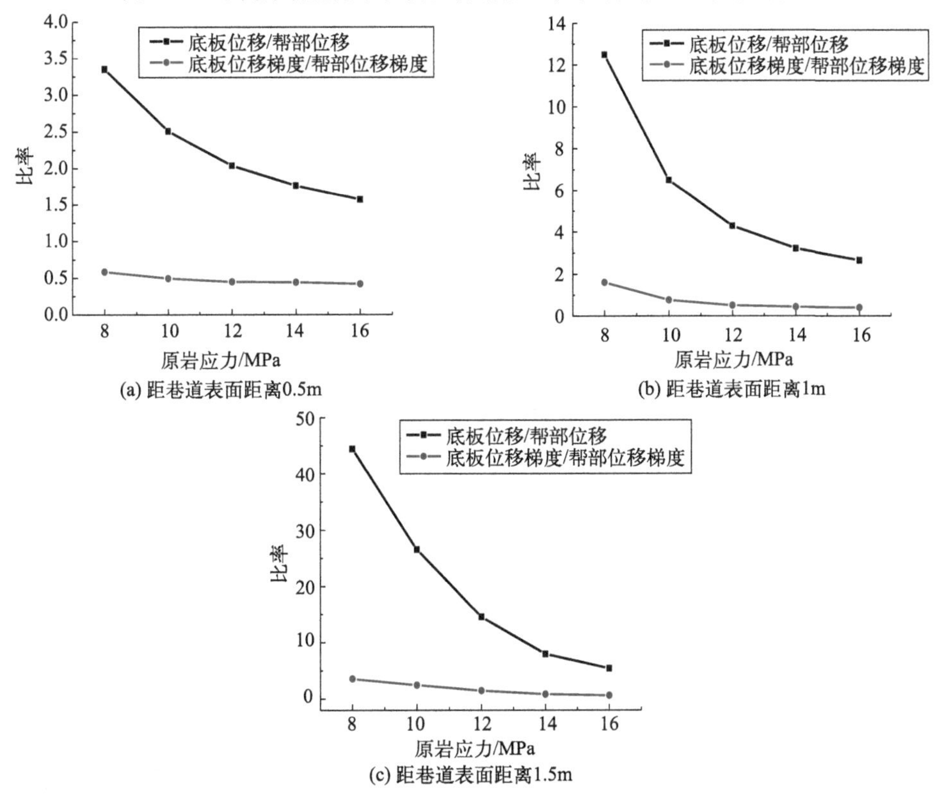

(a) 距巷道表面距离0.5m

(b) 距巷道表面距离1m

(c) 距巷道表面距离1.5m

图 4-22　不同原岩应力下泥质砂岩底板、帮部的位移比、位移梯度比

围岩岩性为砂质泥岩时，距巷道表面距离 0.5m、1m、1.5m 处，底板围岩位移量均大于帮部围岩位移量，而底板围岩位移梯度低于帮部围岩位移梯度。巷道埋深的增加对帮部围岩位移量增大的影响大于底板围岩，在距巷道表面距离 0.5m 处，对底板围岩位移梯度增大的影响大于帮部围岩，而在距巷道表面距离 1m、1.5m 位置处，对帮部围岩位移梯度增大的影响大于底板围岩。

围岩岩性为泥质砂岩时，巷道底板围岩位移量均大于帮部围岩位移量，在围岩距巷道表面距离 0.5m、1m 处，底板围岩位移梯度低于帮部围岩。下围岩距巷道表面距离 1.5m 处，原岩应力 P 小于 14MPa 时，底板围岩位移梯度高于帮部围岩；原岩应力 P 大于 14MPa 时，底板围岩位移梯度低于帮部围岩。随着巷道埋深的增加，埋深对帮部围岩位移量及位移梯度增大的影响均大于底板围岩。

取巷道底板 cC、dD、eE、fF 位置，再以底板中线为对称轴取点，分析不同原岩应力底板表面不同部位的位移及位移梯度特点，结果如图 4-23、图 4-24 所示。

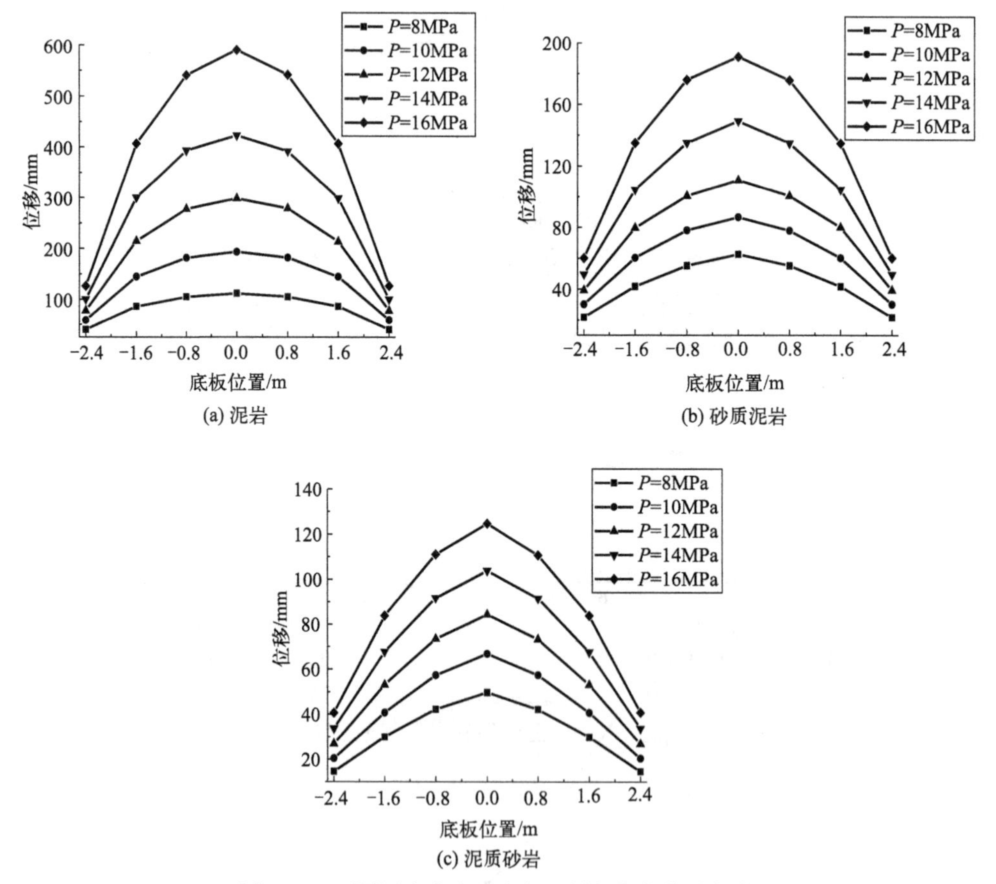

图 4-23　不同原岩应力下底板不同部位的位移变化

根据上述模拟计算结果得出：随着原岩应力由 8MPa 增加至 16MPa，泥岩巷道底板中部表面位移由 111.27mm 增大至 590.68mm，位移梯度由 56.86mm/m 增大至 270.46mm/m，巷道端部表面位移由 40.06mm 增大至 126.06mm；砂质泥岩巷道底板中部表面位移由 62.65mm 增大至 190.88mm，位移梯度由 28.84mm/m 增大至 104.27mm/m，巷道端部表面位移由 21.67mm 增大至 60.14mm；泥质砂岩巷道底板中部表面位移由 49.76mm 增大至 124.74mm，位移梯度由 23.92mm/m 增大至 63.76mm/m，巷道端部表面位移由 14.54mm 增大至 40.71mm，三种围岩岩性巷道端部表面位移梯度受埋深的影响不显著。随着巷道埋深的增加，三种围岩岩性巷道底部不同位置的变形均逐渐增大，底部不同位置变形曲线均保持为抛物线形状，巷道中部围岩变形最严重，向两端逐渐衰减，泥岩巷道底部不同位置表面变形受埋深的影响最显著。

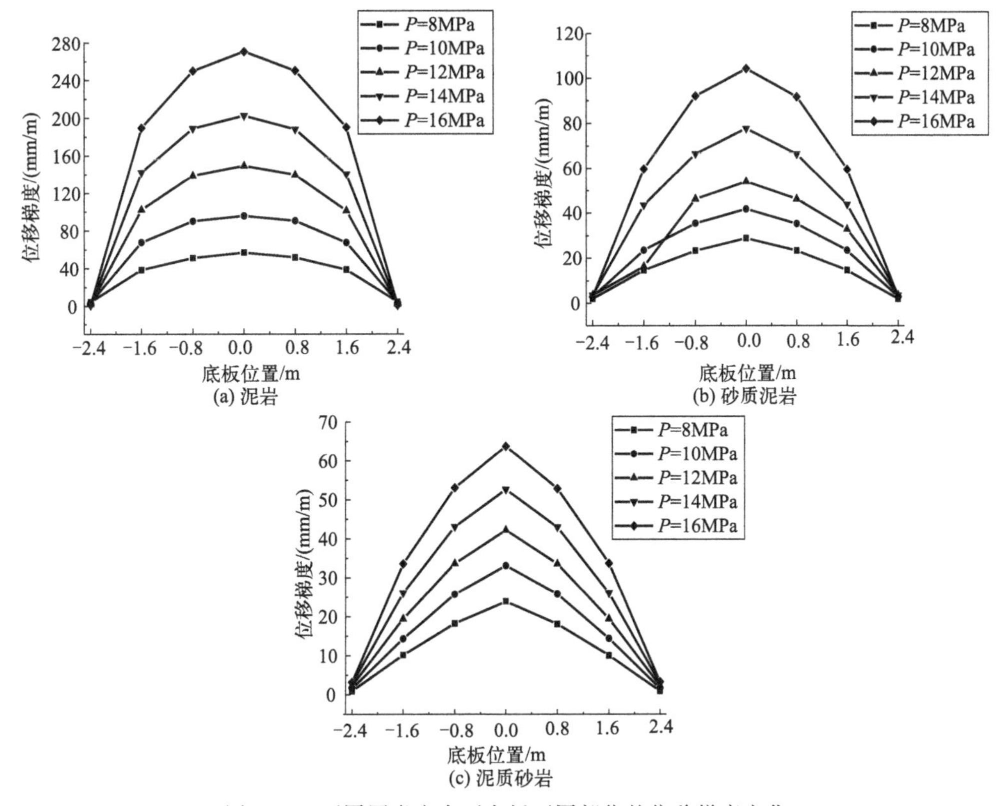

图 4-24　不同原岩应力下底板不同部位的位移梯度变化

4.3　不同支护参数巷道围岩变形特征

4.3.1　支护反力对巷道围岩变形分析

为了分析支护反力对巷道底鼓变化的影响，根据淮北朱仙庄煤矿巷道的埋深情况，取原岩应力 $P=16$MPa，选择巷道底板 cC 方向及帮部 bB 方向位置，研究泥岩、砂质泥岩及泥质砂岩岩性在有无支护条件下，巷道底板、帮部围岩的破碎范围及位移变化情况。

以围岩中残余强度的分布范围作为松动破碎范围依据，对比有无支护反力，不同岩性巷道的破碎分布情况可参考图 4-25 所示，巷道底板 cC 方向位置及帮部 bB 方向位置的黏聚力变化曲线如图 4-26 所示。

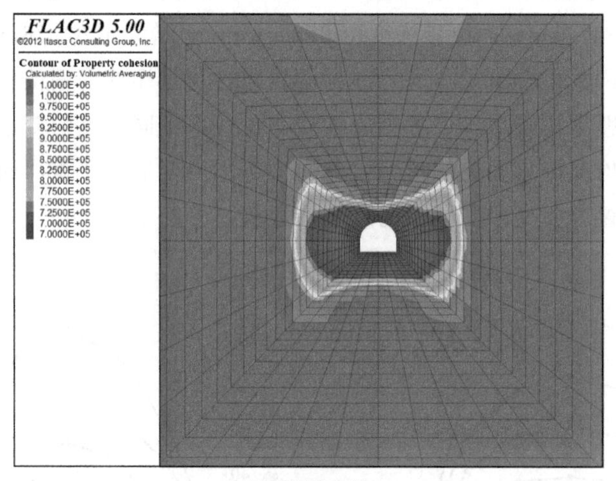

(a) 泥岩有支护

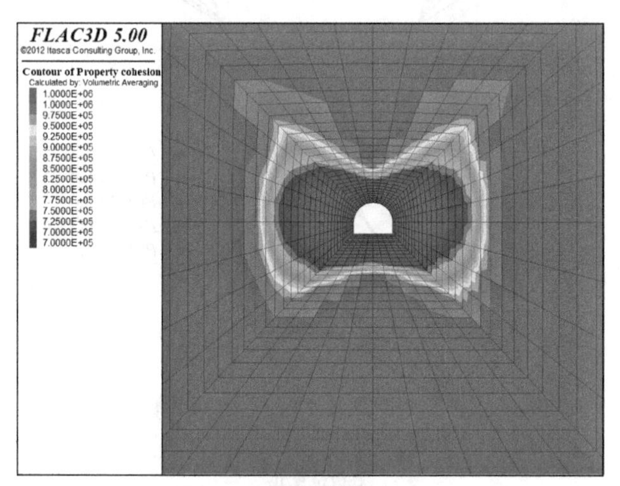

(b) 泥岩无支护

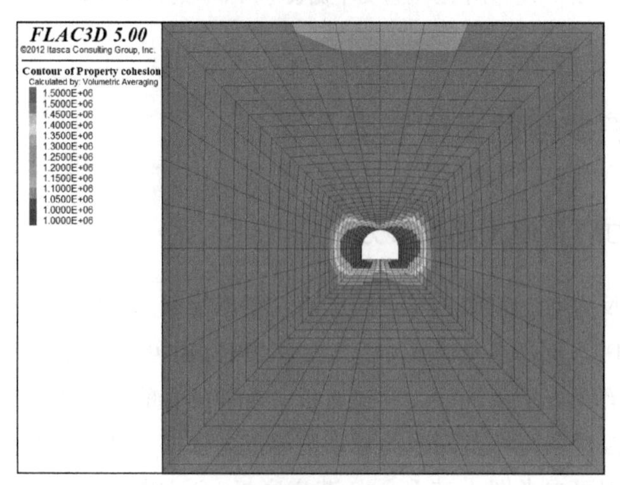

(c) 砂质泥岩有支护

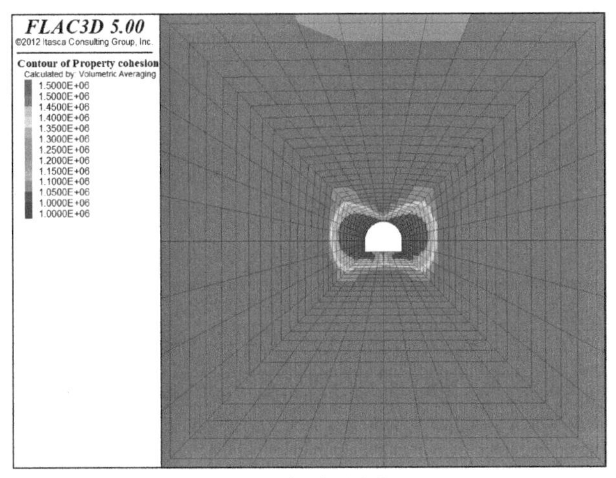

(d) 砂质泥岩无支护

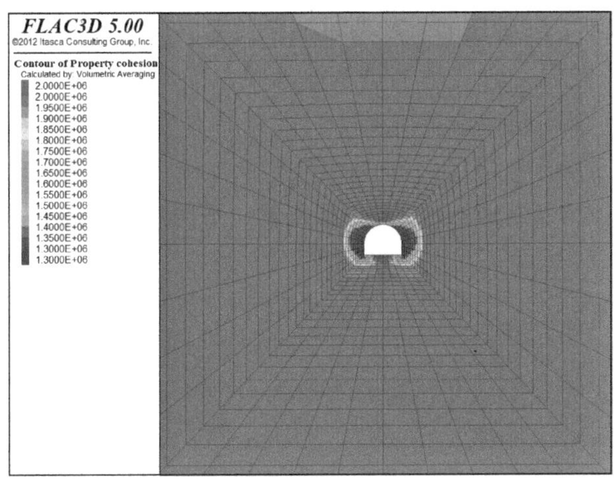

(e) 泥质砂岩有支护

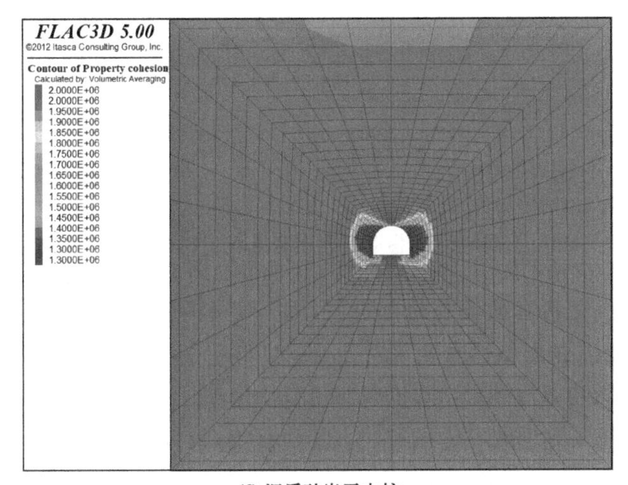

(f) 泥质砂岩无支护

图 4-25　不同岩性有无支护巷道围岩黏聚力分布云图（扫前言二维码可见彩图）

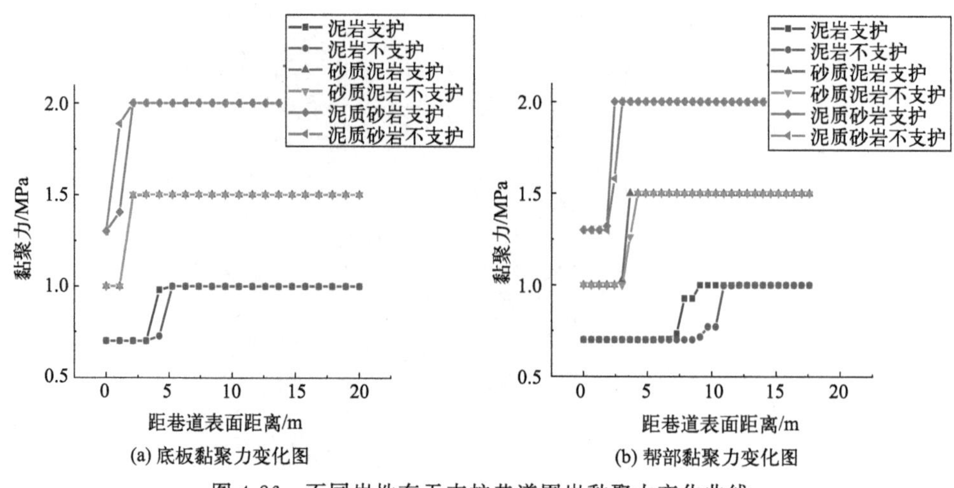

(a) 底板黏聚力变化图

(b) 帮部黏聚力变化图

图 4-26 不同岩性有无支护巷道围岩黏聚力变化曲线

以上计算结果表明：三种围岩岩性巷道顶板及帮部的支护对顶板及帮部围岩松动破碎范围的影响较大，对泥岩岩性帮部拱基线破碎范围的影响最为显著，顶板及帮部的支护对底板围岩松动破碎范围的影响较小，尤其是对砂质泥岩和泥质砂岩巷道，几乎没有影响。

取巷道底板 cC 方向及帮部 bB 方向典型位置，不同岩性下巷道围岩在有无支护时位移的变化曲线如图 4-27 所示。

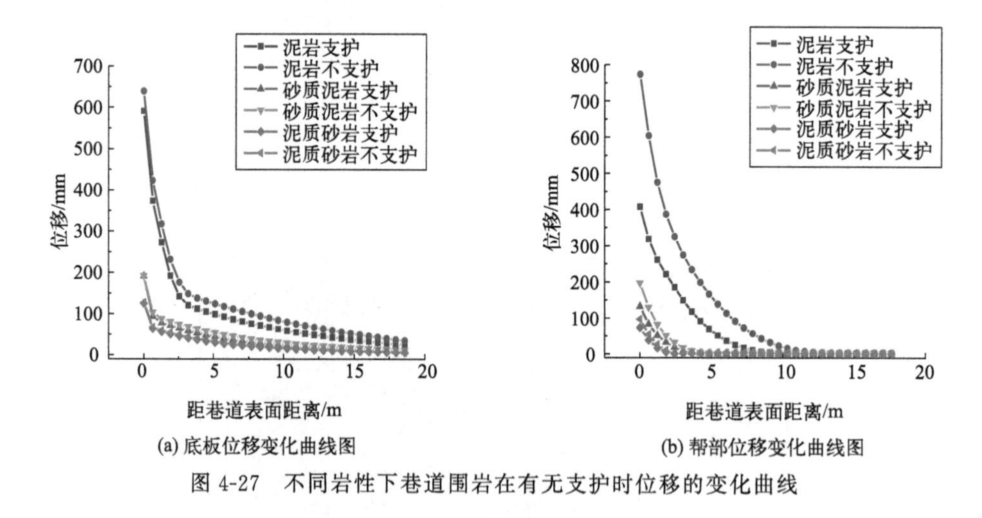

(a) 底板位移变化曲线图

(b) 帮部位移变化曲线图

图 4-27 不同岩性下巷道围岩在有无支护时位移的变化曲线

由图 4-27 可知：在巷道顶板及帮部支护下，不同围岩岩性巷道底板及帮部表面位移量减小。泥岩巷道底板表面位移量由 639.0mm 减小至 590.7mm，巷道表面位移减小率为 7.5%，帮部表面位移量由 773.2mm 减小至 406.7mm，减小率为 47.4%；砂质泥岩底板表面位移量由 191.5mm 减小至 190.9mm，减小率为 0.3%，帮部表面位移量由 196.6mm 减小至 131.4mm，减小率为 33%；泥质砂岩底板表面位移量由 126.7mm 减小至 124.7mm，减小率为 1.6%，帮部表面位移量由 96.5mm 减小至 73.0mm，减小率为 24.4%。由此可得顶板及帮部的支护反力可以有效地减小帮部围岩变形，其中泥岩岩性下影响程度最大。顶板及帮部的支护对巷道底板变形的影响较小，尤其是在砂质泥岩及泥质砂岩岩性巷道中，基本上没有影响。

4.3.2 锚杆长度对巷道围岩变形分析

研究锚杆长度对巷道围岩变形的影响，改变锚杆长度为 2.0m、2.4m、2.6m、3.0m，选择巷道底板 cC 方向位置及帮部 bB 方向位置，分析在泥岩、砂质泥岩及泥质砂岩岩性下巷道底板帮部破碎及位移变化情况。

三种支护锚杆长度在不同围岩岩性下巷道围岩破碎分布情况可参考其黏聚力分布云图，如图 4-28～图 4-30 所示，巷道底板 cC 方向及帮部 bB 方向典型位置不同岩性下底部、帮部的黏聚力变化曲线如图 4-31、图 4-32 所示。

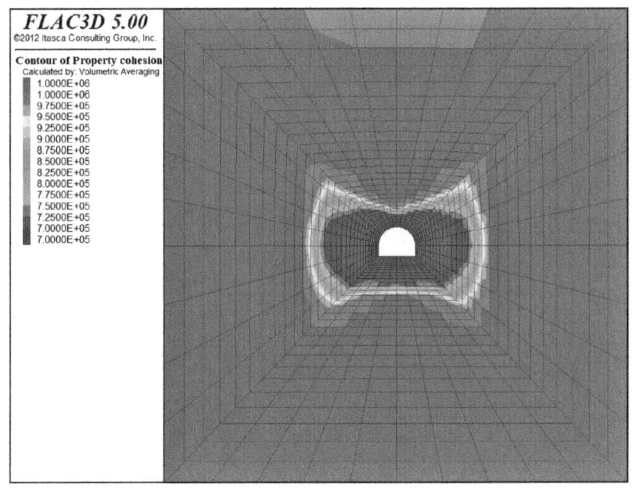

(a) 锚杆L=2.0m

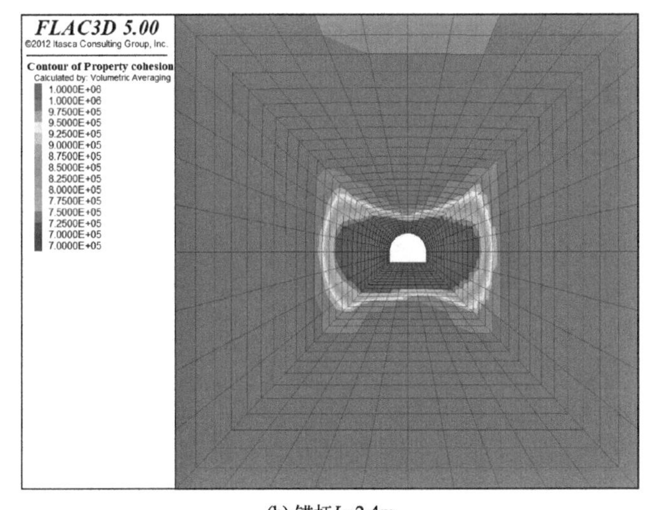

(b) 锚杆L=2.4m

图 4-28

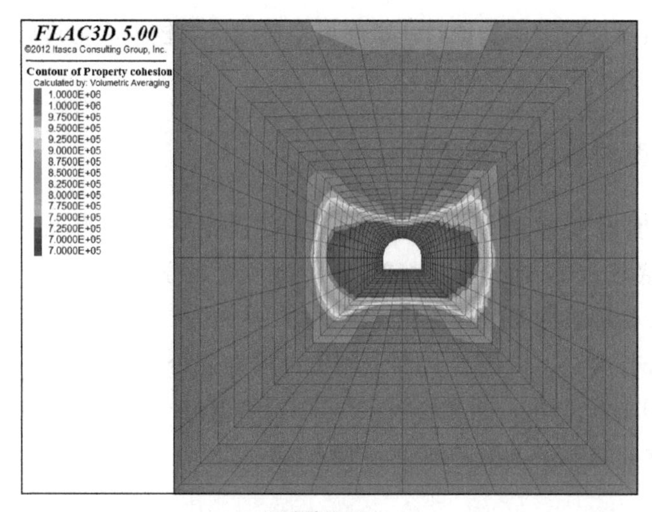

(c) 锚杆L=2.6m

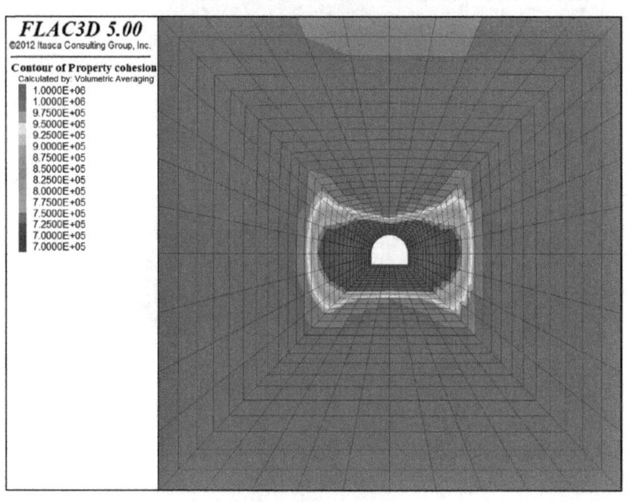

(d) 锚杆L=3.0m

图 4-28　不同锚杆长度泥岩岩性黏聚力分布图（扫前言二维码可见彩图）

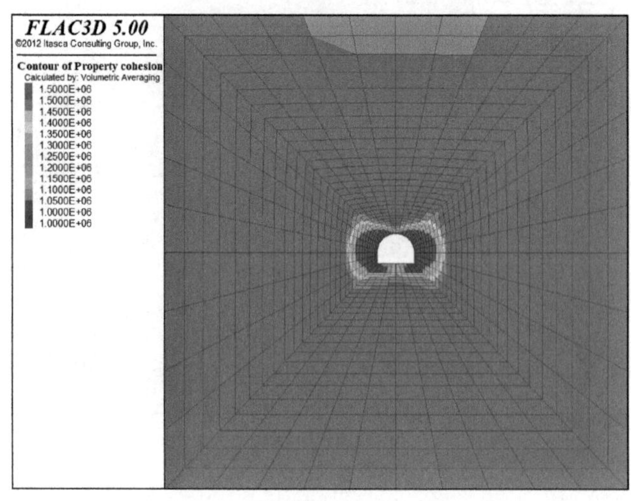

(a) 锚杆L=2.0m

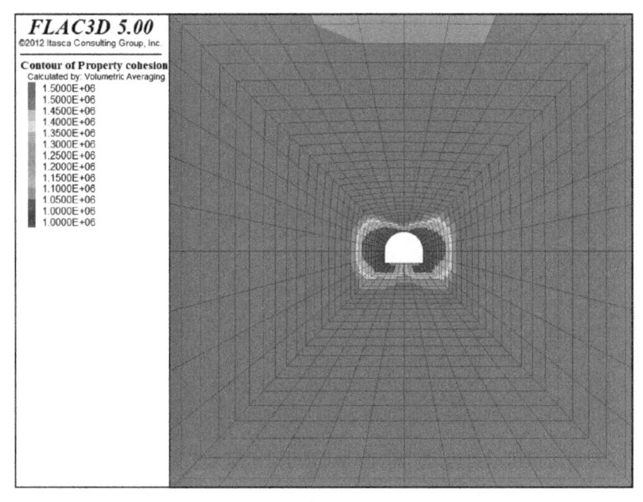

(b) 锚杆L=2.4m

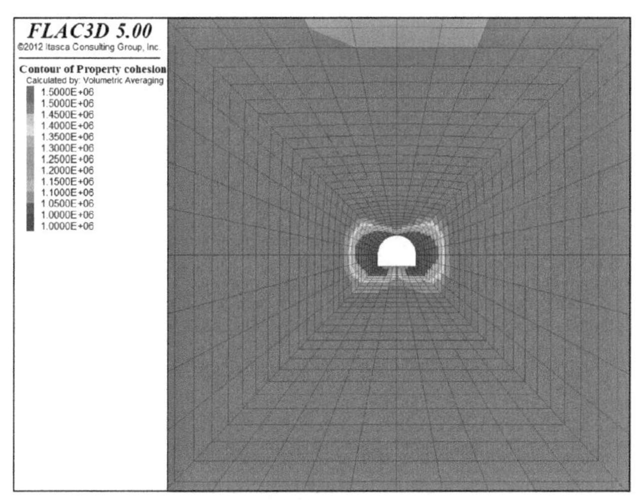

(c) 锚杆L=2.6m

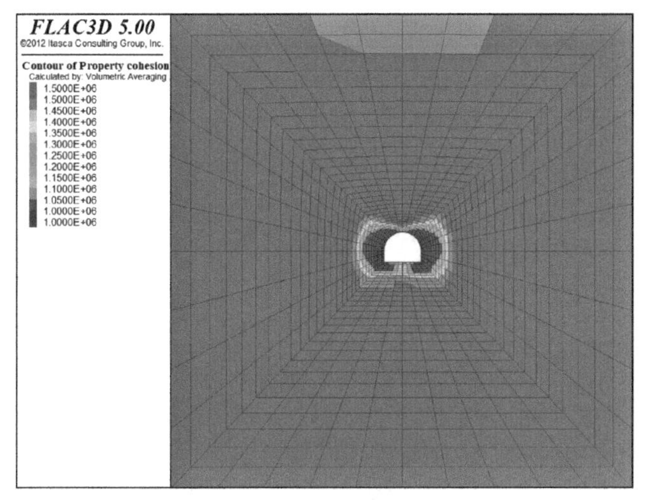

(d) 锚杆L=3.0m

图 4-29 不同锚杆长度砂质泥岩岩性黏聚力分布图（扫前言二维码可见彩图）

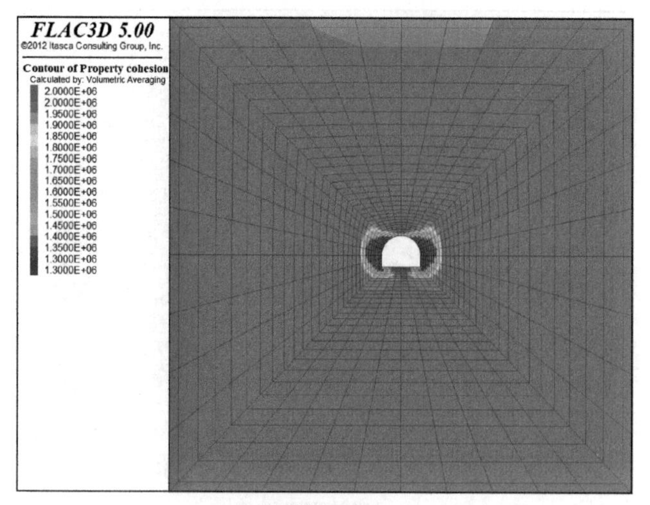

(a) 锚杆L=2.0m

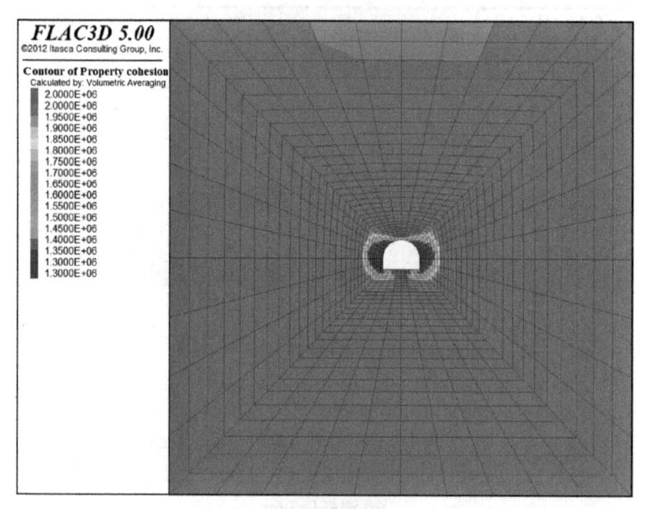

(b) 锚杆L=2.4m

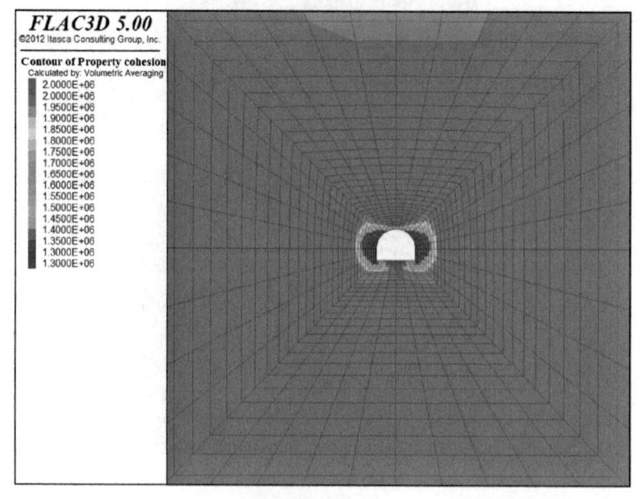

(c) 锚杆L=2.6m

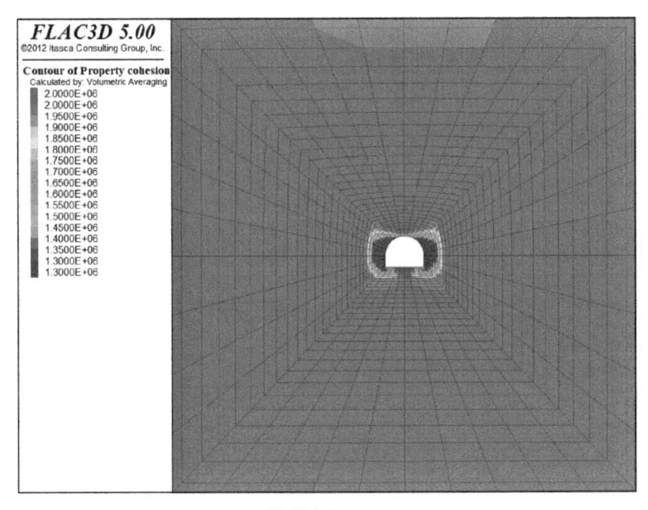

(d) 锚杆L=3.0m

图 4-30　不同锚杆长度泥质砂岩岩性黏聚力分布图（扫前言二维码可见彩图）

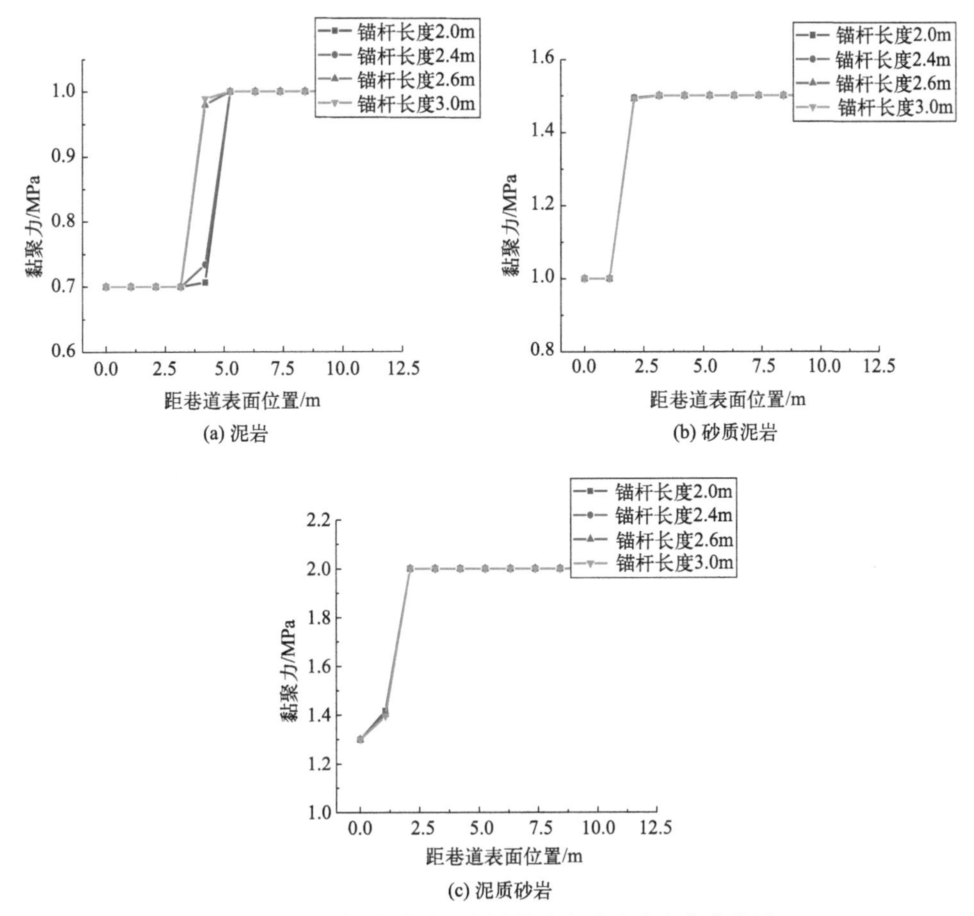

图 4-31　不同锚杆长度不同岩性底板黏聚力变化曲线图

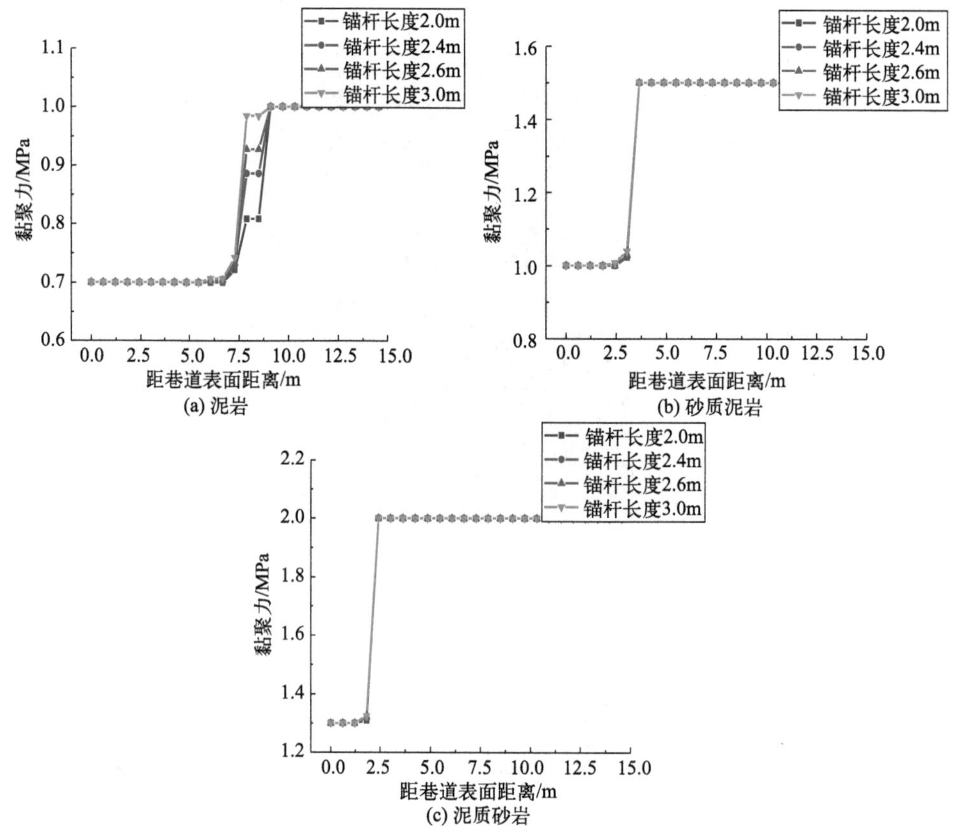

图 4-32　不同锚杆长度不同岩性帮部黏聚力变化曲线图

以围岩中残余强度的分布范围作为松动破碎范围，巷道支护锚杆长度分别为 2.0m、2.4m、2.6m、3.0m 在不同围岩岩性下底板 cC 方向及帮部 bB 方向位置的破碎范围如表 4-6 所示。

表 4-6　不同锚杆长度不同岩性围岩破碎范围

巷道部位	围岩岩性	不同长度锚杆沿长度方向破碎范围/m			
		2.0m 锚杆	2.4m 锚杆	2.6m 锚杆	3.0m 锚杆
底板	泥岩	4.99	4.89	4.40	4.44
	砂质泥岩	2.57	2.59	2.60	2.63
	泥质砂岩	1.85	1.88	1.90	2.03
帮部	泥岩	9.11	8.92	8.76	8.78
	砂质泥岩	3.64	3.62	3.61	3.55
	泥质砂岩	2.43	2.41	2.40	2.39

以上计算结果表明：三种围岩岩性下巷道锚杆长度参数对围岩松动破碎范围的影响较小，尤其是对砂质泥岩和泥质砂岩巷道，几乎没有影响。围岩岩性为泥岩时，锚杆长度 $L \geqslant 2.6$m 时，巷道围岩的破碎范围不再减小，在确保安全性的前提下，考虑成本时，使用 2.6m 锚杆为最优支护参数。

研究锚杆长度对巷道围岩变形的影响，锚杆长度分别为 2.0m、2.4m、2.6m、3.0m 时，在不同岩性下取巷道底板 cC 方向及帮部 bB 方向典型位置，研究其位移变化如图 4-33、图 4-34 所示。

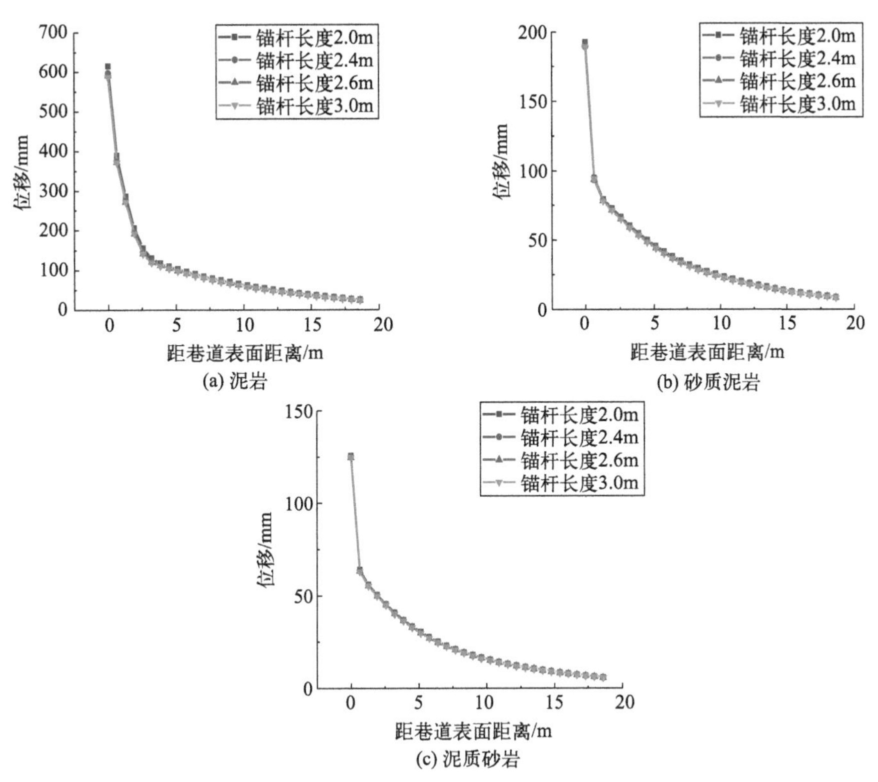

图 4-33　不同锚杆长度不同岩性底板的位移变化曲线

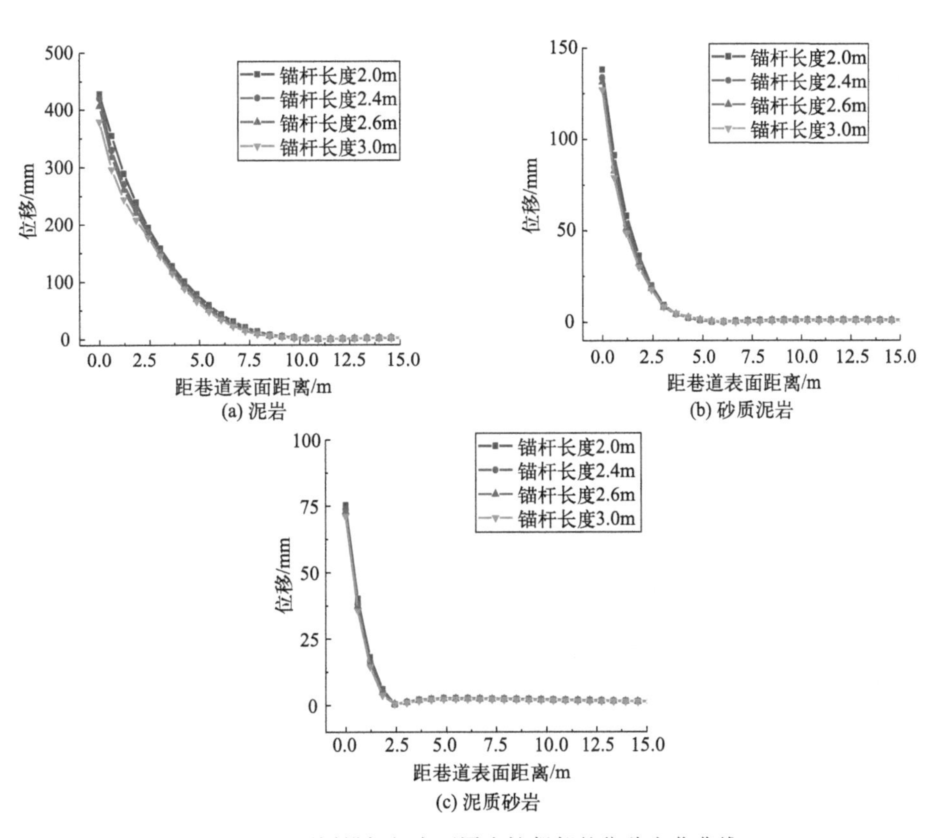

图 4-34　不同锚杆长度不同岩性帮部的位移变化曲线

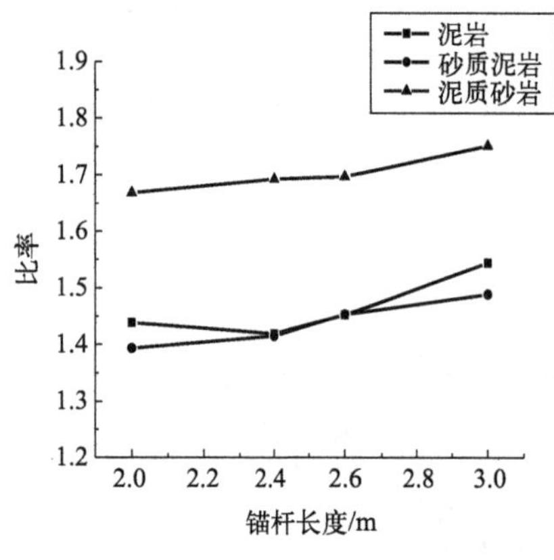

图 4-35 不同锚杆长度底板表面位移与帮部表面位移的比率

将不同岩性下不同锚杆长度巷道底板 cC 方向的表面位移与帮部 bB 方向的表面位移对比，得到图 4-35。

根据图 4-35 可得巷道底板 cC 方向及帮部 bB 方向位置在不同岩性下位移随锚杆长度的变化如表 4-7 所示。

以表 4-7 可知，随着锚杆长度的增加，不同岩性巷道表面位移量减小。锚杆长度由 2.0m 增加至 3.0m 时，泥岩巷道底板表面位移由 614.75mm 减小至 585.52mm，表面位移减小率为 4.8%，帮部表面位移由 427.32mm 减小至 379.20mm，减小率为 11.3%；砂质泥岩巷道底板表面位移由 192.68mm 减小至 189.04mm，表面位移减小率为 1.9%，帮部表面位移由 138.24mm 减小至 126.97mm，减小率为 8.2%；泥质砂岩巷道底板表面位移由 125.66mm 减小至 124.69mm，表面位移减小率为 0.8%，帮部表面位移由 75.33mm 减小至 71.18mm，减小率为 5.6%。围岩岩性为泥岩、砂质泥岩时，锚杆长度增加对巷道围岩表面位移的影响较为显著，使锚杆长度增加至 3m，巷道表面仍产生较大位移，锚杆长度宜取为 3m；围岩岩性为泥质砂岩时，锚杆长度增加使巷道表面位移的减小率小于 10%，影响较小，所以宜取锚杆长度为 2m，在保证安全的前提下节约成本。

表 4-7 不同岩性位移随锚杆长度的变化 单位：mm

巷道部位	围岩岩性	锚杆长度			
		2.0m 锚杆	2.4m 锚杆	2.6m 锚杆	3.0m 锚杆
cC 方向	泥岩	614.75	596.20	590.68	585.52
	砂质泥岩	192.68	189.24	190.88	189.04
	泥质砂岩	125.66	125.07	124.74	124.69
bB 方向	泥岩	427.32	420.14	406.72	379.20
	砂质泥岩	138.24	133.73	131.35	126.97
	泥质砂岩	75.33	73.88	73.50	71.18

4.3.3 锚杆间排距对巷道围岩变形分析

研究锚杆间排距对巷道围岩变形的影响，锚杆间排距由 $a\times b=600\text{mm}\times 800\text{mm}$ 减少至 $a\times b=500\text{mm}\times 500\text{mm}$，选择巷道底板 cC 方向位置及帮部 bB 方向位置，分析在泥岩、砂质泥岩及泥质砂岩岩性下巷道底板、帮部的破碎及位移变化情况。

两种不同锚杆间排距在不同围岩岩性下巷道围岩破碎分布情况可参考图 4-36～图 4-38 的黏聚力分布云图，巷道底板 cC 方向及帮部 bB 方向典型位置的黏聚力变化曲线、位移变化曲线如图 4-39～图 4-42 所示。

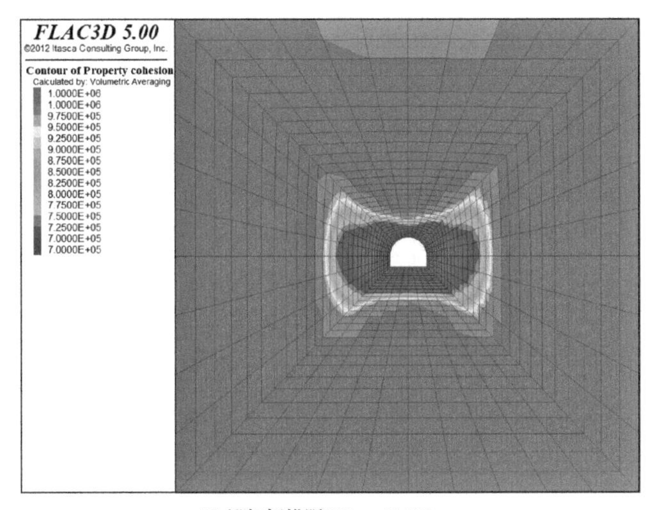

(a) 锚杆间排距500mm×500mm

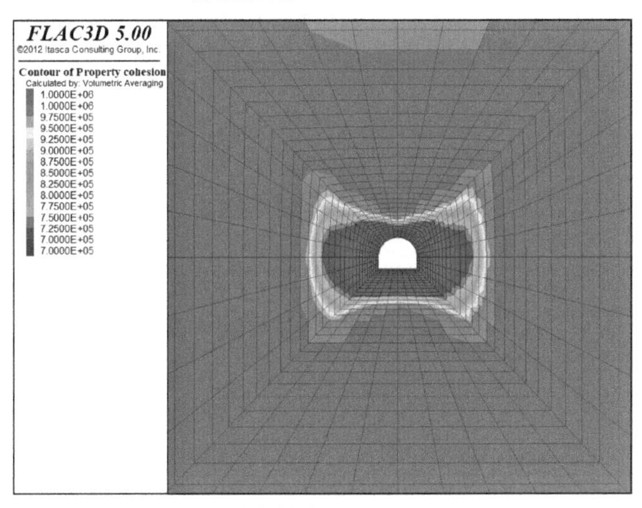

(b) 锚杆间排距600mm×800mm

图 4-36　不同锚杆间距泥岩围岩的黏聚力分布云图（扫前言二维码可见彩图）

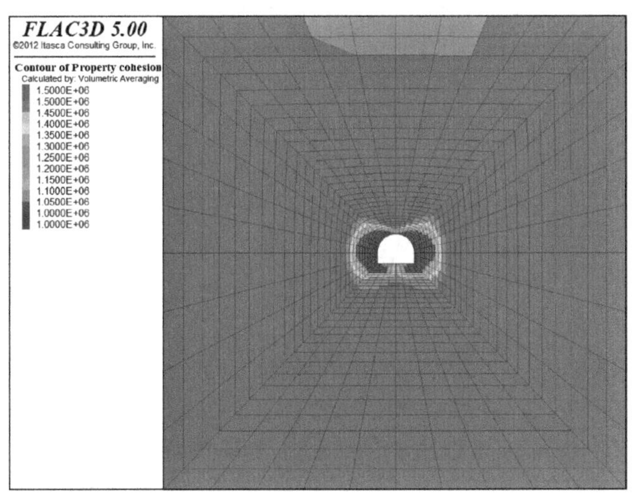

(a) 锚杆间排距500mm×500mm

图 4-37

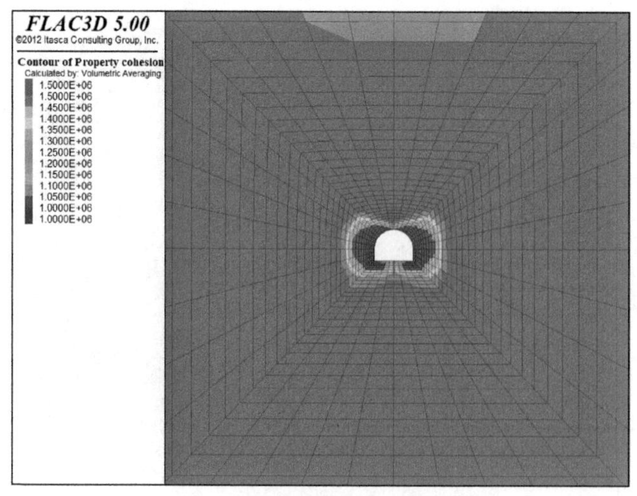

(b) 锚杆间排距600mm×800mm

图 4-37 不同锚杆间距砂质泥岩围岩的黏聚力分布云图（扫前言二维码可见彩图）

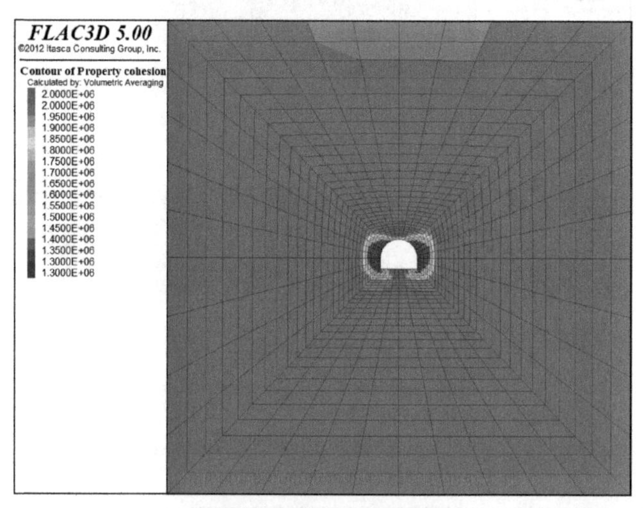

(a) 锚杆间排距500mm×500mm

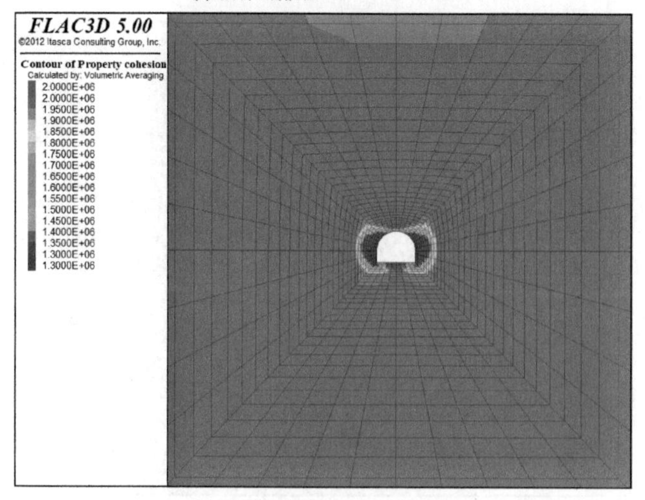

(b) 锚杆间排距600mm×800mm

图 4-38 不同锚杆间距泥质砂岩围岩的黏聚力分布云图（扫前言二维码可见彩图）

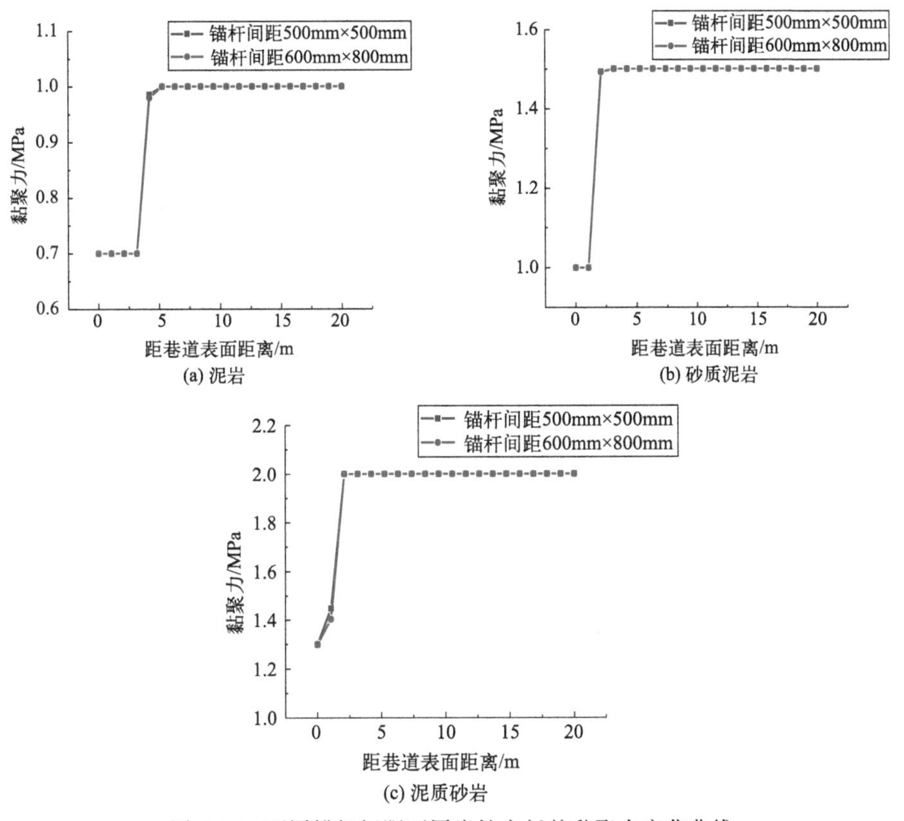

(a) 泥岩

(b) 砂质泥岩

(c) 泥质砂岩

图 4-39 不同锚杆间距不同岩性底板的黏聚力变化曲线

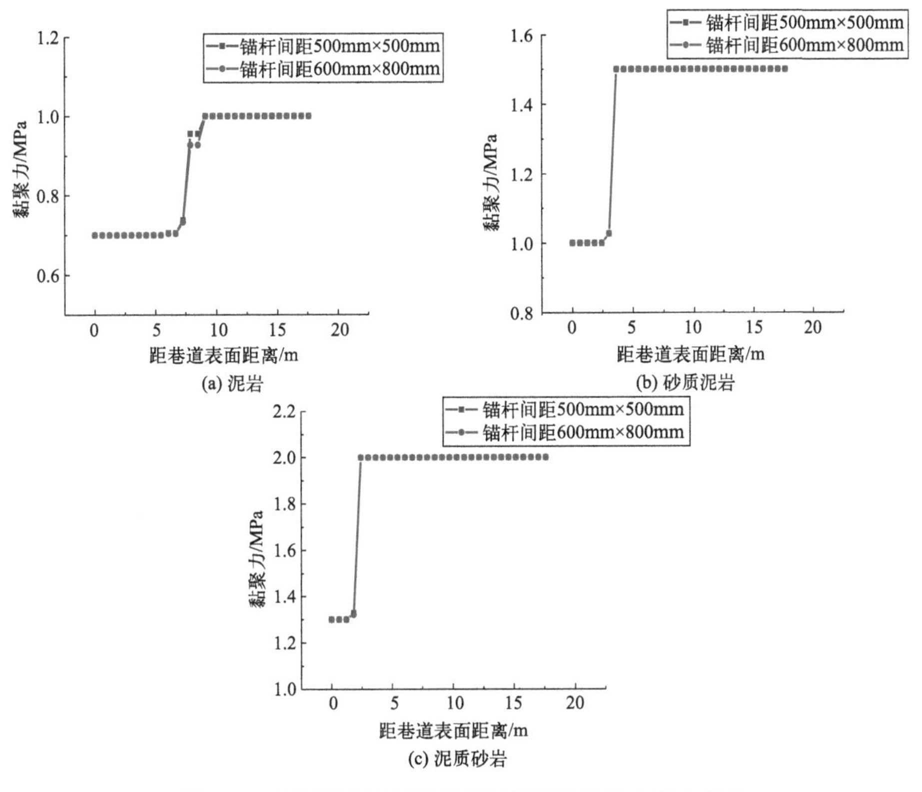

(a) 泥岩

(b) 砂质泥岩

(c) 泥质砂岩

图 4-40 不同锚杆间距不同岩性帮部的黏聚力变化曲线

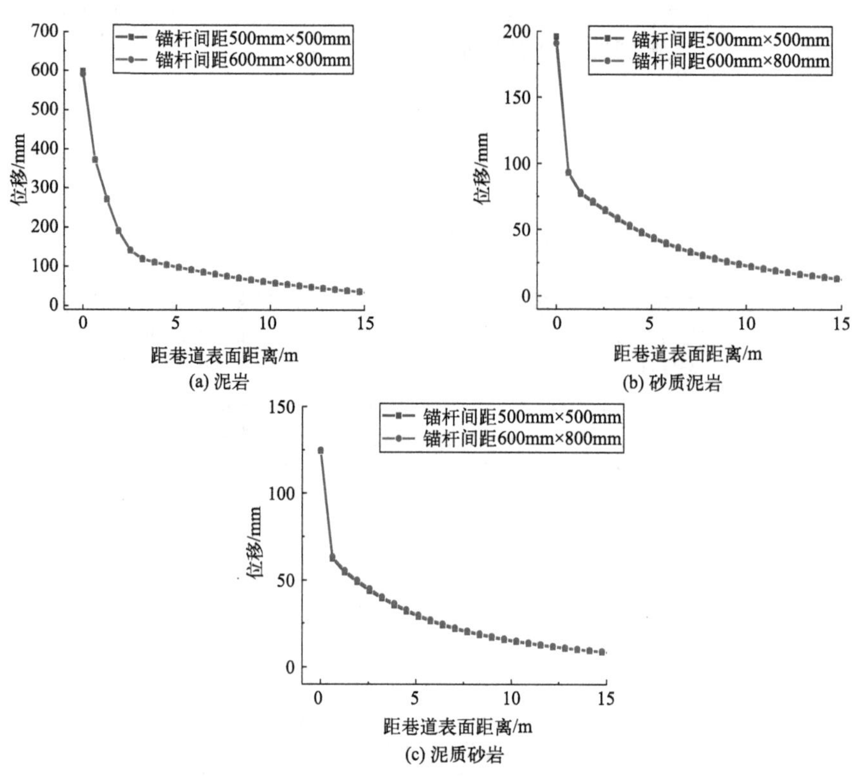

图 4-41　不同锚杆间距不同岩性底板的位移变化曲线

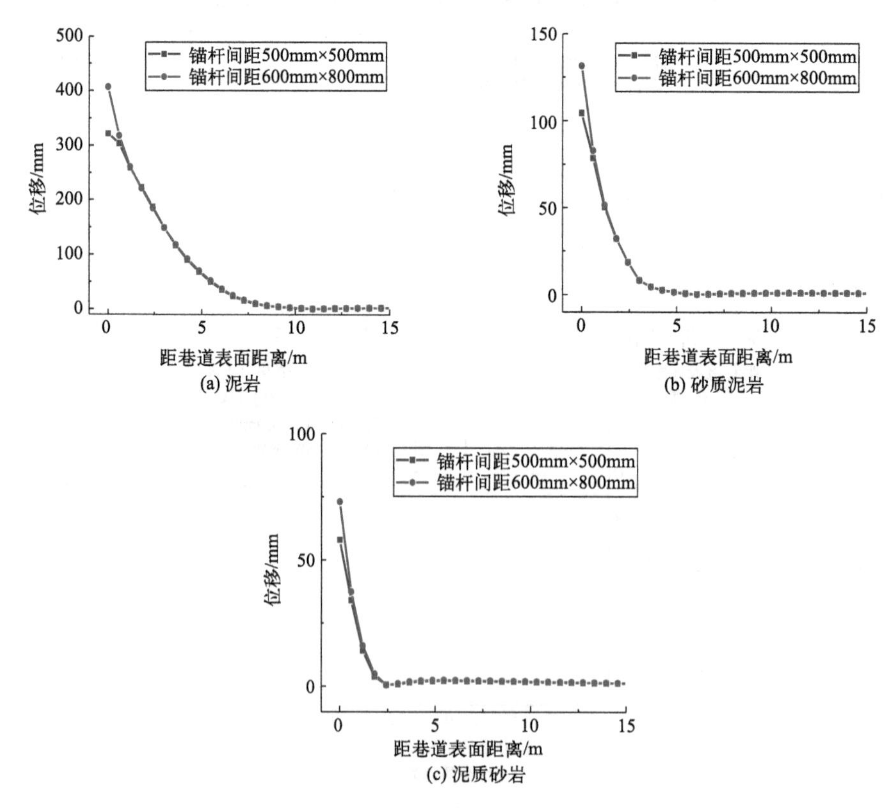

图 4-42　不同锚杆间距不同岩性帮部的位移变化曲线

根据图 4-41、图 4-42 可得巷道底板 cC 方向及帮部 bB 方向位置在不同岩性围岩的位移、位移梯度随锚杆间排距的变化如表 4-8、表 4-9 所示。

表 4-8　不同岩性围岩位移随锚杆间排距的变化　　单位：mm

巷道部位	围岩岩性	锚杆间排距	
		500mm×500mm	600mm×800mm
底板	泥岩	598.00	590.68
	砂质泥岩	196.00	190.88
	泥质砂岩	124.46	124.74
帮部	泥岩	321.33	406.65
	砂质泥岩	104.28	131.35
	泥质砂岩	57.92	72.98

表 4-9　不同岩性围岩位移梯度随锚杆间排距的变化　　单位：mm/m

巷道部位	围岩岩性	锚杆间排距	
		500mm×500mm	600mm×800mm
底板	泥岩	352.39	339.51
	砂质泥岩	160.69	151.73
	泥质砂岩	97.01	95.82
帮部	泥岩	29.76	146.58
	砂质泥岩	42.52	80.16
	泥质砂岩	39.18	58.48

从表 4-8、表 4-9 可得，不同围岩岩性下巷道锚杆间排距由 600mm×800mm 减少至 500mm×500mm，巷道破碎范围几乎不受影响，底板表面位移量增大，但可以有效减少帮部表面位移量及位移梯度。围岩岩性为泥岩时，底板表面位移由 590.68mm 增加至 598.00mm，位移梯度由 339.51mm/m 增加至 352.39mm/m，帮部表面位移由 406.65mm 减小至 321.33mm，减小为 21.0%，位移梯度由 146.58mm/m 减小至 29.76mm/m，减小为 79.7%。围岩岩性为砂质泥岩时，底板表面位移由 190.88mm 增加至 196.00mm，位移梯度由 151.73mm/m 增加至 160.69mm/m，帮部表面位移由 131.35mm 减小至 104.28mm，减小为 20.6%，位移梯度由 80.16mm/m 减小至 42.52mm/m，减小为 47.0%。围岩岩性为泥质砂岩时，底板表面位移、位移梯度变化不大，分别约为 124.46mm、97.01mm/m，帮部表面位移由 72.98mm 减小至 57.92mm，减小为 20.7%，位移梯度由 58.48mm/m 减小至 39.18mm/m，减小为 33.0%。经上述模拟计算可得出合理锚杆间排距参数为 $a \times b = 500\text{mm} \times 500\text{mm}$，帮部锚杆支护数量过密，可以减小巷道帮部变形，但也会使底板变形增大。

第5章 不同岩性深部巷道围岩钻孔卸压参数的合理选择

依据工程实例2，选择图2-19所示的数值计算模型，分析卸压钻孔对深部巷道围岩主应力大小及分布的影响，选择合理的钻孔卸压参数，保持围岩稳定。

考虑到典型巷道埋深、巷道围岩地质构造特征，取原岩应力 $P_0=16.0\text{MPa}$，在不钻孔卸压的巷道中对如图5-1(a)中拱基线 aA 方向、帮部上1/4处 bB 方向、帮部中点 cC 方向、帮部下1/4处 dD 方向以及帮底 eE 共5个方向的最大主应力分布进行分析并得出一般规律，来确定出合理的钻孔部位。随后分别在三种不同的岩性中，探究在不同钻孔直径 d、钻孔长度 L 和钻孔间排距 $a\times b$ 的情况下，对如图5-1(b)所示的两卸压钻孔正中间 fF 方向以及如图5-1(c)所示单排孔以下0.5m位置 hH 方向的围岩最大主应力 σ、黏聚力 c 和巷道直墙表面 gG 位移 u 的变化进行对比，以此来确定不同岩性情况下合理的卸压钻孔参数。

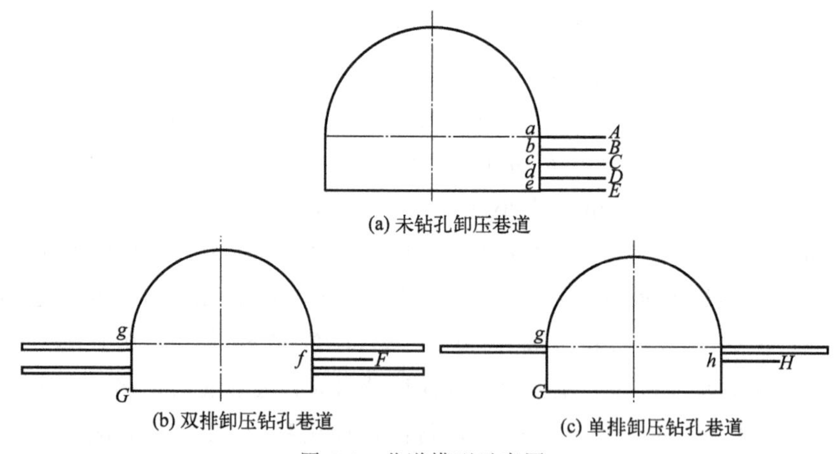

图5-1　巷道模型示意图

5.1 卸压钻孔开孔部位及时机的确定

(1) 巷道钻孔部位的选择分析

以巷道岩性为砂质泥岩为例，在不钻孔卸压的巷道中分析巷道开挖后 aA 方向、bB

方向、cC 方向、dD 方向和 eE 方向距巷道直墙表面一定距离内最大主应力分布如图 5-2 和图 5-3 所示。

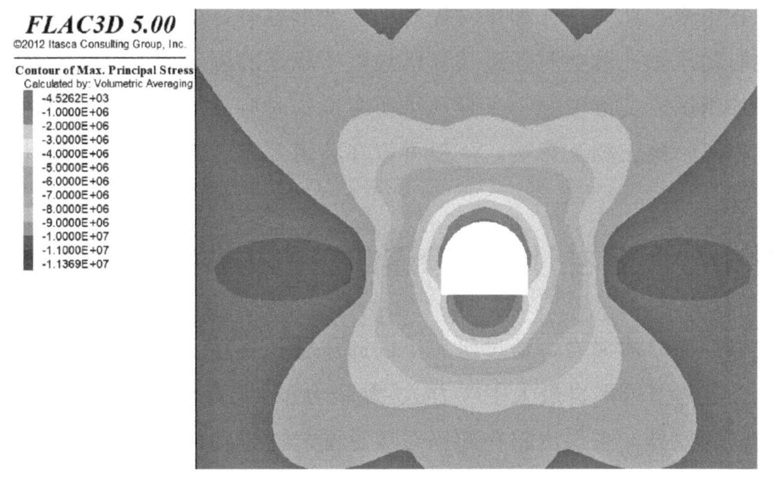

图 5-2　开挖后巷道周围最大主应力分布云图（扫前言二维码可见彩图）

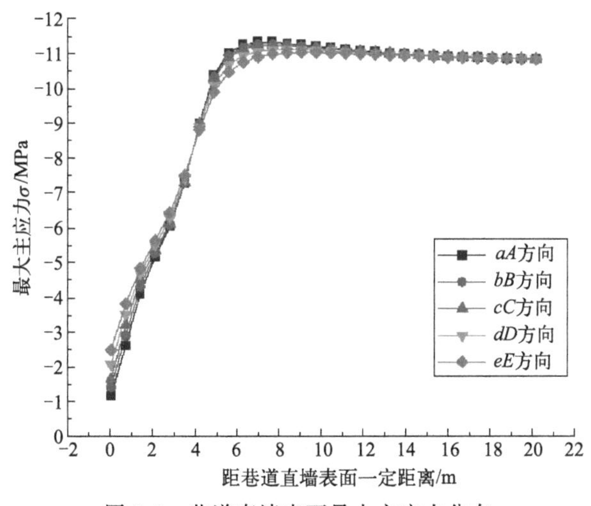

图 5-3　巷道直墙表面最大主应力分布

由图 5-3 可知，aA 方向、bB 方向和 cC 方向均在距离巷道直墙表面 $r=7.36\text{m}$ 处出现应力峰值，dD 方向和 eE 方向分别在距离巷道直墙表面 $r=8.28\text{m}$、8.97m 处出现应力峰值，应力峰值最高为 aA 方向 $\sigma_{\max}=-11.35\text{MPa}$，其余 4 个方向应力峰值由高到低排序为 bB 方向、cC 方向、dD 方向和 eE 方向，峰值大小分别为 $\sigma_{\max}=-11.31\text{MPa}$、$-11.27\text{MPa}$、$-11.15\text{MPa}$、$-11.06\text{MPa}$。由此可见巷道开挖后，在巷道帮部两侧形成的应力集中区峰值大小在 aA 和 cC 方向之间最大，即帮部中上部位应力集中现象最为明显。为了保证钻孔卸压的效果，使得帮部中上部位应力集中区的应力峰值的位置和大小得到最大程度的降低，选择在 aA 方向打一个卸压钻孔，分析钻孔间排距 $a\times b$ 对钻孔卸压效果的影响时，保持 aA 方向钻孔位置不变，改变第二个钻孔的位置，以此来探究卸压孔间排距 $a\times b$ 的改变对巷道稳定性的影响。

(2) 钻孔卸压与巷道掘进时空关系的确定

施工卸压钻孔在距离巷道开挖后的时间越短，就可以越及时地参与到巷道开挖后围岩应力调整的过程中来，此时钻孔卸压对控制围岩变形越有好处，在距离巷道开挖后的时间如果过长，此时卸压钻孔就会对巷道浅部已经趋于稳定的围岩产生新的扰动，不利于巷道维护，甚至会加剧围岩变形失稳。工程现场实际操作时应尽可能在巷道开挖后进行钻孔卸压。考虑到工程实际施工相互影响，一般可取在巷道开挖 2～3d 后进行钻孔卸压。

5.2 岩性为砂质泥岩时深部巷道卸压钻孔参数合理选择

巷道围岩岩性为砂质泥岩，通过研究不同卸压钻孔直径 d、间排距 $a\times b$ 及长度 L 时巷道 hH 方向一定范围内围岩最大主应力 σ、黏聚力 c、巷道直墙表面 gG 位移 u 与不采取钻孔卸压措施时的差异，来得出钻孔卸压对巷道围岩稳定性控制的效果。砂质泥岩应变软化模型参数见表 2-5。

5.2.1 卸压钻孔直径对巷道稳定性影响分析

在深部矿井中钻孔孔径的选取一般由钻机的功率及配套的钻头所决定，目前一般常用的矿井钻头直径为 $d=5.0\sim20.0\text{cm}$，最大为 $d=40.0\text{cm}$，为了防止钻头口径过大，会降低围岩稳定性。因此本文在分析不同卸压钻孔直径对钻孔卸压后巷道围岩稳定性的影响时对直径 $d=5.0\sim20.0\text{cm}$ 范围内进行分析。模拟了在卸压钻孔长度为 $L=10.0\text{m}$、间排距为 $a\times b=1.0\text{m}\times1.0\text{m}$ 的情况下，分析钻孔直径 d 分别为 5.0cm、8.0cm、10.0cm、15.0cm、20.0cm 时五种方案对砂质泥岩巷道稳定性的影响。

图 5-4 为不同卸压钻孔直径下砂质泥岩巷道围岩的最大主应力云图，由图 5-4 可以看出：当不开卸压钻孔时，巷道开挖后在帮部两侧形成椭圆形应力集中区。当 $d=5.0\text{cm}$ 时，在两卸压钻孔之间仍然存在较大的应力集中的现象，并没有产生明显的应力转移的现

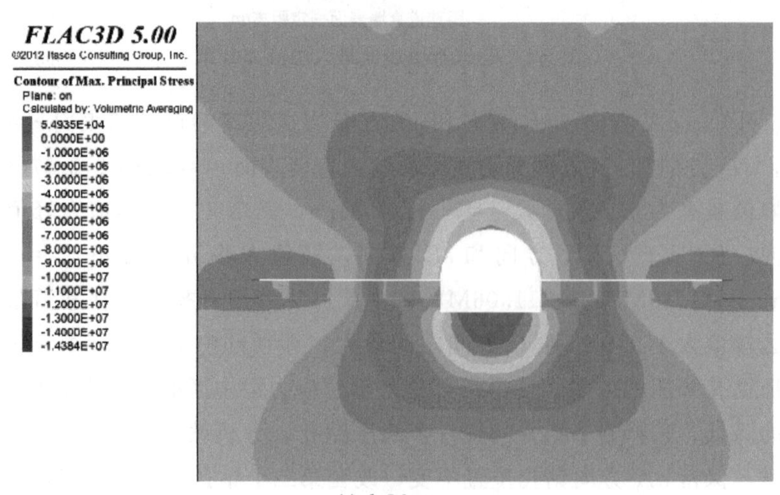

(a) d=5.0cm

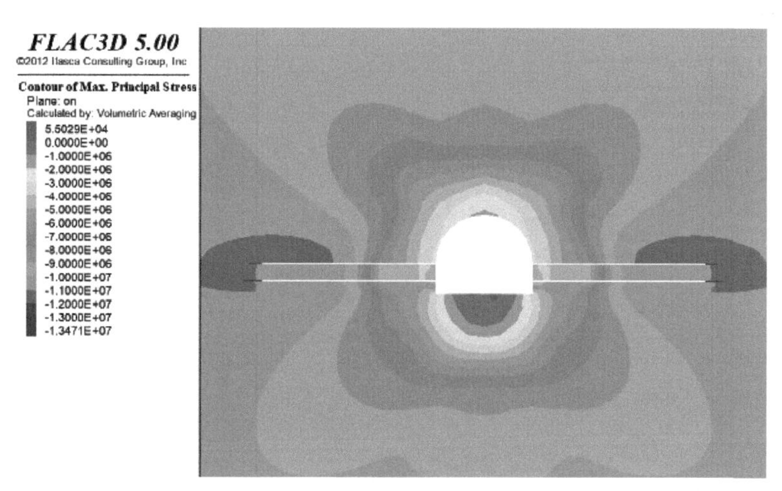

(b) d=8.0cm

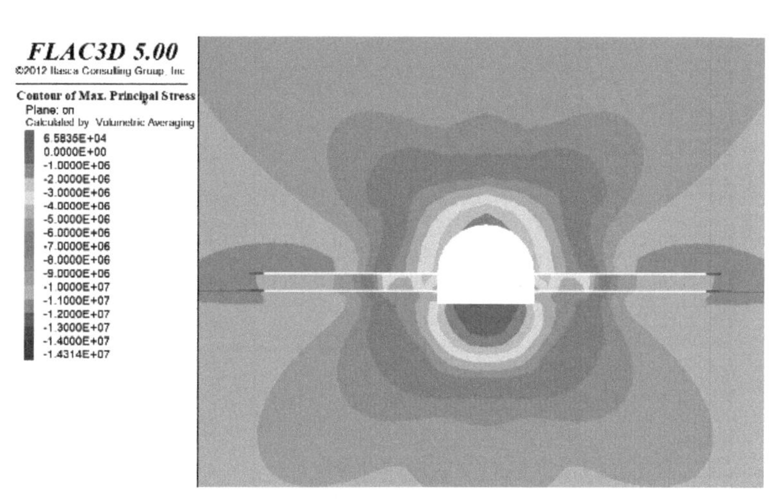

(c) d=10.0cm

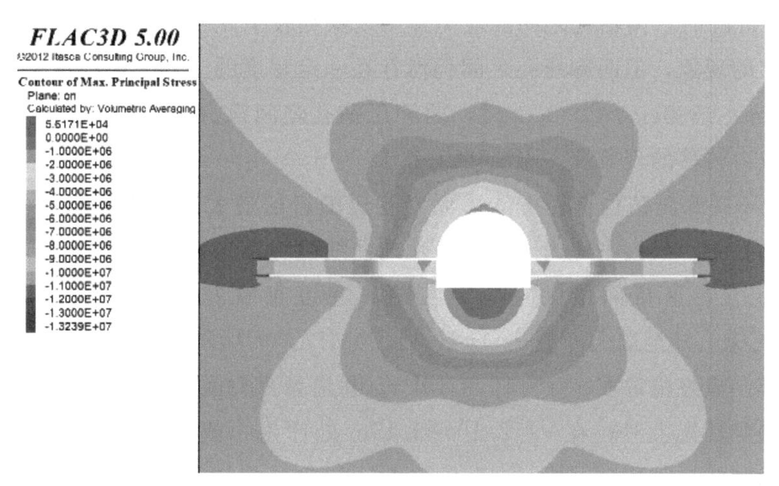

(d) d=15.0cm

图 5-4

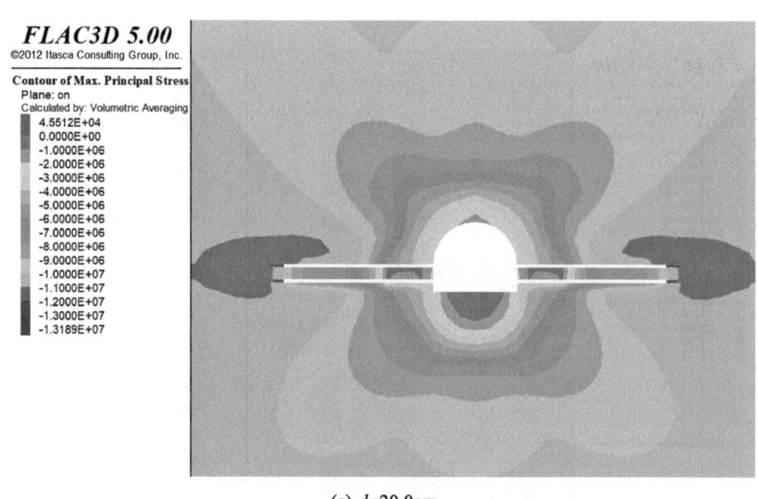

(e) d=20.0cm

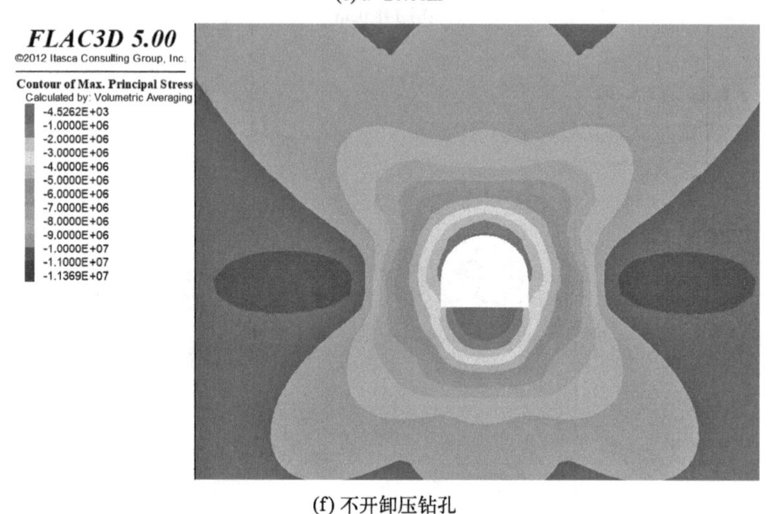

(f) 不开卸压钻孔

图 5-4　不同卸压钻孔直径下砂质泥岩巷道围岩的最大主应力云图（扫前言二维码可见彩图）

象。当 d＝8.0cm 时，两钻孔之间的应力集中现象相较于 d＝5.0cm 时稍微减弱，发生较小的应力转移的现象，但两卸压孔之间仍然存在一定程度的应力集中的现象。当钻孔直径分别取 10.0cm、15.0cm、20.0cm 时，两卸压钻孔之间没有出现应力集中，并且发生了较为明显的应力转移的现象。

图 5-5 为不同卸压钻孔直径下砂质泥岩巷道围岩的最大主应力分布，由图 5-5 可知：当不开卸压钻孔时，最大主应力随距离变化的曲线趋势是先快速上升至峰值点，而后缓慢降低趋于稳定。巷道帮部最大主应力在距离巷道直墙表面 r＝0～7.36m 内由 σ＝－1.50MPa 快速上升至最大峰值 σ_{max}＝－11.30MPa，而后随着距离的增加，最大主应力逐渐缓慢降低，最终稳定在 σ＝－10.87MPa。巷道帮部钻孔卸压时，最大主应力随距离变化的曲线趋势是先上升，在 r＝2.10～3.15m 处产生小幅波动，之后快速上升至峰值点，最后缓慢降低趋于稳定。当 d＝5.0cm 时，应力峰值转移效果不明显，在 r＝7.56m 位置处达到应力峰值为 σ_{max}＝－11.08MPa，仍然处于较大水平，与不开卸压孔相比仅下降了 0.22MPa。当钻孔直径分别从 8.0cm 增加到 10.0cm 时，应力峰值转移效果较为明

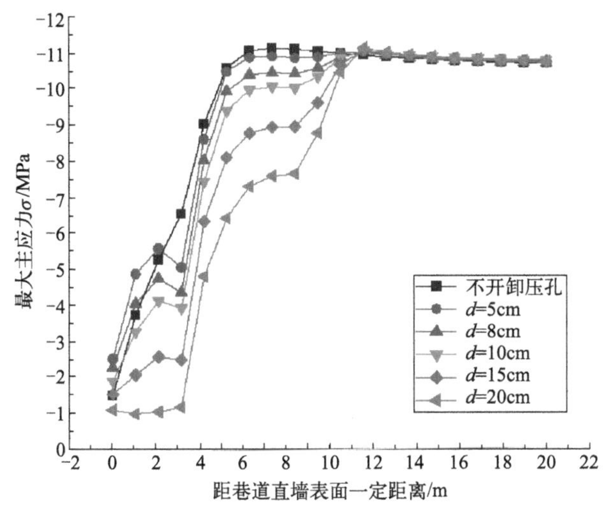

图 5-5 不同卸压钻孔直径下砂质泥岩巷道围岩的最大主应力分布

显，由距巷道直墙表面距离 r=9.86m 推移至 r=11.57m。

由此可知，岩性为砂质泥岩时，钻孔直径 d 取值越大，围岩最大主应力峰值点位置推移效果越好。

图 5-6 为不同卸压钻孔直径下砂质泥岩巷道直墙表面位移分布，由图 5-6 可知，当不开卸压钻孔时，巷道直墙表面位移 u 由 173.0mm 变化至 104.0mm。巷道帮部钻孔卸压时，位于两卸压孔之间的位置处，钻孔直径由 5.0cm 增加至 8.0cm、10.0cm 时，u 随着 d 的增大而减小，位移最大减小量 Δu 分别为 20.0mm、31.0mm、45.0mm。当 d 从 10cm 增加至 15.0cm、20.0cm 时，位移量 Δu 相应增长 9.0mm、11.0mm。位于第二个卸压孔的下方位置处，当 d=5.0cm、d=8.0cm、d=10.0cm 时，位移最大减小量 $u_{c\max}$ 分别为 1.2mm、3.2mm、6.3mm，这是因为巷道中下部的最大主应力相较于巷道中上部明显较小，巷道直墙表面位移 u 的降低效果并没有巷道中上部明显，并且当 $d \geqslant 15.0$cm 时，产生了过度卸压的效果，反而使得巷道的位移量 u 稍有增加。

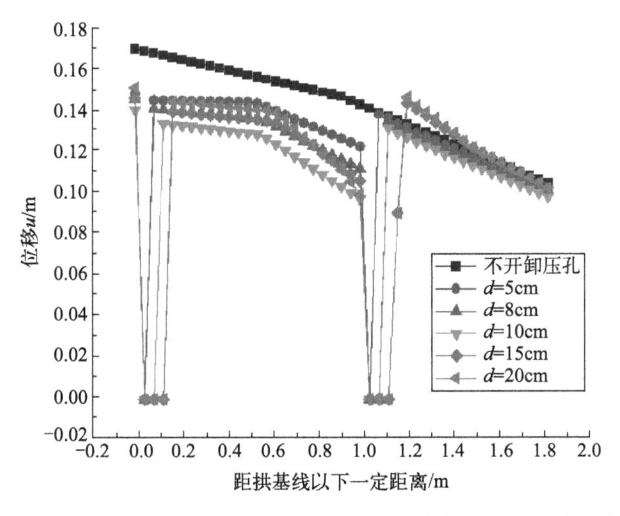

图 5-6 不同卸压钻孔直径下砂质泥岩巷道直墙表面位移分布

岩性为砂质泥岩，当 d=5.0～10.0cm 时，叠加后的卸压效果有利于控制直墙表面位移 u，钻孔直径 d 增加对巷道直墙位移 u 的控制效果越明显，但是当 d=15.0～20.0cm 时，由于钻孔直径 d 过大，两钻孔卸压效果过度叠加，产生了过度卸压的结果，反而不利于控制围岩稳定性。

当巷道围岩岩性为砂质泥岩时，卸压钻孔的直径取 d=5.0～10.0cm 时，卸压钻孔直径增加对巷道围岩的局部弱化程度越明显，此时应力转移效果和控制巷道表面位移 u 效果越明显。说明了钻孔卸压的实质是通过钻孔引起巷道深部围岩发生破坏，形成一个破碎区和弱化带，局部弱化围岩，调整围岩的应力分布状态，使得巷道所承受的应力降低，从而达到增强巷道围岩稳定性控制的目的。但是钻孔直径 $d \geqslant$15.0cm 时，会使围岩在一定范围内的黏聚力 c 降低过多，围岩破碎程度过大，反而不利于控制围岩直墙表面位移 u。由此可知，当巷道围岩岩性为砂质泥岩时，巷道钻孔卸压的钻孔直径控制在 d=10.0cm 左右时，最有利于围岩稳定性控制。

5.2.2 卸压钻孔间排距对巷道稳定性影响分析

当相邻钻孔之间距离过小时将增加开卸压钻孔的施工工程量，加剧了卸压钻孔施工对巷道围岩稳定性的干扰，巷道进入过度卸压状态，同时也增大了工程投入与施工难度。因此，在分析不同卸压钻孔间排距 $a \times b$ 对钻孔卸压后巷道围岩稳定性的影响时，模拟了在卸压钻孔直径为 d=10.0cm、卸压孔长度为 L=10.0m 的情况下，卸压钻孔沿帮部直墙布置分别为单排孔、间排距 $a \times b$=1.5m×1.5m、$a \times b$=1.0m×1.0m、$a \times b$=0.5m×0.5m 时四种方案对砂质泥岩巷道稳定性的影响。

图 5-7 为不同卸压钻孔间排距下砂质泥岩巷道围岩的最大主应力云图，由图 5-7 可以看出，当不开卸压钻孔时，巷道开挖后在帮部两侧形成椭圆形应力集中区。当卸压钻孔为单排孔时，可以看到此时在卸压钻孔的下侧产生了一定范围的应力转移现象，但是由于单排孔形成卸压区的影响范围有限，因此应力集中区只有少部分发生了转移。当 $a \times b$=0.5m×0.5m 时，由于间排距较为密集，两孔形成的卸压区过度叠加覆盖，应力集中区的

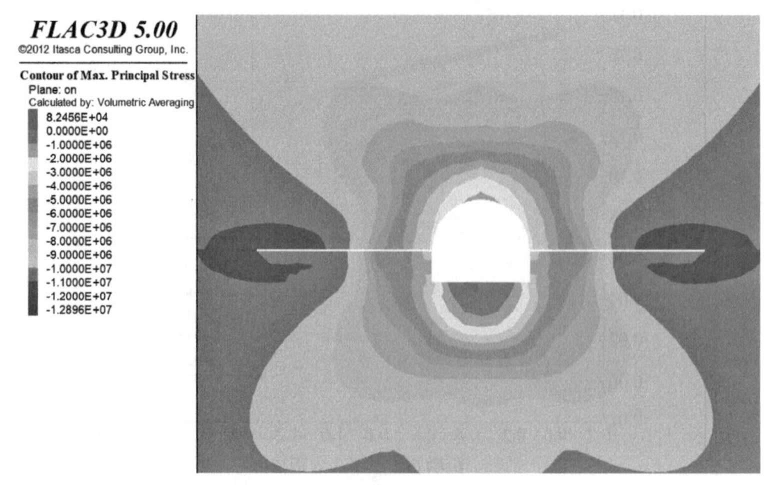

(a) 单排孔

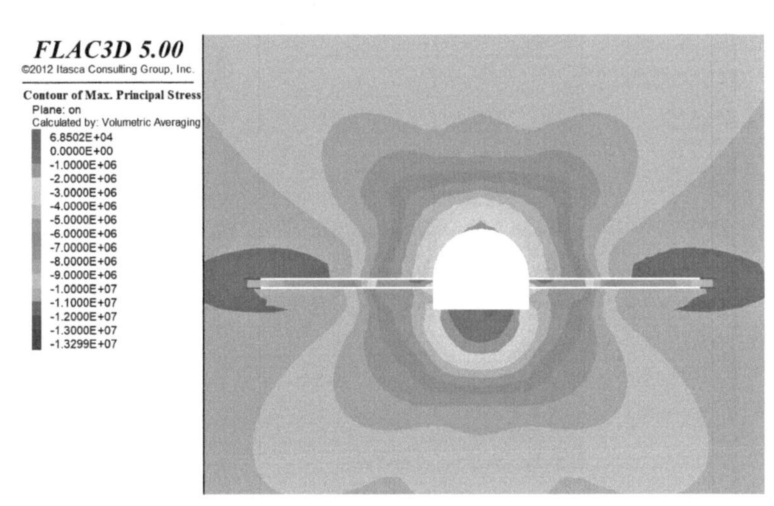

(b) $a \times b$=0.5m×0.5m

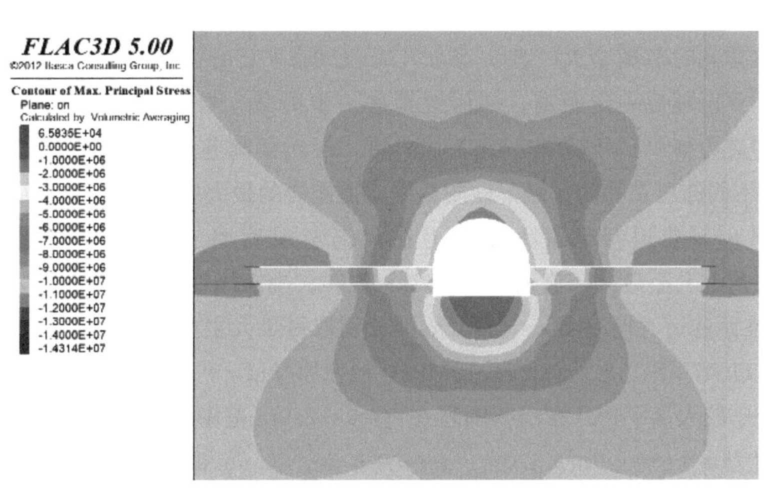

(c) $a \times b$=1.0m×1.0m

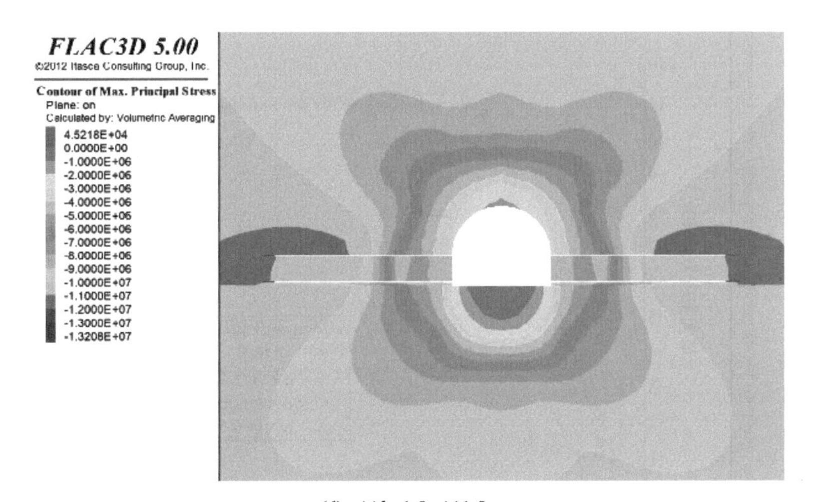

(d) $a \times b$=1.5m×1.5m

图 5-7

(e) 未开卸压钻孔

图 5-7　不同卸压钻孔间排距下砂质泥岩巷道围岩的最大主应力云图（扫前言二维码可见彩图）

转移相较于单排孔时范围要大一些。当 $a\times b=1.0\text{m}\times1.0\text{m}$ 时，原本椭圆形的应力集中区被大面积推移至端部一定距离，卸压效果进一步提升。当 $a\times b=1.5\text{m}\times1.5\text{m}$ 时，两卸压孔之间的应力集中区相比 $a\times b=1.0\text{m}\times1.0\text{m}$ 时要离巷道直墙表面更近一些。

图 5-8 为不同卸压钻孔间排距下砂质泥岩巷道围岩的最大主应力分布图，由图 5-8 可知：当不开卸压孔时，巷道帮部最大主应力在距离巷道直墙表面 $r=0\sim7.36\text{m}$ 内由 $\sigma=-1.50\text{MPa}$ 快速上升至最大峰值 $\sigma_{max}=-11.30\text{MPa}$。当卸压钻孔为单排孔、$a\times b=1.5\text{m}\times1.5\text{m}$ 时，均在距巷道直墙表面 $r=11.57\text{m}$ 处分别取得最大主应力峰值 σ_{max}，峰值点大小分别为 $\sigma_{max}=-11.07\text{MPa}$、$\sigma_{max}=-11.12\text{MPa}$，但在原峰值 $r=7.37\text{m}$ 位置处应力降低的幅度较小，仍然处于较大水平，且在浅部围岩在 $r=0\sim2.0\text{m}$ 范围内存在应力总体升高的现象。当间排距分别为 $a\times b=1.0\text{m}\times1.0\text{m}$、$a\times b=0.5\text{m}\times0.5\text{m}$ 时，均在距巷道直墙表面 $r=11.57\text{m}$ 处位置取得最大主应力峰值 σ_{max}，峰值点大小分别为 $\sigma_{max}=-11.23\text{MPa}$、$\sigma_{max}=-11.26\text{MPa}$。且在 $r=0\sim10.0\text{m}$ 范围内，当 $a\times b=0.5\text{m}\times0.5\text{m}$ 时，围岩最大主应力与不

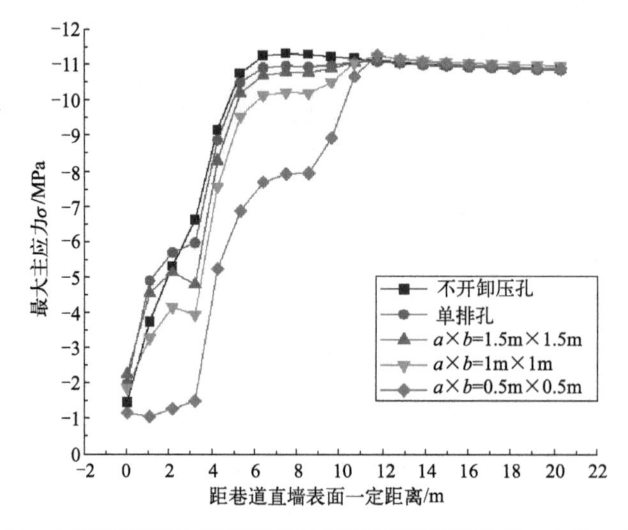

图 5-8　不同卸压钻孔间排距下砂质泥岩巷道围岩的最大主应力分布

开卸压孔时相比大幅度降低，此时巷道帮部的承载能力大幅减弱，处于过度卸压状态。

由此可知，在岩性为砂质泥岩的情况下，卸压钻孔在由单排孔往间排距 $a \times b=1.5\text{m} \times 1.5\text{m}$、$a \times b=1.0\text{m} \times 1.0\text{m}$、$a \times b=0.5\text{m} \times 0.5\text{m}$ 减小时，此时对钻孔长度范围内的围岩最大主应力值的大小降低效果越显著。在钻孔间距取 $a \times b=0.5\text{m} \times 0.5\text{m}$ 时，此时巷道浅部围岩应力值过低，这说明围岩完整性下降，会使得围岩承载能力减弱，此时巷道为过度卸压状态。

图 5-9 为不同卸压钻孔间排距下砂质泥岩巷道直墙的表面位移分布，由图 5-9 可知，当不开卸压钻孔时，巷道直墙表面位移 u 由 143.0mm 变化至 104.0mm。当卸压钻孔为单排孔、间排距为 $a \times b=1.5\text{m} \times 1.5\text{m}$、$a \times b=1.0\text{m} \times 1.0\text{m}$ 时，位移最大减少量 $u_{\text{c max}}$ 分别为 14.2mm、16.1mm、45.7mm。当卸压钻孔为单排孔时，在距拱基线以下 1.0m 处直墙表面位移 u 基本与不开卸压孔时相同，如 $a \times b=1.5\text{m} \times 1.5\text{m}$ 比较，位移差 $\Delta u=6.0\text{mm}$。当 $a \times b=1.5\text{m} \times 1.5\text{m}$ 时，在位于两卸压孔之间的位置处的表面位移减少量 u_{c} 与单排钻孔时相比较，最大位移差 $\Delta u=6.0\text{mm}$，且在第二排孔下方产生的过度卸压的不利结果。当 $a \times b=1.0\text{m} \times 1.0\text{m}$ 时，巷道直墙表面位移减少量 u_{c} 相较于其他三种情况下要更为均匀。当卸压钻孔间排距为 0.5m×0.5m 时，仅表现在第二排孔以上 0.2m 范围内的有较大的位移减少且 $u_{\text{c max}}=8.61\text{cm}$，在巷道直墙其他部位位移与不卸压相比基本不变。

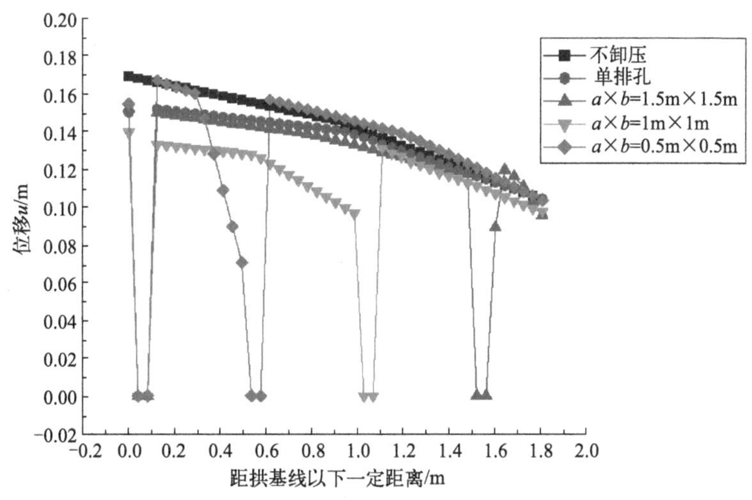

图 5-9 不同卸压钻孔间排距下砂质泥岩巷道直墙的表面位移分布

由此可知，在 $a \times b=1.5\text{m} \times 1.5\text{m}$ 时，两孔间卸压叠加效果欠佳，对巷道直墙表面位移减少量与单排孔时相比差别不大。在 $a \times b=0.5\text{m} \times 0.5\text{m}$ 时，两孔间产生过度叠加效果，导致卸压过度，削弱了围岩稳定性，不利于控制直墙表面位移。

由此可知，随着卸压钻孔间排距 $a \times b$ 的减小，围岩破碎范围和程度也会变大。

当巷道围岩岩性为砂质泥岩时，卸压钻孔间排距在 $a \times b=(1.0\text{m} \times 1.0\text{m}) \sim (1.5\text{m} \times 1.5\text{m})$ 范围内越小，相邻两钻孔之间的卸压效果越能得到有力叠加，最大主应力转移效果也越好，同时能更好地控制巷道表面位移 u。当卸压钻孔间排距在 $a \times b=(1.0\text{m} \times 1.0\text{m}) \sim (0.5\text{m} \times 0.5\text{m})$ 范围内减小时，虽然巷道浅部围岩应力值会进一步降低，但此时围岩完整性下降，围岩的破碎范围及破碎程度会进一步加大，巷道处于过度卸压状态。此外，同时巷道间排距 $a\times b$ 过小还会导致施工难度和工程量的增加，加大了施工对巷道围岩稳定性的干扰影响。由此可知，当巷道围岩岩性为砂质泥岩时，巷道钻孔卸压间排距控制在 $a\times b=1.0\text{m}\times1.0\text{m}$ 左右时，最有利于围岩稳定性控制。

综上所述，当巷道围岩岩性为沙质泥岩时，卸压钻孔参数合理选择为：直径 $d=10.0\text{cm}$、长度 $L=10.0\text{m}$、间排距 $a\times b=1.0\text{m}\times1.0\text{m}$。

5.3 岩性为泥岩时深部巷道卸压钻孔参数合理选择

本节在巷道围岩岩性为泥岩的情况下，通过探究不同卸压钻孔直径 d、间排距 $a\times b$ 及长度 L 时巷道 hH 方向一定范围内围岩最大主应力 σ、黏聚力 c、巷道直墙表面 gG 位移 u 与不采取钻孔卸压措施时的差异，来得出钻孔卸压对巷道围岩稳定性控制的效果。泥岩应变软化模型参数见表 2-5。

5.3.1 卸压钻孔直径对巷道稳定性影响分析

模拟在卸压钻孔长度为 $L=15.0\text{m}$、间排距为 $a\times b=1.0\text{m}\times1.0\text{m}$ 的情况下，分析钻孔直径分别为 $d=5.0\text{cm}$、$d=8.0\text{cm}$、$d=10.0\text{cm}$、$d=15.0\text{cm}$、$d=20.0\text{cm}$ 时五种方案对泥岩巷道稳定性的影响，结果见图 5-10。

由图 5-10 可以看出：当不开卸压钻孔时，巷道开挖后在帮部两侧形成椭圆形应力集中区。当 $d=5.0\text{cm}$ 时，在两卸压钻孔之间的应力集中的现象依然存在，应力转移的效果未体现。当 $d=8.0\text{cm}$ 时，两钻孔之间的应力集中现象相较于 $d=5.0\text{cm}$ 时减弱，发生较小的应力转移的现象，但两卸压孔之间仍然存在一定程度的应力集中的现象。当卸压钻孔直径 d 为 10.0cm、15.0cm、20.0cm 时，两卸压钻孔之间没有出现应力集中，并且发生了较为明显的应力转移的现象。

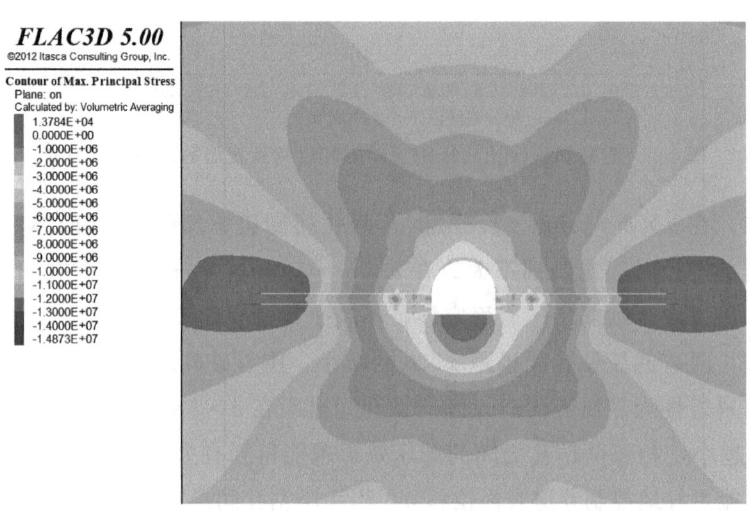

(a) d=5.0cm

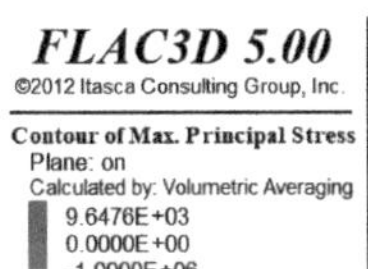

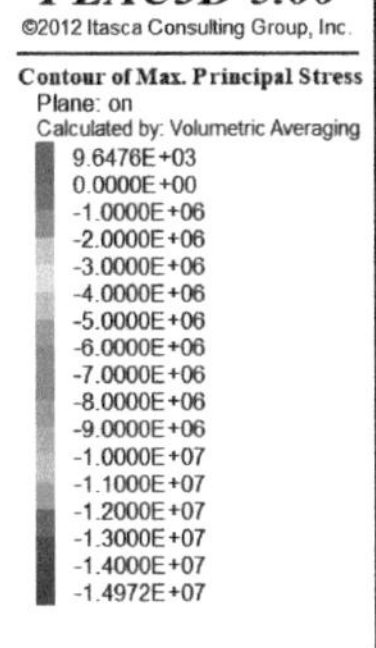

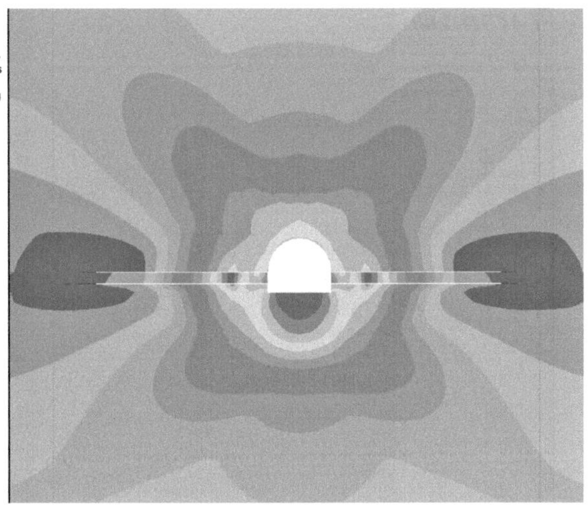

(b) d=8.0cm

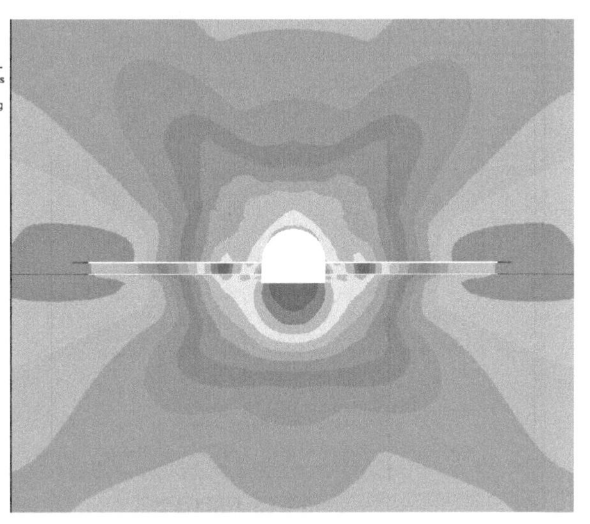

(c) d=10.0cm

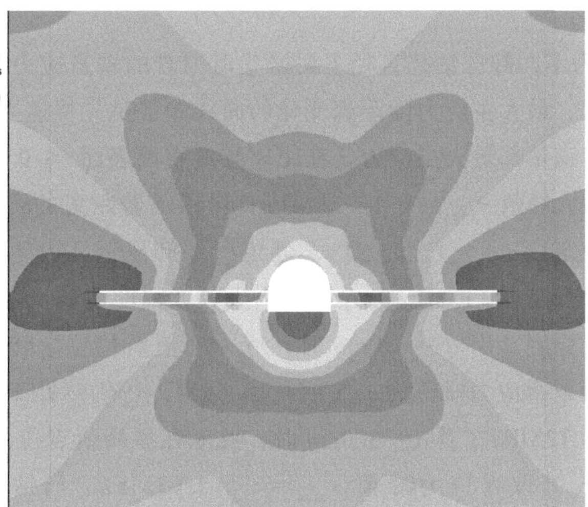

(d) d=15.0cm

图 5-10

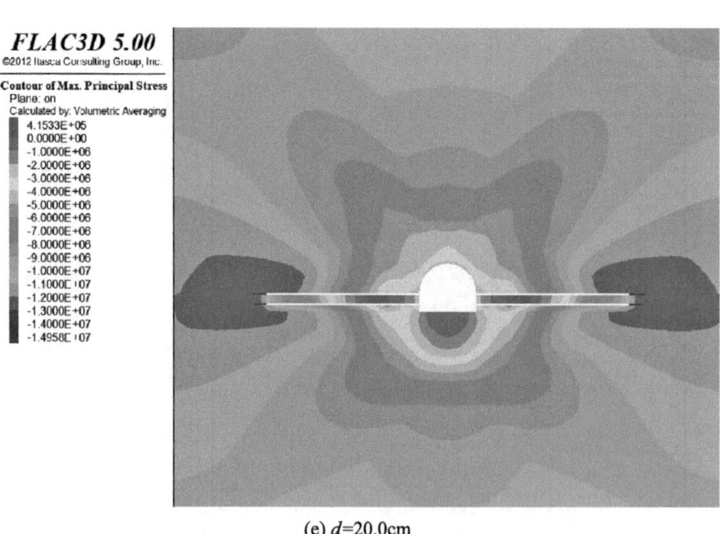

(e) d=20.0cm

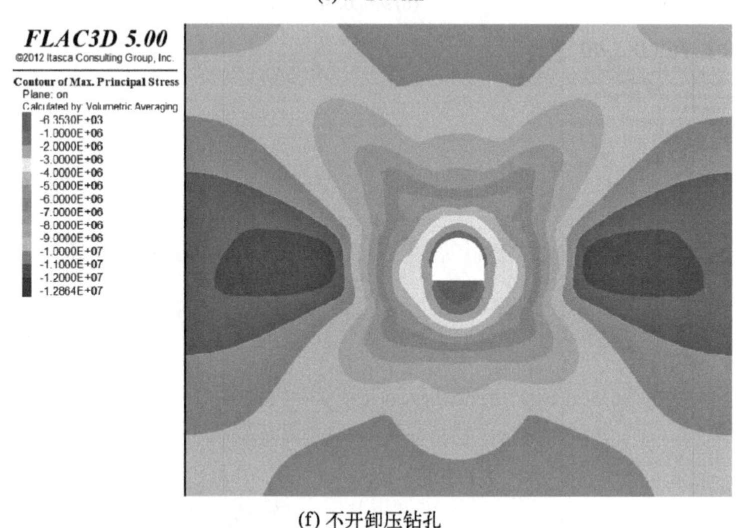

(f) 不开卸压钻孔

图 5-10　不同卸压钻孔直径泥岩巷道围岩最大主应力云图（扫前言二维码可见彩图）

图 5-11 为不同卸压钻孔直径下泥岩巷道围岩的垂直应力分布，由图 5-11 可知：当不开卸压钻孔时，最大主应力随距离变化的曲线趋势是先快速上升至峰值点，而后缓慢降低趋于稳定。巷道帮部最大主应力 σ 在距离巷道直墙表面 r=0～13.2m 内由 σ=−1.55MPa 快速上升至最大峰值 σ_{max}=−12.78MPa，最后随着距离的增加，最大主应力逐渐缓慢降低，最终在稳定在 σ=−11.96MPa。巷道帮部卸压钻孔时，最大主应力随距离变化的曲线趋势是先上升在 r=1.31～3.94m 处产生较大幅度波动，之后快速上升至峰值点，最后缓慢降低趋于稳定。当 d=5.0cm 时，应力峰值点位置未转移，在距巷道直墙表面 r=13.2m 位置处取得应力峰值为 σ_{max}=−12.66MPa，仍然处于较大水平，与不开卸压孔相比仅下降了 0.12MPa。当 d=8.0cm 时，此时在原峰值点位置处应力降低了−0.74MPa，在 r=15.79m 处取得应力峰值 σ_{max}=−12.56MPa。当钻孔直径为 d=10.0cm、d=15.0cm、d=20.0cm 时，应力转移效果较为明显，均在距巷道直墙表面 r=17.11m 处位置取得最大主应力峰值分别为 σ_{max}=−12.59MPa、σ_{max}=−12.60MPa、σ_{max}=−11.69MPa。

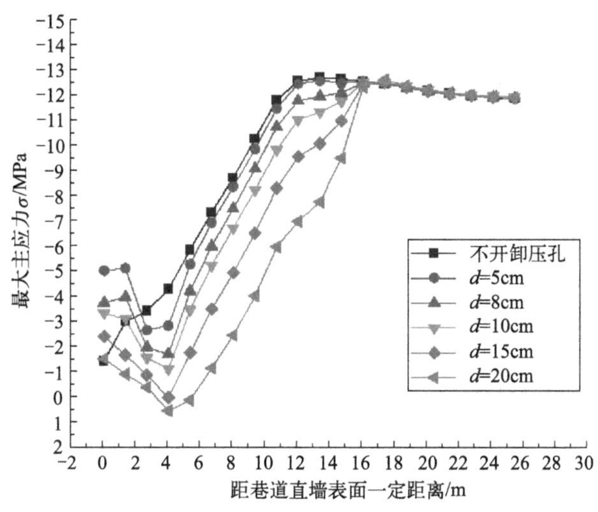

图 5-11　不同卸压钻孔直径下泥岩巷道围岩的垂直应力分布

由此可知，岩性为泥岩时钻孔直径 d 取值越大，围岩最大主应力转移效果越好。

图 5-12 为不同卸压钻孔直径下泥岩巷道直墙的表面位移分布，由图 5-12 可知：当不开卸压钻孔时，巷道直墙表面位移 u 由 $u=492.0\text{mm}$ 减少至 $u=402.0\text{mm}$。巷道帮部钻孔卸压时，在位于两卸压孔之间的位置处，钻孔直径由 $d=5.0\text{cm}$ 增加至 8.0cm、10.0cm 时，巷道直墙表面位移 u 随着钻孔直径的增大而减小，位移减小量 Δu 分别为 91.0mm、96.0mm、123.0mm。当钻孔直径由 $d=10.0\text{cm}$ 增加至 15.0cm、20.0cm 时，巷道直墙表面位移相应增加至 33.0mm、44.0mm。在位于第二个卸压孔的下方位置处，当 d 分别为 5.0cm、8.0cm、10.0cm、15.0cm、20.0cm 时，巷道直墙表面位移减少量在第二排钻孔的下边缘有明显差别，分别为 15.0mm、22.0mm、32.0mm、1.0mm、8.0mm，这是因为巷道中下部的最大主应力相较于巷道中上部相对较小，因此巷道直墙表面位移减少效果并没有巷道中上部那么明显。

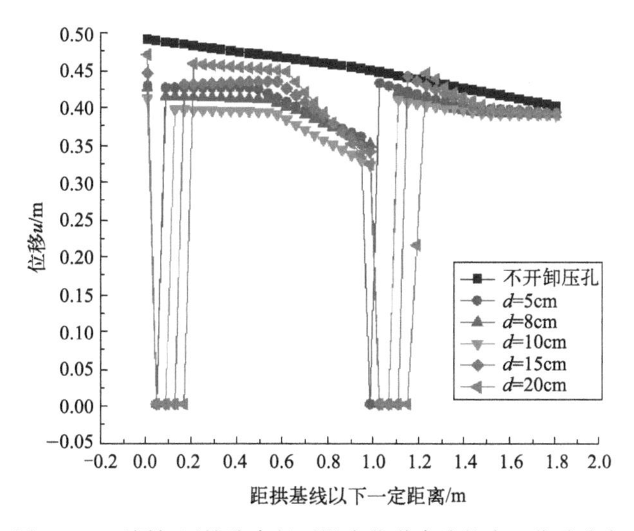

图 5-12　不同卸压钻孔直径下泥岩巷道直墙的表面位移分布

由此可知，在岩性为泥岩的情况下，当 $d=5.0\sim10.0\text{cm}$ 时，叠加后的卸压效果有利于控制直墙表面位移 u，且钻孔直径 d 越大则对巷道直墙位移 u 控制效果越好，但是当 $d=15.0\sim20.0\text{cm}$ 时，此时由于钻孔直径 d 过大，此时两钻孔卸压效果过度叠加，产生了过度卸压的结果，反而不利于围岩稳定性的控制。

由此可知，随着卸压钻孔直径 d 的增大，在一定范围内围岩破碎程度增大。岩性为泥岩时，卸压钻孔的直径取 $d=5.0\sim10.0\text{cm}$ 的范围内越大，对巷道围岩的局部弱化程度越大，此时应力转移效果和控制巷道表面位移 u 的效果越好。但是当钻孔直径 $d\geqslant15.0\text{cm}$ 时，反而会使得围岩在一定范围内的黏聚力 c 降低过多，使得围岩破碎程度过大，从而造成不利于控制围岩直墙表面位移 u 的情况。由此可知，当巷道围岩岩性为泥岩时，巷道钻孔卸压的钻孔直径控制在 $d=10.0\text{cm}$ 左右时，最有利于围岩稳定性的控制。

5.3.2 卸压钻孔长度对巷道稳定性影响的分析

依据5.3.1的计算结果，泥岩巷道围岩帮部12.0m左右处形成应力集中区，分析不同卸压钻孔长度 L 对钻孔卸压后围岩稳定性的影响时，模拟了在卸压钻孔直径为 $d=10.0\text{cm}$、间排距为 $a\times b=1.0\text{m}\times1.0\text{m}$ 的情况下，卸压孔长度 L 分别为8.0m、12.0m、15.0m、18.0m、20.0m时五种方案对泥岩巷道稳定性的影响，结果见图5-13。

由图5-13可以看出：当不开卸压钻孔时，巷道开挖后在帮部两侧形成椭圆形应力集中区。当 $L=8.0\text{m}$ 时，可以看到此时卸压钻孔的端部未深入到巷道开挖后形成的应力集中区，仅 $r=8.0\text{m}$ 范围内发生了应力转移，应力集中区并没有产生应力转移的现象。当 $L=12.0\text{m}$ 时，此时卸压钻孔的端部刚好接触到巷道两侧的应力集中区，此时应力集中区发生较小的应力转移的现象，但巷道两侧仍然存在较大程度的应力集中的现象。当 $L=15.0\text{m}$ 时，此时两卸压孔之间的应力集中区相较于 $L=12.0\text{m}$ 时要更加向远处推移一些。当 $L=18.0\text{m}$ 时，此时应力集中区相较于 $L=12.0\text{m}$ 时向远处更加推移，此时应力转移效果非常明显。当 $L=20.0\text{m}$ 时，钻孔端部的应力推移效果要比 $L=18.0\text{m}$ 更明显。

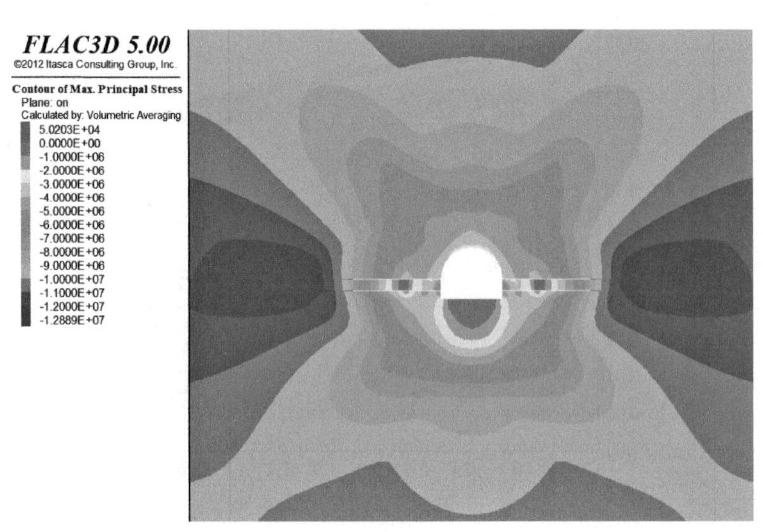

(a) L=8.0m

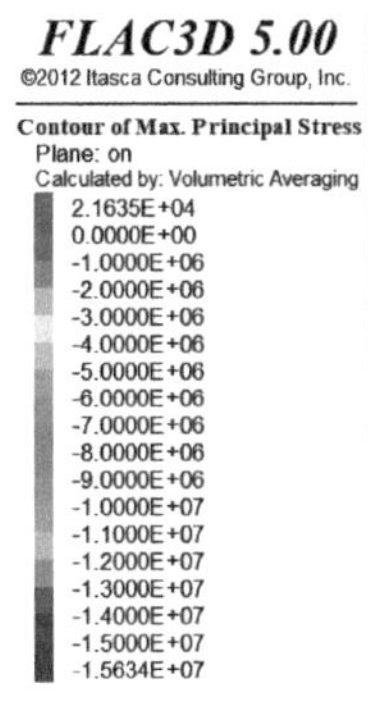

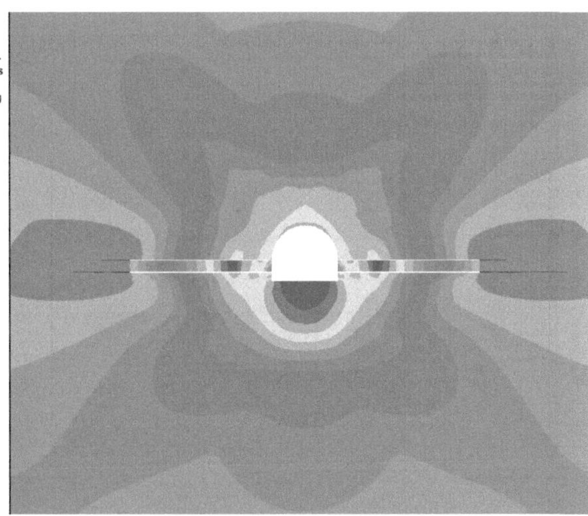

(b) L=12.0m

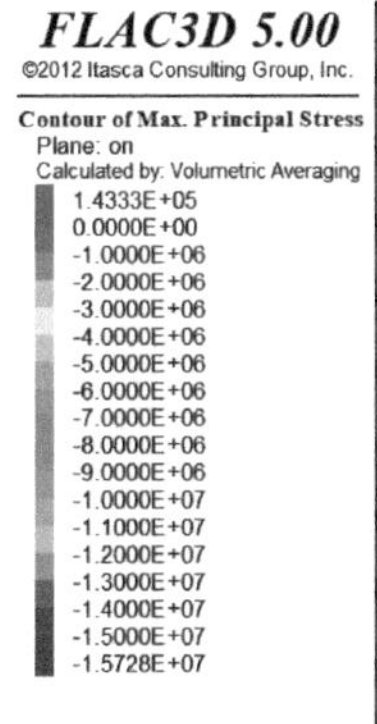

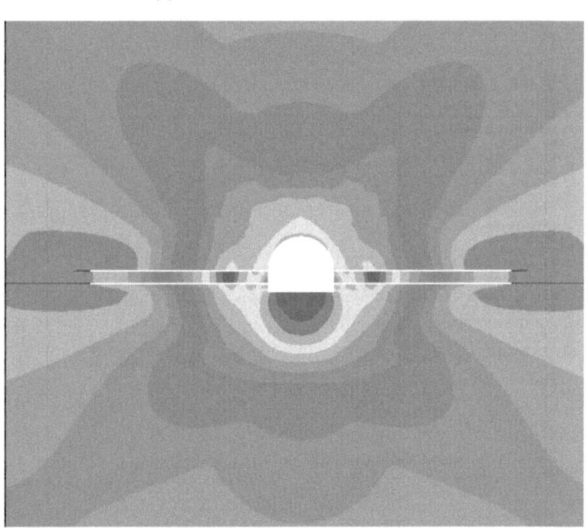

(c) L=15.0m

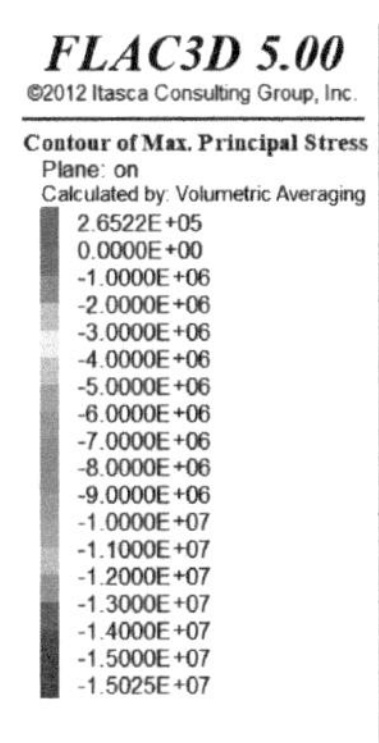

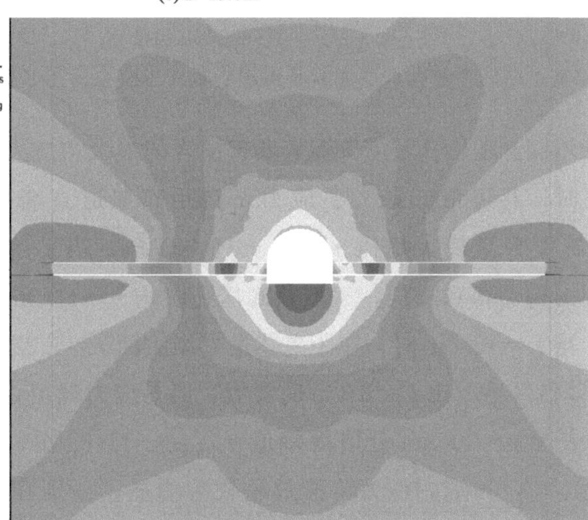

(d) L=18.0m

图 5-13

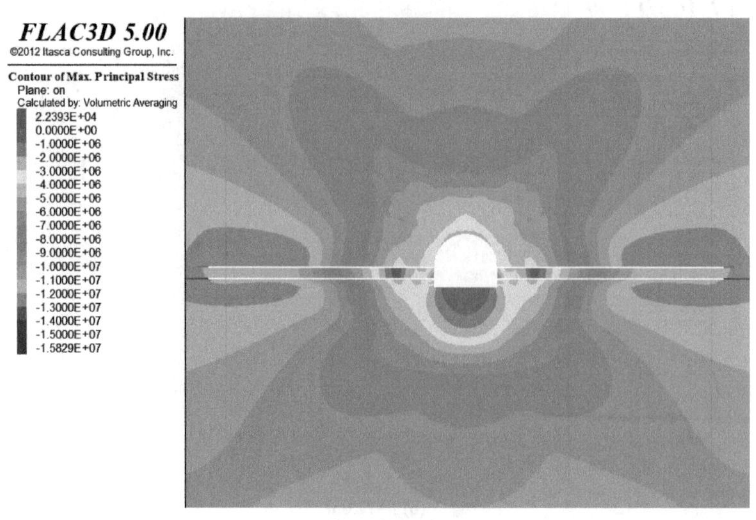

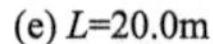
(e) L=20.0m

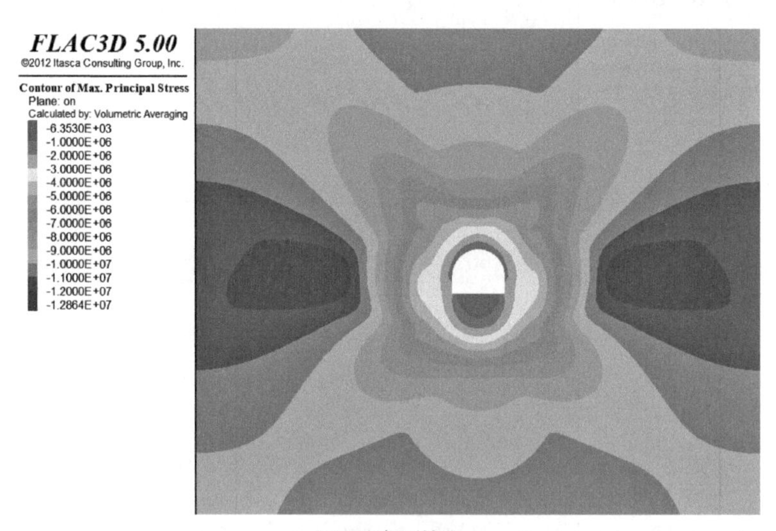

(f) 不开卸压钻孔

图 5-13 不同卸压钻孔长度泥岩巷道围岩最大主应力云图（扫前言二维码可见彩图）

图 5-14 为不同卸压钻孔长度下泥岩巷道围岩的最大主应力 σ 分布，由图 5-14 可知：当不开卸压钻孔时，巷道帮部最大主应力 σ 在距离巷道直墙表面 $r=0\sim13.2$m 内由 $\sigma=-1.55$MPa 快速上升至最大峰值 $\sigma_{max}=-12.78$MPa。当 $L=8.0$m 时，未发生应力转移，$r=1.32\sim9.21$m 应力得到降低，于不开卸压孔时均 $r=11.2$m 处位置取得应力峰值 $\sigma_{max}=-12.77$MPa。当 $L=12.0$m 时，在距离巷道直墙表面 $r=1.32\sim11.84$m 范围内应力得到降低，围岩应力降低区范围比 $L=8.0$m 时要大，但是应力峰值点的位置未发生改变，依然在距离巷道直墙表面 $r=13.2$m 处取得峰值 $\sigma_{max}=-11.82$MPa。当卸压钻孔长度 L 分别为 15.0m、18.0m、20.0m 时，应力转移效果较为明显，分别在距巷道直墙表面 $r=17.1$m、19.7m、21.1m 处位置取得最大主应力峰值，峰值点大小分别为 $\sigma_{max}=-12.60$MPa、$\sigma_{max}=-12.34$MPa、$\sigma_{max}=-12.22$MPa。

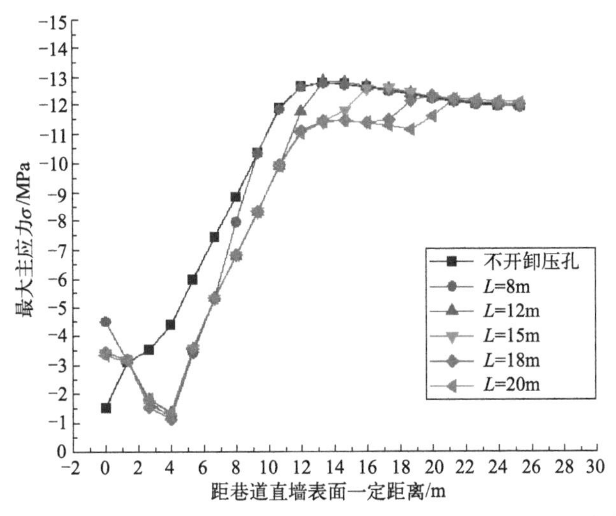

图 5-14　不同卸压钻孔长度下泥岩巷道围岩的最大主应力分布

由此可知，岩性为泥岩，钻孔长度 L 取越长，此时围岩最大主应力峰值点位置转移的效果则越好。

图 5-15 为不同卸压钻孔长度下泥岩巷道直墙的表面位移分布，由图 5-15 可知：当不开卸压钻孔时，巷道直墙表面位移 u 由 492.0mm 变化至 402.0mm。巷道帮部钻孔卸压时，在位于两卸压孔之间的位置处，钻孔长度 L 由 8.0m 增加至 12.0m、15.0m，巷道直墙表面位移 u 随着钻孔长度 L 增大而减小，位移最大减小量 $u_{c\max}$ 分别为 88.0mm、97.0mm、127.0mm，但是当 $L=18.0$m、20.0m 时，此时的位移最大减小量 $u_{c\max}$ 分别为 114.0mm、93.0mm，比 $L=15.0$m 时要小。在位于第二个卸压孔的下方位置处，当钻孔长度 L 分别为 8.0m、12.0m、15.0m、18.0m、20.0m 时，巷道直墙表面位移减少量 u_c 在第二排钻孔的下边缘有明显差别，分别为 −5.4mm、6.5mm、32.0mm、22.0mm、1.1mm，位移最大减少量 $u_{c\max}$ 分别为 18.0mm、24.0mm、32.0mm、20.0mm、22.0mm。

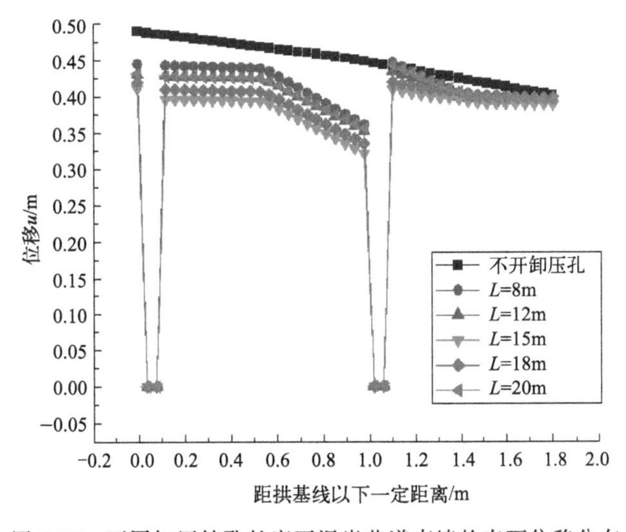

图 5-15　不同卸压钻孔长度下泥岩巷道直墙的表面位移分布

由此可知，岩性为泥岩，卸压钻孔长度 L = 8.0～15.0m 范围内，L 越大，对巷道直墙位移控制效果越好。但随着卸压长度 L 的继续增大，对巷道直墙表面位移 u 的控制效果会变差。

卸压钻孔长度 L 的增加，围岩破碎范围和程度也会增加。当巷道围岩岩性为泥岩时，卸压钻孔的长度在 L = 12.0～15.0m 内越大，则对巷道围岩深部的局部弱化程度越大，此时最大主应力转移效果也越好，对控制巷道表面位移 u 具有一定效果。但是当 $L \leqslant$ 12.0m 无法接触到应力集中区时，此时仅能降低卸压钻孔长度范围内的巷道围岩应力，起不到应力峰值转移的效果，卸压效果较弱。在钻孔长度 L 继续增大至 18.0m、20.0m 时，反而会使得围岩在一定范围内的黏聚力 c 降低过多，使得围岩破碎程度进一步变大，新应力峰值继续向深处转移，增加了巷道围岩应力调整的时间，削弱了钻孔卸压效果，从而降低了围岩稳定性控制的效果。由此可知，当巷道围岩岩性为泥岩时，巷道钻孔卸压的长度控制在 L = 15.0m 左右时，最有利于围岩的稳定性控制。

5.3.3 卸压钻孔间排距对巷道稳定性影响分析

模拟卸压钻孔直径 d = 10.0cm、卸压孔长度 L = 15.0m 的情况下，分析卸压钻孔沿帮部直墙布置分别为单排孔、间排距 $a \times b$ = 1.5m×1.5m、$a \times b$ = 1.0m×1.0m、$a \times b$ = 0.5m×0.5m 时四种方案对砂质泥岩巷道稳定性的影响，结果见图 5-16。

由图 5-16 可以看出，当不开卸压钻孔时，巷道开挖后在帮部两侧形成椭圆形应力集中区。当卸压钻孔为单排孔时，可以看到此时在卸压钻孔的下侧产生了小范围的应力转移现象，应力集中区未发生转移。当 $a \times b$ = 0.5m×0.5m 时，应力集中区的转移相较于单排孔时范围要大一些。当 $a \times b$ = 1.0m×1.0m 时，两钻孔之间应力集中区被推移至端部一定距离，卸压效果进一步提升。当 $a \times b$ = 1.5m×1.5m 时，两卸压孔之间的应力集中区相比 $a \times b$ = 1.0m×1.0m 时要离巷道直墙表面更近一些，应力推移效果减弱。

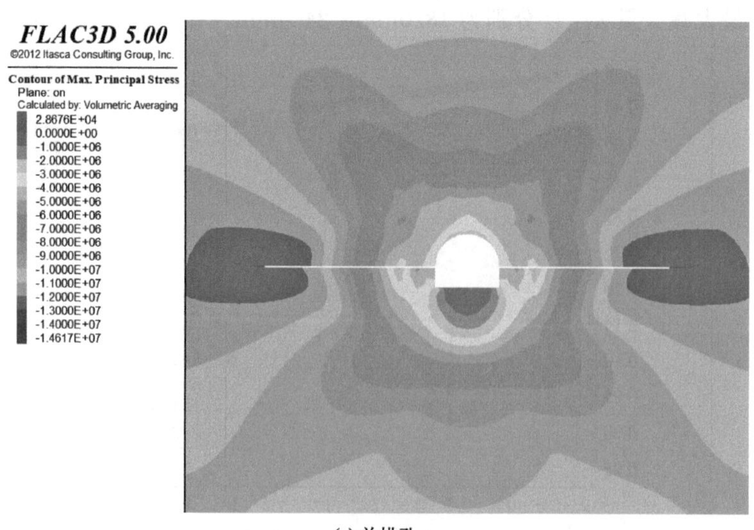

(a) 单排孔

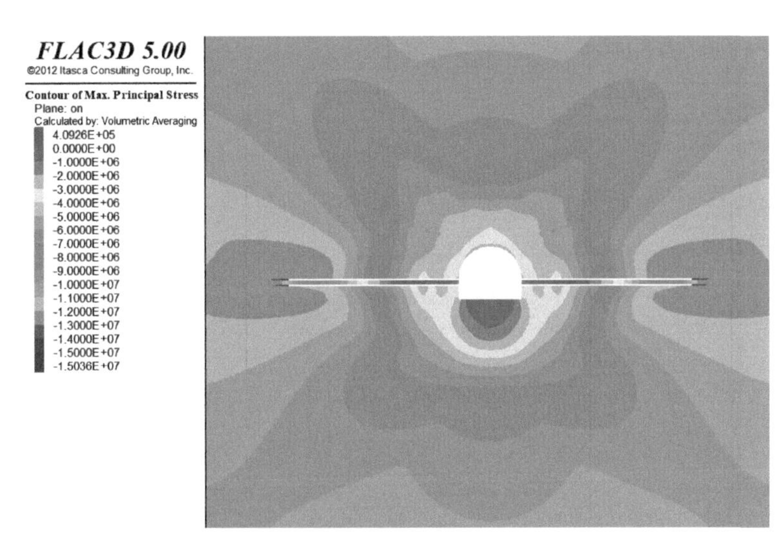

(b) $a \times b$=0.5m×0.5m

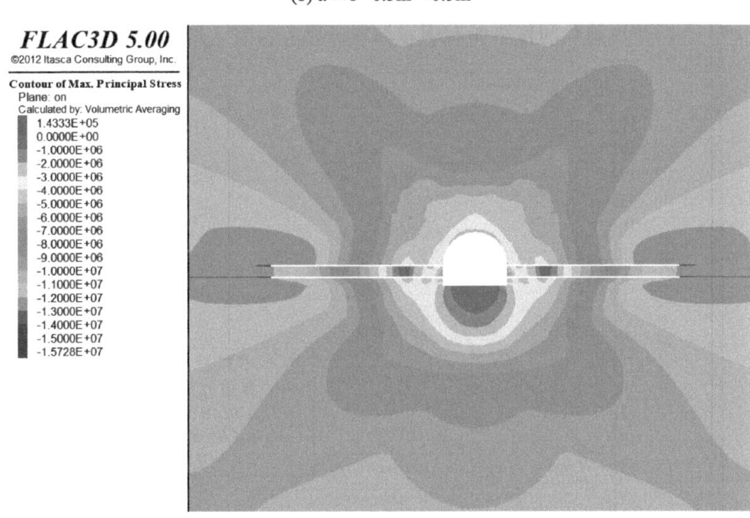

(c) $a \times b$=1.0m×1.0m

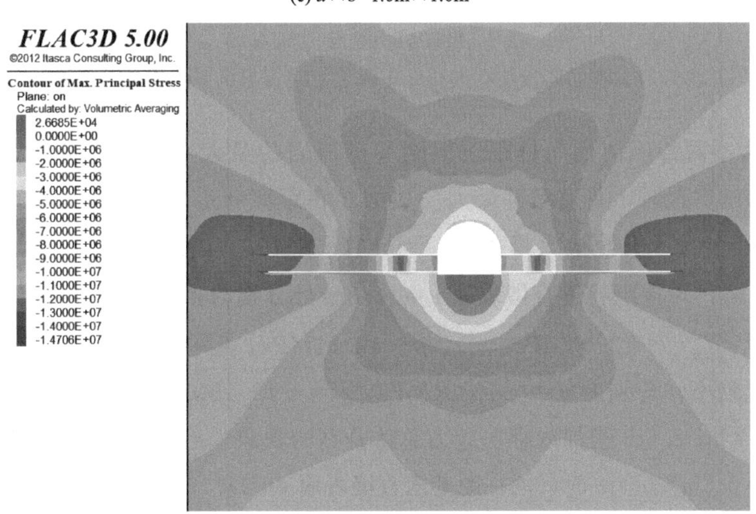

(d) $a \times b$=1.5m×1.5m

图 5-16

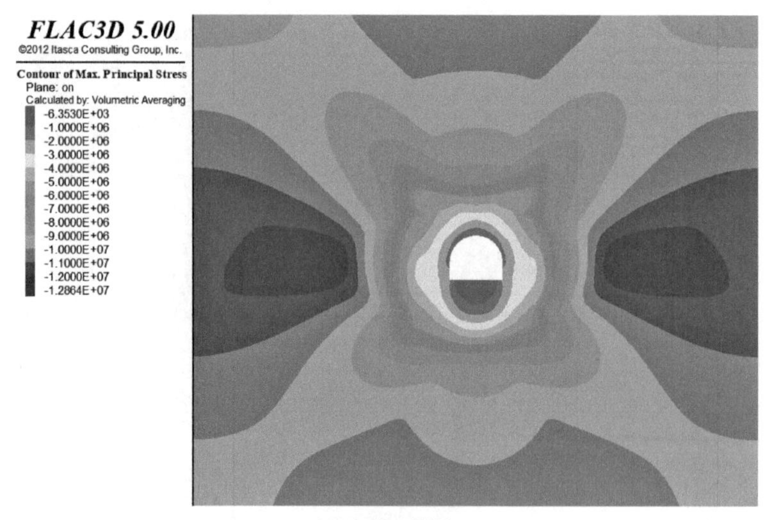

(e) 不开卸压钻孔

图 5-16 不同卸压钻孔间排距泥岩围岩最大主应力云图（扫前言二维码可见彩图）

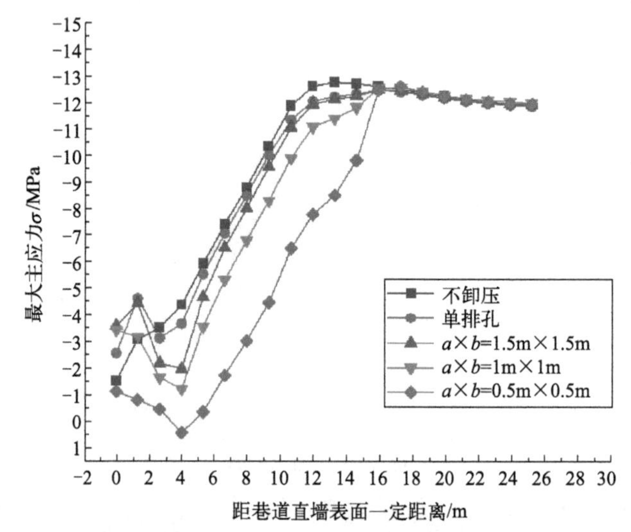

图 5-17 不同卸压钻孔间排距下泥岩巷道围岩的最大主应力分布

图 5-17 为不同卸压钻孔间排距下泥岩巷道围岩的最大主应力 σ 分布，由图 5-17 可知：当不开卸压钻孔时，巷道帮部最大主应力 σ 在距离巷道直墙表面 $r=0\sim13.2\text{m}$ 内由 $\sigma=-1.55\text{MPa}$ 快速上升至最大峰值 $\sigma_{max}=-12.78\text{MPa}$。当卸压钻孔为单排孔、$a\times b=1.5\text{m}\times1.5\text{m}$ 时，均在距巷道直墙表面 $r=15.8\text{m}$ 处分别取得最大主应力峰值 σ_{max}，峰值点大小分别为 $\sigma_{max}=-12.50\text{MPa}$、$\sigma_{max}=-12.51\text{MPa}$，但在原峰值 $r=13.2\text{m}$ 位置处应力降低的幅度较小，分别为 $\sigma=-12.24\text{MPa}$、$\sigma=-12.15\text{MPa}$，仍然处于较大水平，且在浅部围岩 $r=0\sim2.6\text{m}$ 范围内存在应力总体升高的现象。当间排距分别为 $a\times b=1.0\text{m}\times1.0\text{m}$、$a\times b=0.5\text{m}\times0.5\text{m}$ 时，均在距巷道直墙表面 $r=17.1\text{m}$ 处位置取得最大主应力峰值 σ_{max}，峰值点大小分别为 $\sigma_{max}=-12.60\text{MPa}$、$\sigma_{max}=-12.63\text{MPa}$。且在范围 $r=0\sim14\text{m}$ 内，当 $a\times b=0.5\text{m}\times0.5\text{m}$ 时，围岩最大主应力与不开卸压孔时相比大幅度降低，巷道帮部的承

载能力大幅减弱，处于过度卸压状态。

由此可知，岩性为泥岩，卸压钻孔由单排孔往间排距 $a\times b=1.5\text{m}\times1.5\text{m}$、$a\times b=1.0\text{m}\times1.0\text{m}$、$a\times b=0.5\text{m}\times0.5\text{m}$ 减小时，此时对钻孔长度范围内的围岩最大主应力值的大小降低效果越显著。在钻孔间距取 $a\times b=0.5\text{m}\times0.5\text{m}$ 时，此时巷道浅部围岩应力值过低，巷道为过度卸压状态。

图 5-18 为不同卸压钻孔间排距 $a\times b$ 下泥岩巷道直墙的表面位移分布，由图 5-18 可知，当不开卸压钻孔时，巷道直墙表面位移 u 由 $u=492.0\text{mm}$ 变化至 $u=402.0\text{mm}$。当卸压钻孔为单排孔、间排距为 $a\times b=1.5\text{m}\times1.5\text{m}$、$1.0\text{m}\times1.0\text{m}$ 时，位移最大减少量 $u_{\text{c max}}$ 分别为 51.6mm、54.2mm、127.0mm。当卸压钻孔为单排孔时，在距拱基线以下 0.8m 内直墙表面位移 u 基本与 $a\times b=1.5\text{m}\times1.5\text{m}$ 时相同，二者位移相差均值在 $\Delta u=3.0\text{mm}$。当 $a\times b=1.0\text{m}\times1.0\text{m}$ 时，巷道直墙表面位移减少量相较于其他三种情况下降低明显。当卸压钻孔间排距为 $0.5\text{m}\times0.5\text{m}$ 时，仅呈现为第二排孔以上 0.2m 范围内的有较大的位移减少且 $u_{\text{c max}}=231.6\text{mm}$，在巷道直墙其他部位降低效果不明显。

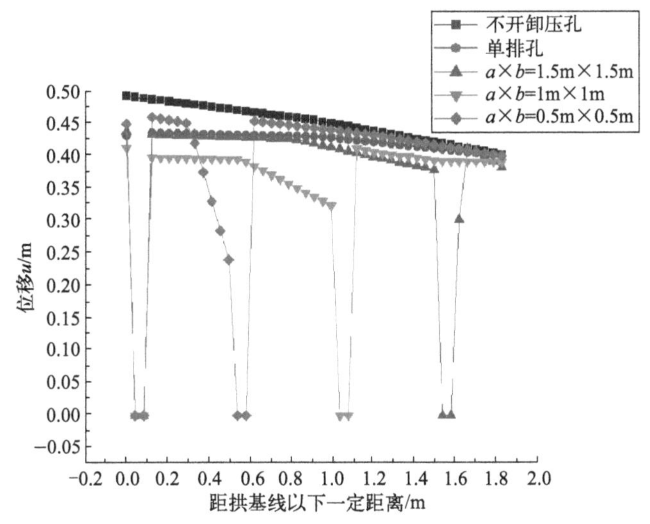

图 5-18　不同卸压钻孔间排距下泥岩巷道直墙表面位移分布

由此可知，在 $a\times b=1.5\text{m}\times1.5\text{m}$ 时，两孔间卸压叠加效果欠佳，对巷道直墙表面位移减少量与单排孔时相比差别不大。在 $a\times b=0.5\text{m}\times0.5\text{m}$ 时，两孔间产生过度叠加效果，导致卸压过度，降低了对直墙表面位移的控制。

随着卸压钻孔间排距 $a\times b$ 的减小，围岩破碎范围和程度也会变大。当巷道围岩岩性为泥岩时，卸压钻孔间排距在 $a\times b=(1.0\text{m}\times1.0\text{m})\sim(1.5\text{m}\times1.5\text{m})$ 范围内越小，最大主应力转移效果也越好，对控制巷道表面位移 u 越有利。当卸压钻孔间排距在 $a\times b=(0.5\text{m}\times0.5\text{m})\sim(1.0\text{m}\times1.0\text{m})$ 范围内越小时，会导致巷道处于过度卸压状态。由此可知，当巷道围岩岩性为泥岩时，巷道钻孔卸压间排距控制在 $a\times b=1.0\text{m}\times1.0\text{m}$ 左右，最有利于围岩稳定性控制。

综上所述，当巷道围岩岩性为泥岩时，卸压钻孔参数合理选择为：直径 $d=10.0\text{cm}$、长度 $L=15.0\text{m}$、间排距 $a\times b=1.0\text{m}\times1.0\text{m}$。

5.4 岩性为泥质砂岩时深部巷道卸压钻孔参数合理选择

在巷道围岩岩性为泥质砂岩的情况下，通过探究不同卸压钻孔直径 d、间排距 $a\times b$ 及长度 L 时巷道 hH 方向一定范围内围岩最大主应力 σ、黏聚力 c、巷道直墙表面 gG 位移 u 与不采取钻孔卸压措施时的差异，来得出钻孔卸压对巷道围岩稳定性控制的效果。泥质砂岩应变软化模型参数见表 2-5。

5.4.1 卸压钻孔直径对巷道稳定性影响分析

模拟在卸压钻孔长度为 $L=8.0\text{m}$、间排距为 $a\times b=1.0\text{m}\times1.0\text{m}$ 的情况下，分析钻孔直径分别为 $d=5.0\text{cm}$、$d=8.0\text{cm}$、$d=10.0\text{cm}$、$d=15.0\text{cm}$、$d=20.0\text{cm}$ 时五种方案对泥质砂岩巷道稳定性的影响，结果见图 5-19。

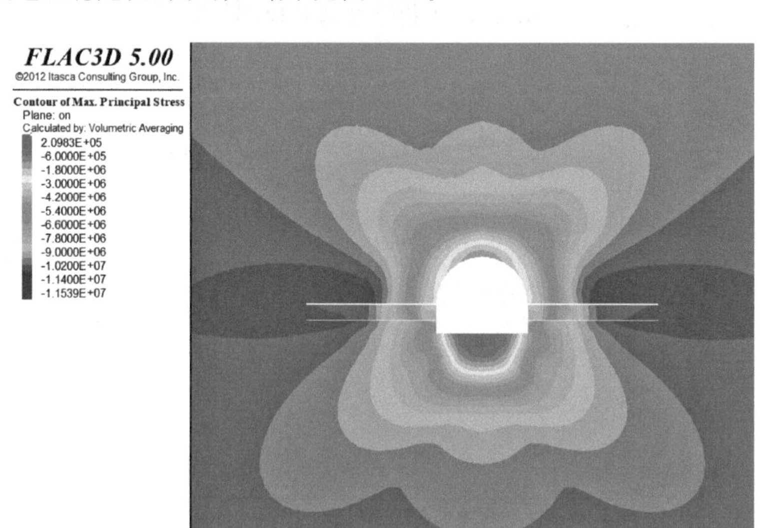

(a) d=5.0cm

(b) d=8.0cm

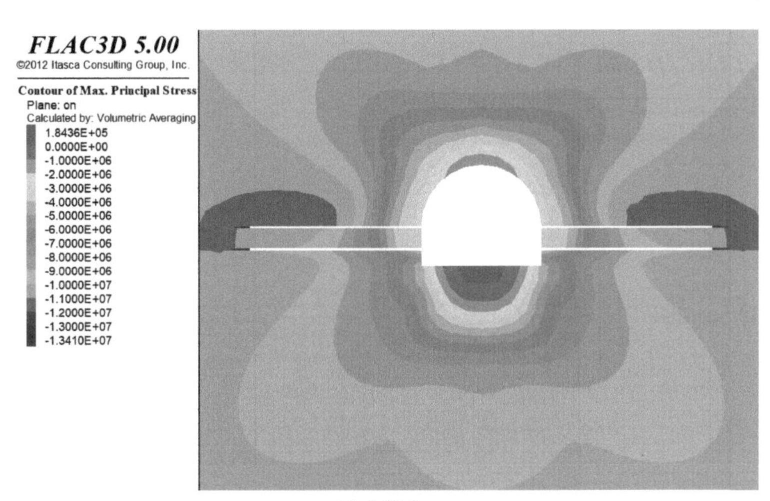

(c) d=10.0cm

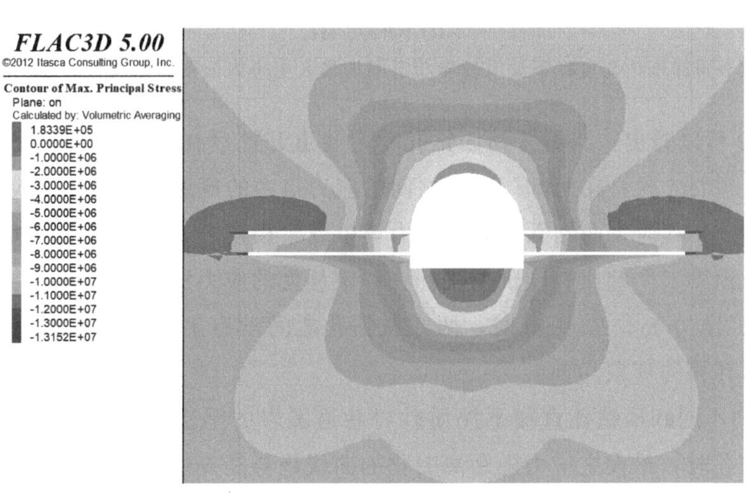

(d) d=15.0cm

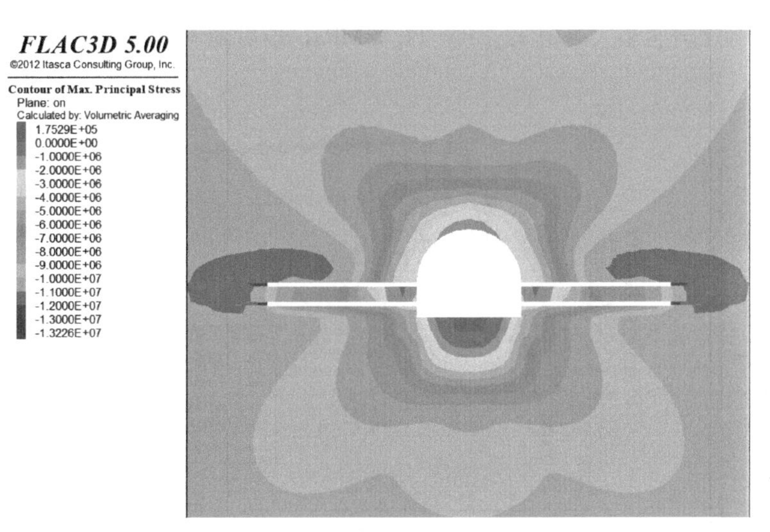

(e) d=20.0cm

图 5-19

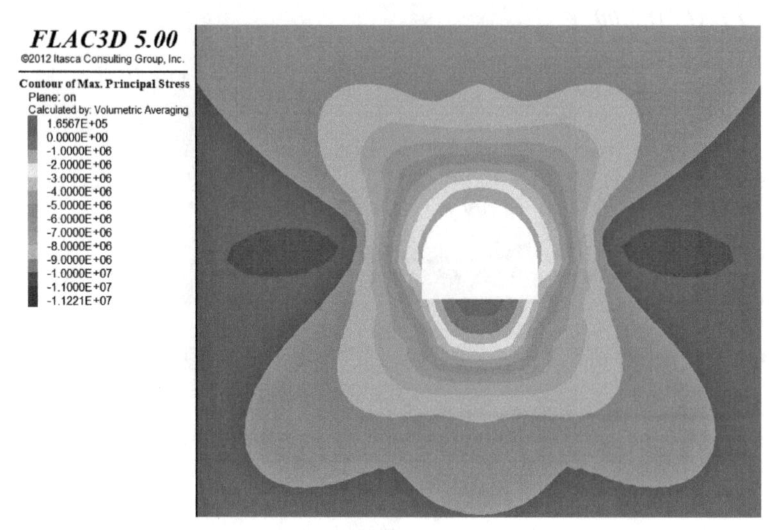

(f) 不开卸压钻孔

图 5-19　不同卸压钻孔直径下泥质砂岩巷道围岩最大主应力云图（扫前言二维码可见彩图）

由图 5-19 可以看出：当不开卸压钻孔时，巷道开挖后在帮部两侧形成椭圆形应力集中区。当 $d=5.0$cm 时，在两卸压钻孔之间的应力集中的现象依然存在，应力转移的效果较差。当 $d=8.0$cm 时，两钻孔之间的应力集中现象相较于 $d=5.0$cm 时减弱，发生应力转移的现象，但第二个卸压孔端部周围存在一定程度的应力集中的现象。当卸压钻孔直径 d 为 10.0cm、15.0cm、20.0cm 时，两卸压钻孔之间没有出现应力集中，并且发生了较为明显的应力转移的现象。

图 5-20 为不同卸压钻孔直径下泥质砂岩巷道围岩的垂直应力分布，由图 5-20 可知：当不开卸压钻孔时，最大主应力随距离变化的曲线趋势是先快速上升至峰值点，而后缓慢降低趋于稳定。巷道帮部最大主应力 σ 在距离巷道直墙表面 $r=0\sim6.32$m 内由 $\sigma=-1.11$MPa 快速上升至最大峰值 $\sigma_{max}=-11.03$MPa，最后随着距离的增加，最大主应力逐

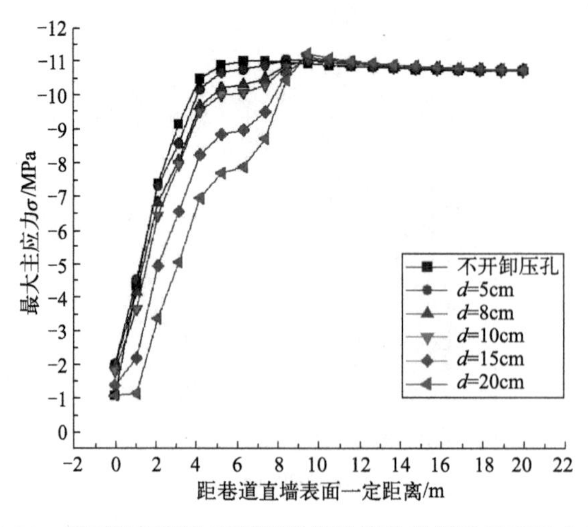

图 5-20　不同卸压钻孔直径下泥质砂岩巷道围岩垂直应力分布

渐缓慢降低，最终在稳定在 $\sigma=-11.73\text{MPa}$。巷道帮部钻孔卸压时，最大主应力随距离变化的曲线趋势也是先快速上升至峰值点，而后缓慢降低趋于稳定。当 $d=5.0\text{cm}$ 时，应力峰值转移效果不明显，在原峰值 $r=6.32\text{m}$ 位置处应力为 $\sigma=-10.8\text{MPa}$，仍然处于较大水平，与不开卸压孔相比仅下降了 0.23MPa，同时应力峰值 $\sigma_{max}=-11.08\text{MPa}$，峰值点位置在距巷道直墙表面距离 $r=8.42\text{m}$ 处。当 $d=8.0\text{cm}$、10.0cm、15.0cm、20.0cm 时，应力转移效果较为明显，均在距巷道直墙表面 $r=9.47\text{m}$ 处位置取得最大主应力峰值，分别为 $\sigma_{max}=-11.17\text{MPa}$、$\sigma_{max}=-11.10\text{MPa}$、$\sigma_{max}=-11.17\text{MPa}$、$\sigma_{max}=-11.26\text{MPa}$。

由此可知，岩性为泥质砂岩时，钻孔直径 d 取值越大，围岩的最大主应力转移效果则越好。

图 5-21 为不同卸压钻孔直径下泥质砂岩巷道直墙的表面位移分布，由图 5-21 可知：当不开卸压钻孔时，巷道直墙表面位移由 $u=110.0\text{mm}$ 变化至 $u=59.0\text{mm}$。巷道帮部钻孔卸压时，在位于两卸压孔之间的位置处，钻孔直径由 $d=5.0\text{cm}$ 增加至 8.0cm、10.0cm、15.0cm 时，巷道直墙表面位移 u 随着钻孔直径的增大而减小，位移减小量分别为 $\Delta u=11.0\text{mm}$、4.0mm、19.0mm、29.0mm。钻孔直径由 $d=15.0\text{cm}$ 增加至 $d=20.0\text{cm}$ 时，巷道直墙表面位移增加量 $\Delta u=3.0\text{mm}$。在位于第二个卸压孔的下方位置处，当 $d=5.0\text{cm}$、8.0cm、10.0cm、15.0cm、20.0cm 时，巷道直墙表面位移 u 在第二排钻孔的下边缘 0.1m 范围内有略微增加，其余部位的位移减少量较小，与不开卸压孔相比未发生明显位移变化。

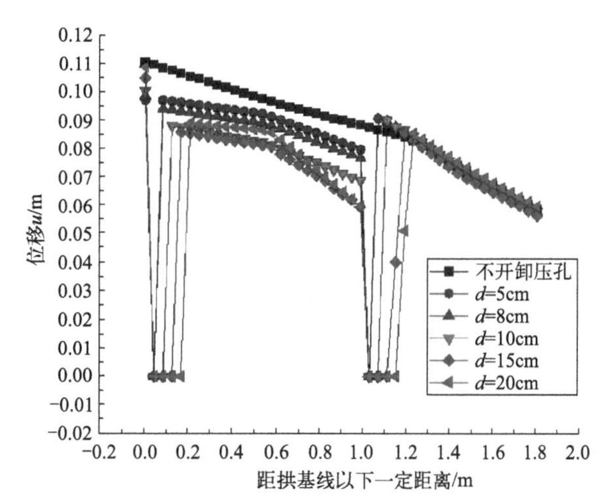

图 5-21　不同卸压钻孔直径下泥质砂岩巷道直墙的表面位移分布

由此可知，岩性为泥质砂岩时，当 $d=5.0\sim15.0\text{cm}$ 时，叠加后的卸压效果有利于控制直墙表面位移 u，且钻孔直径 d 越大则对巷道直墙位移 u 的控制效果越好，但是当 $d=20.0\text{cm}$ 时，此时由于钻孔直径 d 过大，两钻孔卸压效果过度叠加，产生了过度卸压的结果，反而不利于围岩稳定性的控制。

随着卸压钻孔直径 d 的增大，在一定范围内围岩破碎程度越大。当巷道围岩岩性为泥质砂岩时，卸压钻孔的直径取 $d=5.0\sim15.0\text{cm}$ 的范围内越大，对巷道围岩的局部弱化程度越大，此时应力转移效果和控制巷道表面位移 u 的效果越好。但是钻孔直径 $d\geqslant 20.0\text{cm}$ 时，反而会使得围岩在一定范围内的黏聚力 c 降低过多，使得围岩破碎程度过大，从而造成不利于控制围岩直墙表面位移 u 的情况。由此可知，当巷道围岩岩性为泥质砂岩时，巷道钻孔卸压的钻孔直径控制在 $d=15.0\text{cm}$ 左右时，最有利于围岩稳定性控制。

5.4.2 卸压钻孔长度对巷道稳定性影响分析

依据5.4.1节计算的结果，围岩岩性为泥质砂岩巷道两帮 $r=6.0\mathrm{m}$ 左右处形成应力集中区，分析不同卸压钻孔长度 L 对钻孔卸压后围岩稳定性的影响时，模拟在卸压钻孔直径为 $d=15.0\mathrm{cm}$、间排距为 $a\times b=1.0\mathrm{m}\times1.0\mathrm{m}$，卸压孔长度 L 分别为3.0m、6.0m、8.0m、10.0m、15.0m时五种方案对泥质砂岩巷道稳定性的影响，结果见图5-22。

由图5-22可以看出：当不开卸压钻孔时，巷道开挖后在帮部两侧形成椭圆形应力集中区。当 $L=3.0\mathrm{m}$ 时，可以看到此时卸压钻孔的端部未深入到巷道开挖后形成的应力集中区，仅在 $r<3.0\mathrm{m}$ 范围内发生了应力转移，应力集中区并没有产生应力转移的现象。当 $L=6.0\mathrm{m}$ 时，此时卸压钻孔的端部刚好接触到巷道两侧的应力集中区，此时应力集中区发生较小的应力转移的现象，但巷道两侧仍然存在较大程度的应力集中现象。当 $L=8.0\mathrm{m}$ 时，此时两卸压孔之间的应力集中区相较于 $L=6.0\mathrm{m}$ 时要更加向远处推移一些。当 $L=10.0\mathrm{m}$ 时，此时应力集中区相较于 $L=8.0\mathrm{m}$ 时向远处更加推移，此时应力转移效果非常明显。当 $L=15.0\mathrm{m}$ 时，钻孔端部的应力推移效果要比 $L=10.0\mathrm{m}$ 更明显。

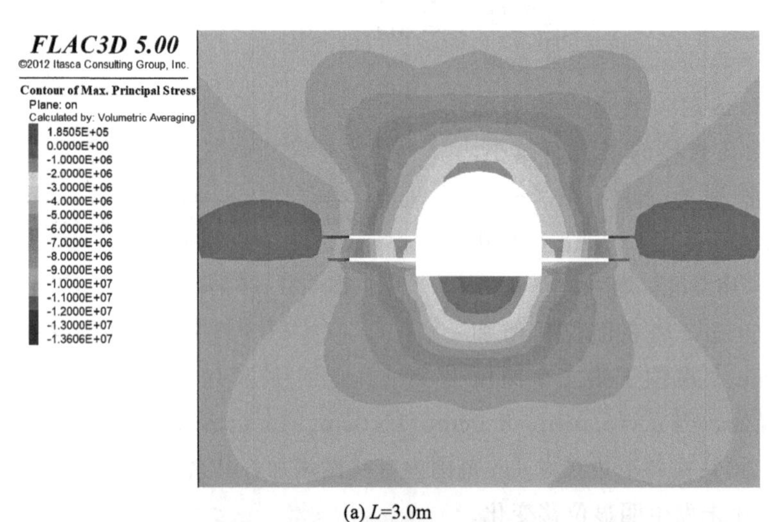

(a) L=3.0m

(b) L=6.0m

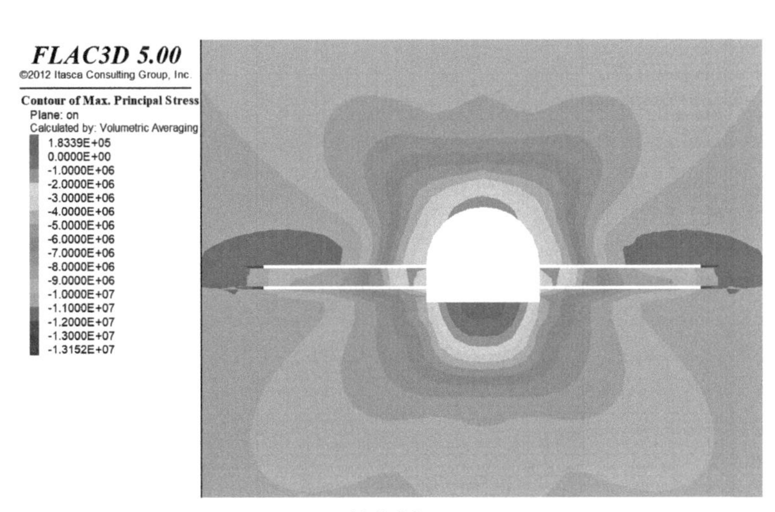

(c) L=8.0m

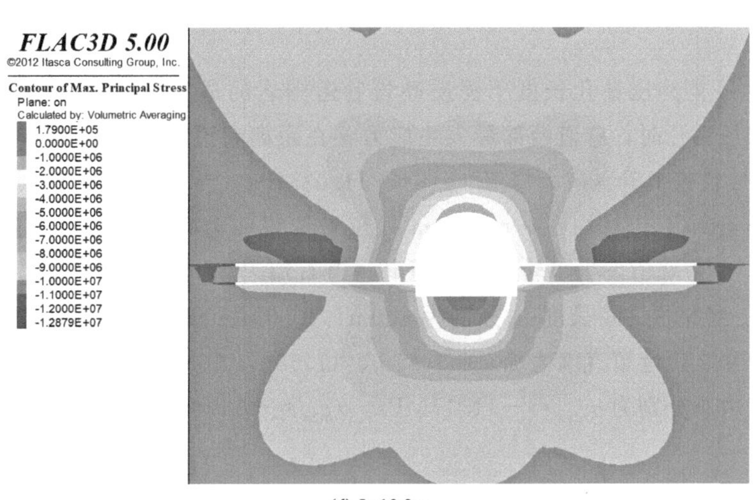

(d) L=10.0m

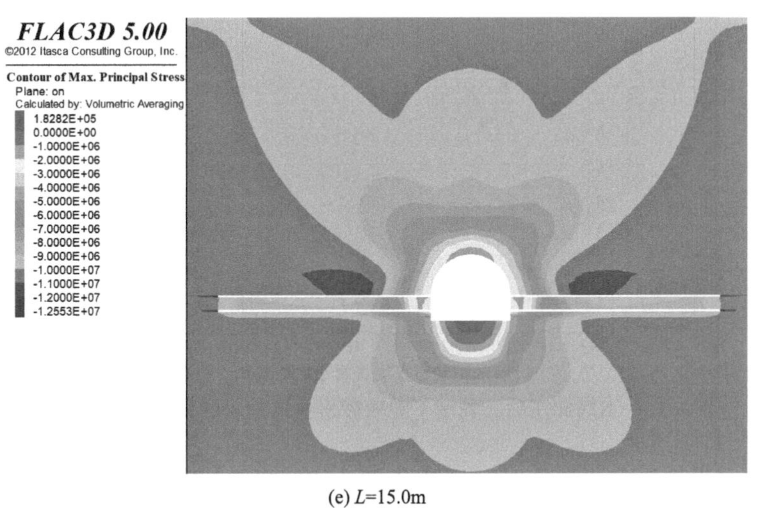

(e) L=15.0m

图 5-22

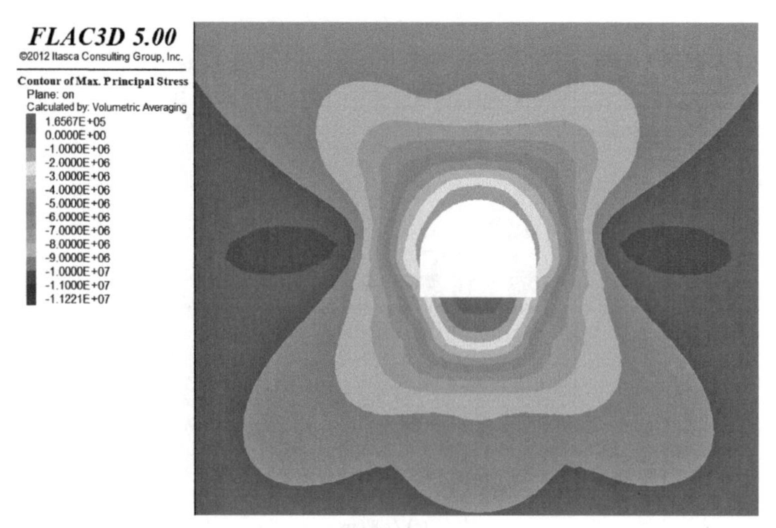

(f) 不开卸压钻孔

图 5-22　不同卸压钻孔长度泥质砂岩巷道围岩最大主应力云图（扫前言二维码可见彩图）

图 5-23 为不同卸压钻孔长度下泥质砂岩巷道围岩的最大主应力分布，由图 5-23 可知：当不开卸压钻孔时，巷道帮部最大主应力 σ 在距离巷道直墙表面 $r=0\sim6.32$m 内由 $\sigma=-1.11$MPa 快速上升至最大峰值 $\sigma_{max}=-11.03$MPa。当 $L=3.0$m 时，未发生应力峰值转移，与不开卸压孔时均在 $r=11.2$m 处位置取得应力峰值 $\sigma_{max}=-11.18$MPa。当 $L=6.0$m 时，应力峰值发生了转移，在距离巷道直墙表面 $r=7.37$m 处取得峰值 $\sigma_{max}=-11.33$MPa。当卸压钻孔长度 L 分别为 8.0m、10.0m、15.0m 时，应力峰值转移效果较为明显，分别在距巷道直墙表面 $r=9.47$m、11.58m、16.84m 处位置取得最大主应力峰值，峰值点大小分别为 $\sigma_{max}=-11.17$MPa、$\sigma_{max}=-11.05$MPa、$\sigma_{max}=-10.88$MPa。

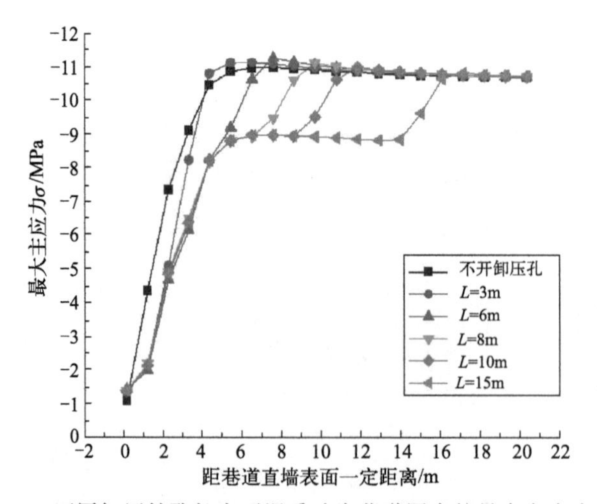

图 5-23　不同卸压钻孔长度下泥质砂岩巷道围岩的最大主应力分布

由此可知，岩性为泥质砂岩时，钻孔长度 L 取越长，此时围岩最大主应力峰值点位置转移的效果则越好。

图 5-24 为不同卸压钻孔长度下泥质砂岩巷道直墙的表面位移分布，由图 5-24 可知：

当不开卸压钻孔时，巷道直墙表面位移 u 由 110.0mm 变化至 59.0mm。巷道帮部钻孔卸压时，在位于两卸压孔之间的位置处，钻孔长度 L 由 3.0m 增加至 6.0m、8.0m，巷道直墙表面位移 u 随着钻孔长度 L 增大而减小，位移最大减小量 $u_{c\max}$ 分别为 20.0mm、25.0mm、29.0mm，但是当 $L=10.0$m、15.0m 时，此时的位移最大减小量 $u_{c\max}$ 为 26.0mm、22.0mm，相比于 $L=15.0$m 时要小。在位于第二个卸压孔的下方位置处，当 L 为 3.0m、6.0m、8.0m、10.0m、15.0m 时，巷道直墙表面位移 u 在第二排钻孔的下边缘 0.1m 范围内有略微增加，其余部位的位移减少量较小，与不开卸压孔相比未发生明显位移变化。

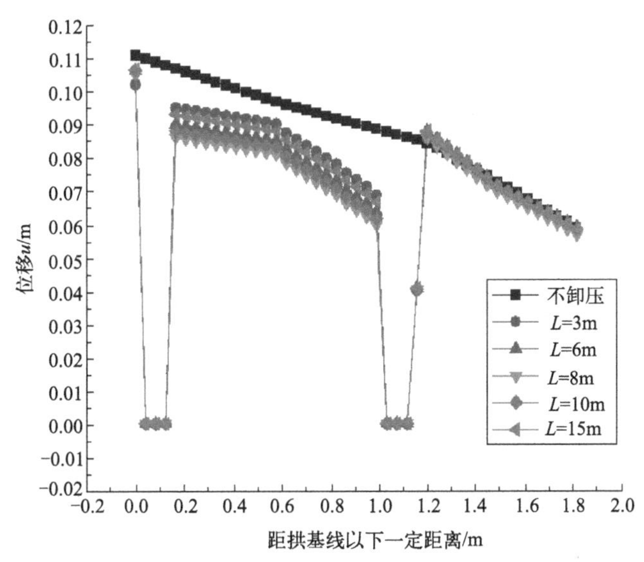

图 5-24　不同卸压钻孔长度泥质砂岩巷道直墙的表面位移分布

由此可知，岩性为泥质砂岩，卸压钻孔长度 $L=3.0\sim8.0$m 范围内，L 越大，对巷道直墙位移控制效果越好。但随着卸压长度 L 的继续增大，对巷道直墙表面位移 u 的控制效果会变差。

卸压钻孔长度 L 的增加，围岩破碎范围和程度也会增加。当巷道围岩岩性为泥质砂岩时，卸压钻孔的长度在 $L=3.0\sim8.0$m 内越大，则对巷道围岩深部的局部弱化程度越大，此时最大主应力转移效果也越好，对控制巷道表面位移具有一定效果。但是当 $L\leqslant6.0$m 无法接触到应力集中区时，此时仅能降低卸压钻孔长度范围内的巷道围岩应力，起不到应力峰值转移的效果，卸压效果较弱。在钻孔长度 L 继续增大至 10.0m、15.0m 时，反而会使得围岩在一定范围内的黏聚力 c 降低过多，使得围岩破碎程度进一步变大，新应力峰值继续向深处转移，增加了巷道围岩应力调整的时间，削弱了钻孔卸压效果，从而降低了围岩稳定性控制的效果。由此可知，当巷道围岩岩性为泥质砂岩时，巷道钻孔卸压的长度控制在 $L=8.0$m 左右时，最有利于围岩稳定性控制。

5.4.3　卸压钻孔间排距对巷道稳定性影响分析

模拟在卸压钻孔直径为 $d=15.0$cm、卸压孔长度为 $L=8.0$m 的情况下，分析卸压钻孔沿帮部直墙布置分别为单排孔、间排距 $a \times b = 1.5\text{m} \times 1.5\text{m}$、$a \times b = 1.0\text{m} \times 1.0\text{m}$、$a \times b = 0.5\text{m} \times 0.5\text{m}$ 时四种方案对泥质砂岩巷道稳定性的影响，结果见图 5-25。

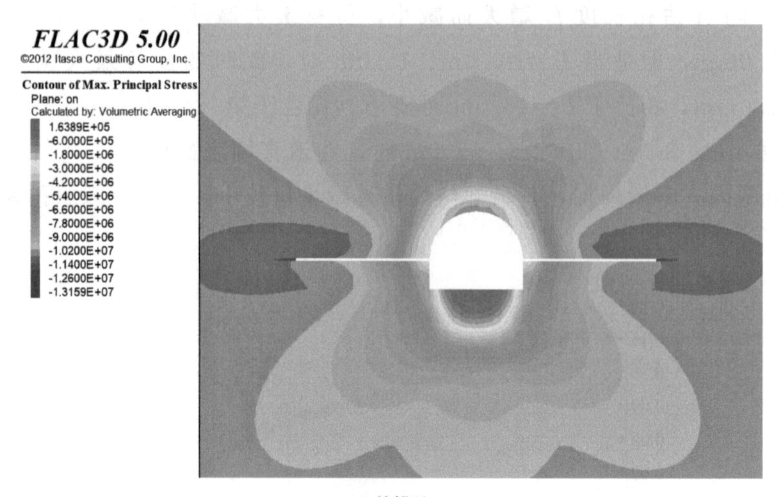

(a) 单排孔

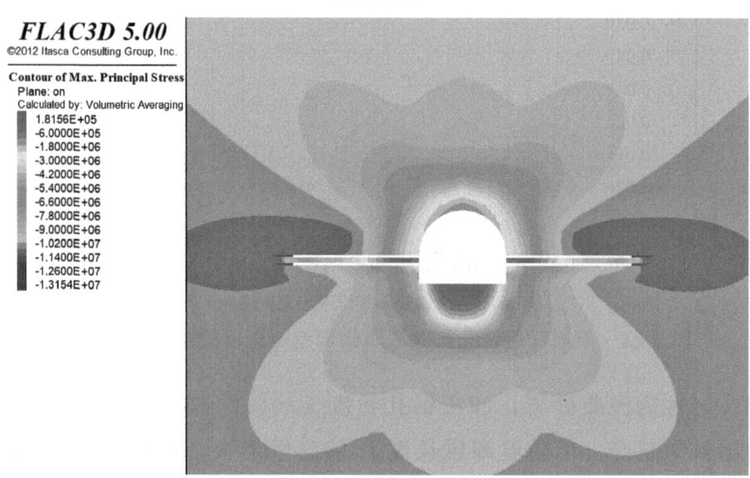

(b) $a \times b$=0.5m×0.5m

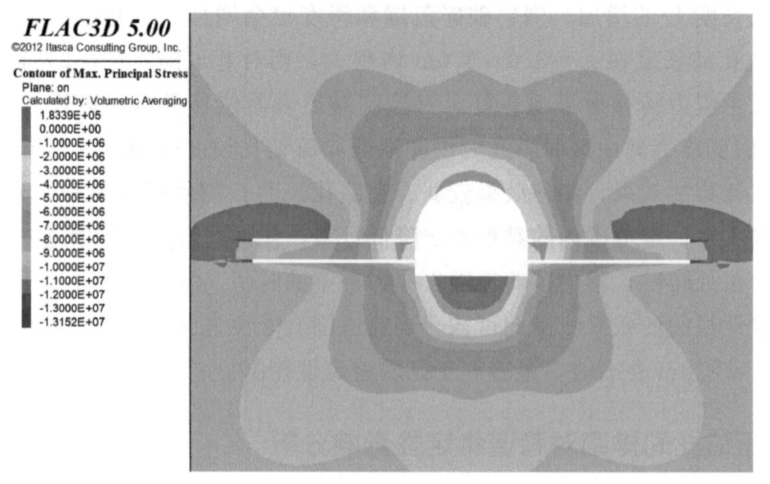

(c) $a \times b$=1.0m×1.0m

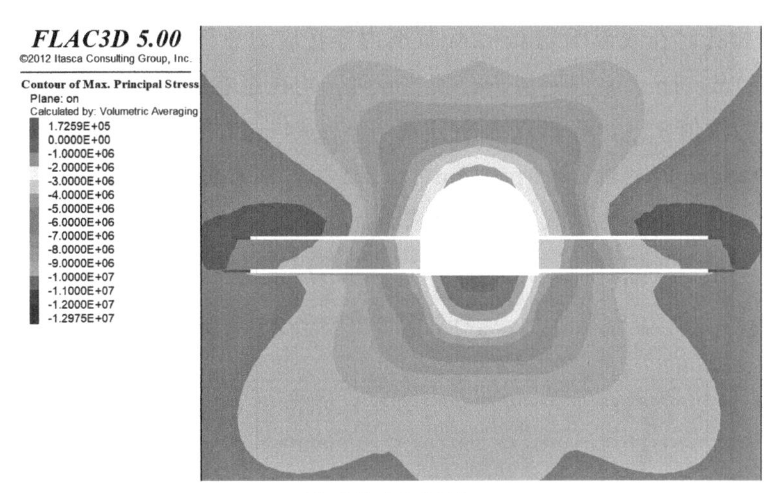

(d) $a \times b$=1.5m×1.5m

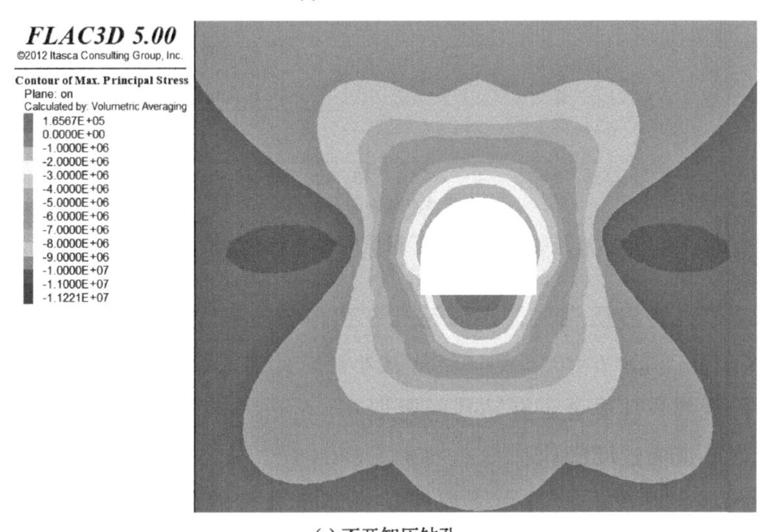

(e) 不开卸压钻孔

图 5-25　不同卸压钻孔间排距下泥质砂岩围岩的最大主应力云图（扫前言二维码可见彩图）

由图 5-25 可以看出，当不开卸压钻孔时，巷道开挖后在帮部两侧形成椭圆形应力集中区。当卸压钻孔为单排孔时，可以看到此时在卸压钻孔的下侧产生了小范围的应力转移现象。当 $a \times b$=0.5m×0.5m 时，应力集中区的转移相较于单排孔时范围要大一些。当 $a \times b$=1.0m×1.0m 时，两钻孔之间应力集中区被推移至端部一定距离，卸压效果进一步提升。当 $a \times b$=1.5m×1.5m 时，两钻孔之间应力集中区被推移至端部一定距离，但两卸压孔端部之间的应力相较于 $a \times b$=1.0m×1.0m 时要大，应力推移效果减弱。

图 5-26 为不同卸压钻孔间排距下泥质砂岩巷道围岩的最大主应力分布，由图 5-26 可知：当不开卸压钻孔时，巷道帮部最大主应力 σ 在距离巷道直墙表面 r=0～6.32m 内由 σ=－1.11MPa 快速上升至最大峰值 σ_{max}=－11.03MPa。当卸压钻孔为单排孔、$a \times b$=1.5m×1.5m 时，均在距巷道直墙表面 r=9.47m 处分别取得最大主应力峰值 σ_{max}，峰值点大小分别为 σ_{max}=－10.97MPa、σ_{max}=－11.07MPa，但在原峰值 r=6.32m 位置处应力降低的幅度较小，分别为 σ=－10.38MPa、σ=－10.02MPa，仍然处于较大水平，且

卸压钻孔为单排孔时在浅部围岩 0～2m 范围内存在应力总体略微升高的现象。当间排距分别为 $a\times b$=1m×1m、$a\times b$=0.5m×0.5m 时，均在距巷道直墙表面 r=9.47m 处位置取得最大主应力峰值 σ_{max}，峰值点大小分别为 σ_{max}=－11.17MPa、σ_{max}=－11.26MPa。且在范围 0～8.42m 内，当 $a\times b$=0.5m×0.5m 时，围岩最大主应力与不开卸压孔时相比大幅度降低，巷道帮部的承载能力大幅减弱，处于过度卸压状态。

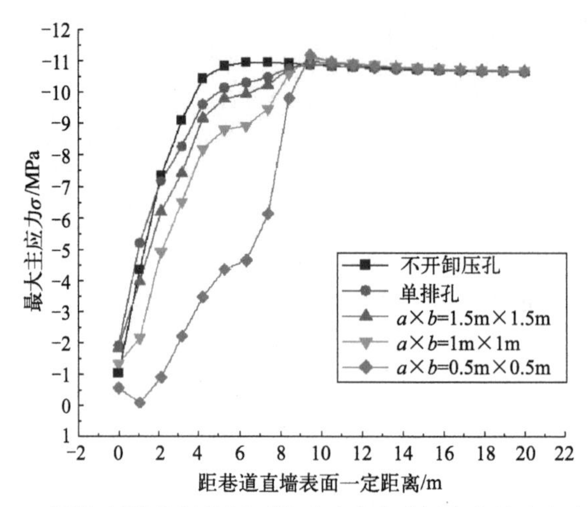

图 5-26　不同卸压钻孔间排距下泥质砂岩巷道围岩的最大主应力分布

由此可知，岩性为砂质泥岩，卸压钻孔在由单排孔往间排距 $a\times b$=1.5m×1.5m、$a\times b$=1.0m×1.0m、$a\times b$=0.5m×0.5m 减小时，此时对钻孔长度范围内的围岩最大主应力值的大小降低效果越显著。在钻孔间距取 $a\times b$=0.5m×0.5m 时，此时巷道浅部围岩应力值过低，巷道为过度卸压状态。

图 5-27 为不同卸压钻孔间排距下泥质砂岩巷道直墙的表面位移分布，由图 5-27 可知，当不开卸压钻孔时，巷道直墙表面位移 u 由 110.0mm 变化至 59.0mm。当卸压钻孔为单排孔、间排距为 $a\times b$=1.5m×1.5m、$a\times b$=1.0m×1.0m 时，位移最大减少量 $u_{c\,max}$ 分别为 11.0mm、13.0mm、29.0mm。当卸压钻孔为单排孔时，在距拱基线以下 0.8m 内直墙表面位移 u 基本与 $a\times b$=1.5m×1.5m 时相同，二者位移相差均值 Δu=2.0mm。当 $a\times b$=1.0m×1.0m 时，巷道直墙表面位移减少量相较于其他三种情况下降低非常明显。当卸压钻孔间排距为 $a\times b$=0.5m×0.5m 时，仅表现在第二排孔以上 0.3m 范围内的有较大的位移减少且 $u_{c\,max}$=59.0mm，在巷道直墙其他部位，与不卸压相比位移无明显变化，且存在位移略微增大的过度卸压现象。

由此可知，在 $a\times b$=1.5m×1.5m 时，两孔间卸压叠加效果欠佳，对巷道直墙表面位移减少量与单排孔时相比差别不大。在 $a\times b$=0.5m×0.5m 时，两孔间产生过度叠加效果，导致卸压过度，降低了对直墙表面位移的控制。

随着卸压钻孔间排距 $a\times b$ 的减小，围岩破碎范围和程度也会变大。当巷道围岩岩性为泥质砂岩时，卸压钻孔间排距在 $a\times b$=(1.0m×1.0m)～(1.5m×1.5m)范围内越小，最大主应力转移效果也越好，对控制巷道表面位移 u 越有利。当卸压钻孔间排距在 $a\times b$=

(0.5m×0.5m)～(1.0m×1.0m)范围内越小时，会导致巷道处于过度卸压状态。由此可知，当巷道围岩岩性为泥质砂岩时，巷道钻孔卸压间排距控制在 $a \times b=1.0m \times 1.0m$ 左右，最有利于围岩稳定性控制。

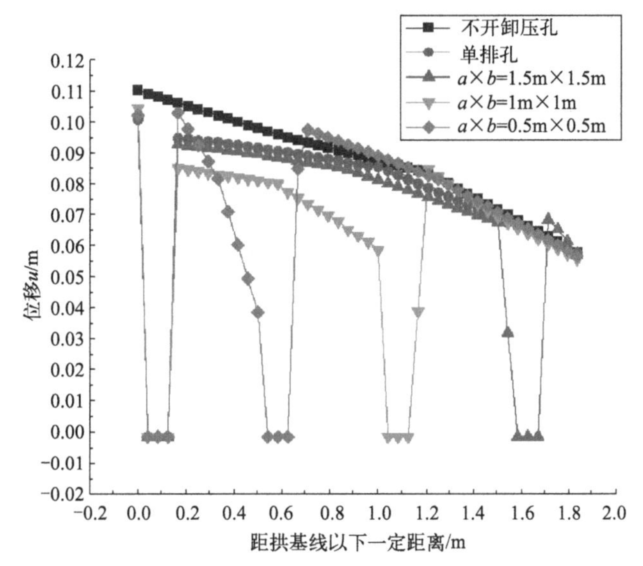

图 5-27 不同卸压钻孔间排距下泥质砂岩巷道直墙的表面位移分布

综上所述，当巷道围岩岩性为泥岩时，卸压钻孔参数合理选择为：直径 $d=15.0cm$、长度 $L=8.0m$、间排距 $a \times b=1.0m \times 1.0m$。

5.5 本章小结

结合朱仙庄三水平水仓巷道工程实际，本章采用数值模拟方法分析了巷道开挖后直墙半圆拱帮部上部距离巷道直墙表面大约 $r=7.36m$ 出现应力峰值，应力峰值分别为 $\sigma_{max}=-11.27 \sim -11.35MPa$，考虑到工程实际，巷道开挖后 2～3d 后钻孔卸压有利于应力及时得到调整，合理的钻孔卸压位置应选择在直墙帮部中上部位。在泥岩、砂质泥岩、泥质砂岩三种不同岩性的情况下，分别研究巷道卸压钻孔在不同直径 $d=50mm$、80mm、100mm、150mm、200mm、间排距 $a \times b=1.5m \times 1.5m$、$1.0m \times 1.0m$、$0.5m \times 0.5m$ 及长度 L 为 8.0m、12.0m、15.0m、18.0m、20.0m 时巷道 fF、hH 方向一定范围内围岩最大主应力 σ、黏聚力 c、巷道直墙表面 gG 位移 u 的变化，并对钻孔卸压后围岩稳定性进行了评价，得出在三种不同岩性的情况下钻孔卸压的合理参数。结果表明：钻孔卸压位置宜布置在巷道直墙上帮部位置，使最大主应力峰值位置向深部推移。围岩岩性为泥岩，合理的卸压钻孔参数为钻孔直径 $d=100mm$、间排距 $a \times b=1m \times 1m$、钻孔长度 $L=15m$；围岩岩性为砂质泥岩，合理的卸压钻孔参数为钻孔直径 $d=100mm$、间排距 $a \times b=1m \times 1m$、钻孔长度 $L=10m$；围岩岩性为泥质砂岩，合理的卸压钻孔参数为钻孔直径 $d=100mm$、间排距 $a \times b=1m \times 1m$、钻孔长度 $L=8m$。

第6章 典型深部巷道围岩稳定性的综合治理

巷道所处的应力环境、围岩岩体性质与支护方式是影响巷道稳定的主要因素。目前，现场通常仅通过提高支护强度或注浆改善围岩岩体特性实现控制深部巷道稳定性，难以达到预期效果。对于一些围岩稳定性较差的深部高应力巷道，选择合理的钻孔卸压及挖槽卸压布置及参数可有效地减少巷道周边一定范围内围岩应力，并使最大主应力有效向深部转移，从而有效降低巷道围岩松动破碎，控制围岩稳定性，延长巷道服务期限。深部巷道围岩稳定主要由破碎范围及碎胀程度确定，工程中可通过实测巷道围岩松动圈厚度、围岩表面位移、表面位移梯度综合判定典型部位围岩稳定性，确定易于失稳的关键部位。选择一次支护、注浆、卸压及二次支护等多种方案组合控制围岩稳定性。

本章以三水平水仓巷道和运输斜巷直墙半圆拱巷道为工程背景，采用 FLAC3D 软件模拟分析原巷道支护条件下围岩易于“失稳”的关键部位。在原巷道基础上选择锚杆（索）二次支护、钻孔卸压、注浆、挖槽等合理布置及参数，保证巷道围岩整体稳定。

6.1 典型深部软岩巷道合理支护选择（工程实例 1）

6.1.1 巷道原有支护存在问题分析

巷道原有支护形式主要为二次锚网索带喷＋注浆支护，数值模拟及工程实测表明：如图 3-1 所示，巷道顶板 AB 方向松动圈厚度 $R=0.53$m、巷道表面位移梯度 $\lambda=6.82$mm/m、巷道表面位移 $u=75.69$mm，围岩表面仅产生一次蠕变，围岩变形处于极稳定状态，巷道拱基线 CD 方向松动圈厚度 $R=3.31$mm、巷道表面位移梯度 $\lambda=26.23$mm/m、巷道表面位移 $u=64.80$mm，围岩表面仅产生一次蠕变，围岩变形处于稳定状态，巷道帮部 EF 方向松动圈厚度 $R=3.50$m、巷道表面位移梯度 $\lambda=26.09$mm/m、巷道表面位移 $u=66.51$mm，围岩仅产生一次蠕变，处于极稳定状态，巷道底板 GH 方向松动圈厚度 $R=2.93$m、巷道表面位移梯度 $\lambda=364.01$mm/m、巷道表面位移 $u=306.95$mm，围岩变形产生二次蠕变且二次蠕变衰减系数 $B_2=0.03$，围岩变形处于不稳定状态。

6.1.2 巷道合理支护选择及工程应用

(1) 巷道合理支护选择

基于以上分析结果，帮部锚杆间排距仍取为 $a\times b=400\mathrm{mm}\times400\mathrm{mm}$，分两次支护，每次支护 $a\times b=800\mathrm{mm}\times800\mathrm{mm}$ 间隔进行；改变巷道顶板锚杆间排距为 $a\times b=600\mathrm{mm}\times400\mathrm{mm}$，锚杆长度 $L=2.5\mathrm{m}$，考虑到顶板离层稳定性，顶板靠近顶部三根锚索长度仍取为 $L=6.3\mathrm{m}$，锚索间排距仍取为 $a\times b=1600\mathrm{mm}\times1600\mathrm{mm}$；考虑到拱基线位置松动圈厚度为 $R=3.50\mathrm{m}$，改变拱基线位置两根锚索长度为 $L=4.1\mathrm{m}$，相邻锚索间排距仍取为 $a\times b=1600\mathrm{mm}\times1600\mathrm{mm}$，拱基线锚索作为二次支护，待巷道围岩开挖一次蠕变结束后进行，一般时间为 $t=20\sim25\mathrm{d}$；巷道底板中部布置三根长度为 $L=2.5\mathrm{m}$ 锚杆，间距为 $a\times b=800\mathrm{mm}\times800\mathrm{mm}$，其中中间锚杆注浆。改变支护后围岩黏结力分布云图如图 6-1 所示，位移分布云图如图 6-2 所示。

典型部位距巷道表面不同位置的黏结力数值模拟结果如表 6-1 所示，依据表中数据可得典型部位围岩黏结力分布如图 6-3 所示。

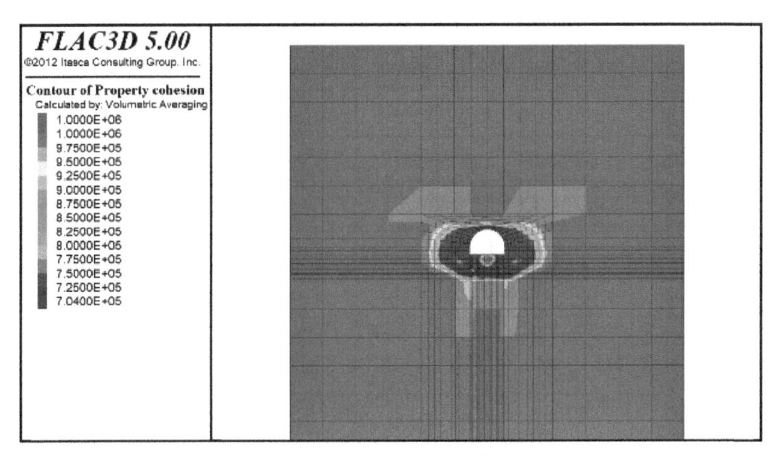

图 6-1 围岩黏结力分布云图

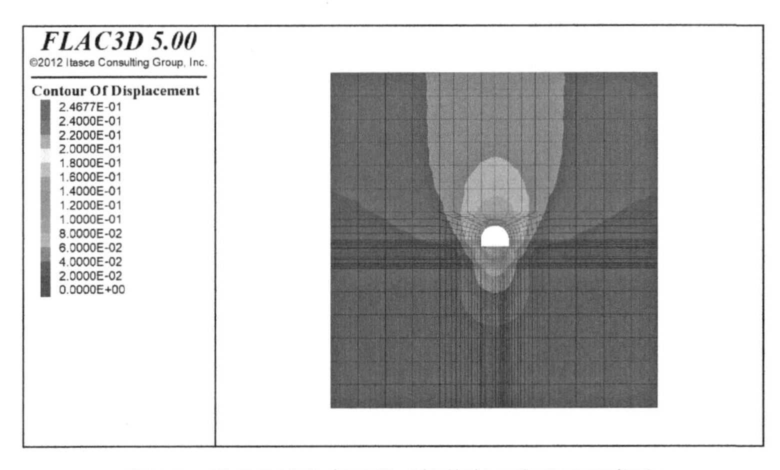

图 6-2 围岩位移分布云图（扫前言二维码可见彩图）

表 6-1 典型部位距巷道表面不同位置的黏结力数值模拟结果 单位：MPa

距巷道表面距离/m	典型部位					
	顶板 *AB*	拱基线 *CD*	帮部 *EF*	底板 *GH*	底板 *IJ*	底板 *KL*
0	0.704000	0	0	0.704000	0.704000	0.704000
0.241379	0.704000	0.704000	0.704000	0.704000	0.704000	0.704000
0.482759	0.735304	0.704000	0.704000	0.704000	0.704000	0.704000
0.724138	0.892027	0.704000	0.704000	0.704000	0.704000	0.704000
0.965517	0.978871	0.704000	0.704000	0.704000	0.704000	0.704000
1.20690	1.00000	0.704000	0.704000	0.704000	0.704000	0.704000
1.44828	1.00000	0.704000	0.704000	0.704000	0.704000	0.704000
1.68966	1.00000	0.704000	0.704000	0.704000	0.704000	0.704000
1.93103	1.00000	0.704000	0.704000	0.704000	0.704000	0.704000
2.17241	1.00000	0.704000	0.704000	0.704000	0.704000	0.704000
2.41379	1.00000	0.704000	0.704000	0.704000	0.704000	0.704000
2.65517	1.00000	0.704000	0.704000	0.704000	0.704000	0.704000
2.89655	1.00000	0.704000	0.704000	0.704000	0.704000	0.704000
3.13793	1.00000	0.704000	0.704000	0.704000	0.704000	0.704000
3.37931	1.00000	0.704000	0.704000	0.704000842	0.704000	0.704000
3.62069	1.00000	0.704269	0.704777	0.786416	0.704000	0.704000
3.86207	1.00000	0.704269	0.704777	0.945187	0.999598	0.927199
4.10345	1.00000	0.704269	0.704777	1.00000	1.00000	1.00000
4.34483	1.00000	0.704269	0.704777	1.00000	1.00000	1.00000
4.58621	1.00000	0.729039	0.723338	1.00000	1.00000	1.00000
4.82759	1.00000	0.729039	0.723338	1.00000	1.00000	1.00000
5.06897	1.00000	0.729039	0.723338	1.00000	1.00000	1.00000
5.31034	1.00000	0.95591	0.927167	1.00000	1.00000	1.00000
5.55172	1.00000	0.95591	0.927167	1.00000	1.00000	1.00000
5.7931	1.00000	0.95591	0.927167	1.00000	1.00000	1.00000
6.03448	1.00000	0.95591	0.927167	1.00000	1.00000	1.00000
6.27586	1.00000	1.00000	1.00000	1.00000	1.00000	1.00000
6.51724	1.00000	1.00000	1.00000	1.00000	1.00000	1.00000
6.75862	1.00000	1.00000	1.00000	1.00000	1.00000	1.00000
7.00000	1.00000	1.00000	1.00000	1.00000	1.00000	1.00000

根据围岩残余强度分布范围估算巷道围岩典型部位松动圈厚度如表 6-2 所示。

AB 部位，拱基线 *CD* 部位，帮部 *EF* 部位，底板 *GH* 部位、*IJ* 部位、*KL* 部位距离巷道表面不同距离的位移见表 6-3～表 6-5。

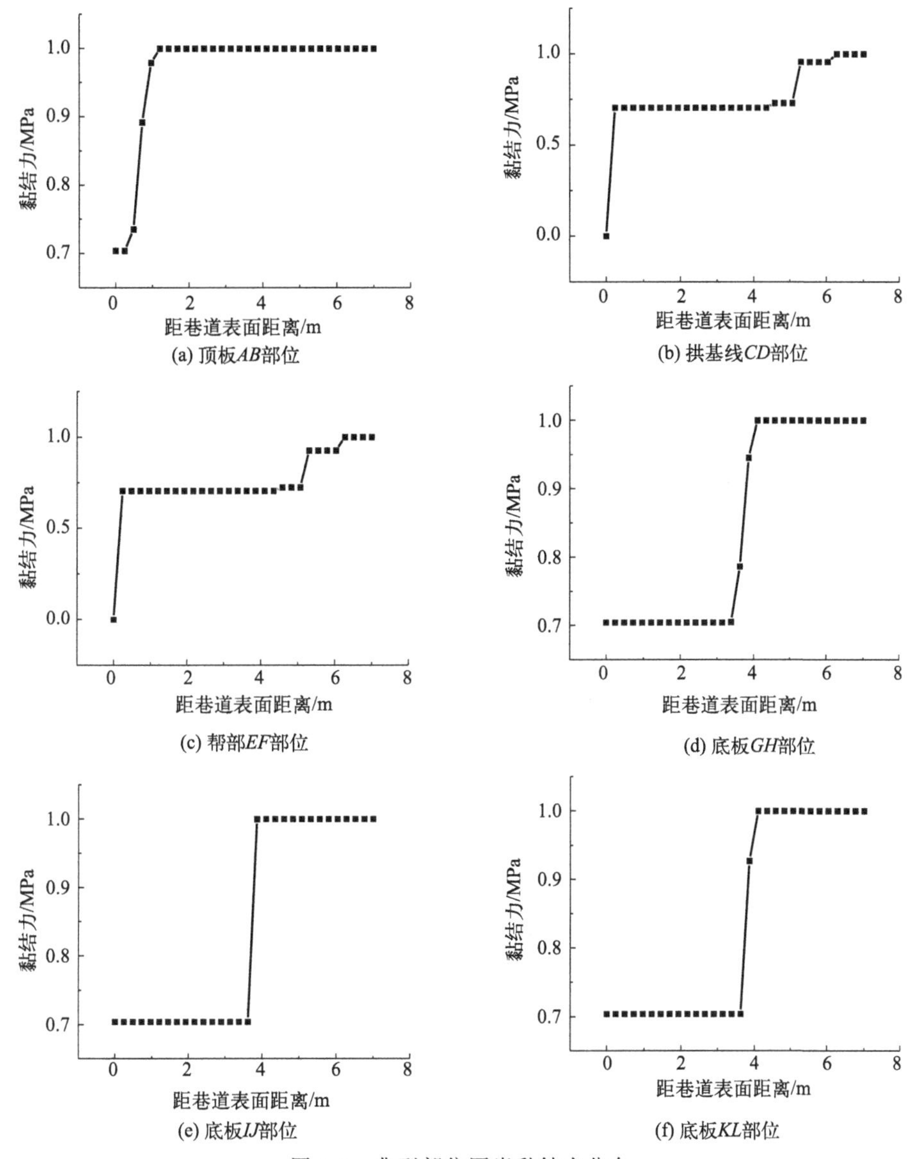

图 6-3 典型部位围岩黏结力分布

表 6-2 巷道典型部位松动圈厚度

部位	松动圈厚度/m	部位	松动圈厚度/m
AB	0.72	*GH*	3.86
CD	5.31	*IJ*	3.86
EF	5.31	*KL*	3.86

表 6-3 *AB* 部位距巷道表面不同距离位移

距巷道表面距离/m	顶板 *AB* 位移/mm
0	115.092
0.555556	109.006
1.11111	104.039

续表

距巷道表面距离/m	顶板 *AB* 位移/mm
1.66667	99.6137
2.22222	95.8272
2.77778	92.8582
3.33333	90.0007
3.88889	87.1432
4.44444	84.2856
5.00000	81.4281

表 6-4　拱基线部位和帮部部位距巷道表面不同距离位移

距巷道表面距离/m	拱基线 *CD* 位移/mm	帮部 *EF* 位移/mm
0	127.4290	122.599
0.344828	117.689	112.562
0.689655	108.743	103.035
1.03448	97.7594	92.0558
1.37931	88.6736	83.8678
1.72414	80.1995	76.3339
2.06897	72.1277	69.2302
2.41379	62.8472	61.1330
2.75862	53.3282	52.8397
3.10345	44.7691	45.1750
3.44828	36.3281	37.5877
3.7931	29.565	31.1418
4.13793	23.3577	25.0741
4.48276	18.0696	19.6786
4.82759	14.1720	15.3001
5.17241	10.2744	10.9216
5.51724	8.40915	8.74803
5.86207	7.02227	7.09336
6.20690	5.63538	5.43870
6.55172	4.96467	4.78118
6.89655	4.32216	4.16293
7.24138	3.67965	3.54467
7.58621	3.38386	3.25939
7.93103	3.15907	3.04230
8.27586	2.93429	2.82522
8.62069	2.70950	2.60813
8.96552	2.48472	2.39104

续表

距巷道表面距离/m	拱基线 *CD* 位移/mm	帮部 *EF* 位移/mm
9.31034	2.25993	2.17395
9.65517	2.03515	1.95687
10.0000	1.81036	1.73978

表 6-5　底板 *GH*、*IJ*、*KL* 部位距巷道表面不同距离位移

距巷道表面距离/m	底板 *GH* 位移/mm	底板 *IJ* 位移/mm	底板 *KL* 位移/mm
0	190.450	190.809	241.851
0.241379	178.189	185.639	207.424
0.482759	175.446	177.161	186.815
0.724138	170.790	175.293	161.551
0.965517	166.552	167.552	137.955
1.20690	160.175	160.959	117.931
1.44828	150.256	152.161	103.281
1.68966	141.700	145.065	93.7354
1.93103	133.591	139.843	87.3254
2.17241	125.402	129.050	82.8681
2.41379	112.940	117.898	79.5736
2.65517	102.397	105.287	76.3850
2.89655	92.5194	93.8266	73.1732
3.13793	82.0626	84.4445	70.2503
3.37931	76.5788	76.4588	67.4882
3.62069	73.1675	70.9185	64.5929
3.86207	70.6275	68.4097	62.4949
4.10345	68.8384	66.7462	61.0145
4.34483	67.1691	65.1542	59.6227
4.58621	65.4998	63.5623	58.2309
4.82759	63.8305	61.9703	56.8392
5.06897	62.1612	60.3784	55.4474
5.31034	60.4919	58.7864	54.0556
5.55172	58.8226	57.1945	52.6639
5.7931	57.1533	55.6025	51.2721
6.03448	55.4840	54.0106	49.8803
6.27586	53.8147	52.4187	48.4886
6.51724	52.1454	50.8267	47.0968
6.75862	50.4760	49.2348	45.7050
7.00000	48.8067	47.6428	44.3133

依据以上数值模拟结果可得，巷道典型部位围岩的位移分布如图 6-4 所示。不同部位巷道围岩随距离变化的回归系数见表 6-6。

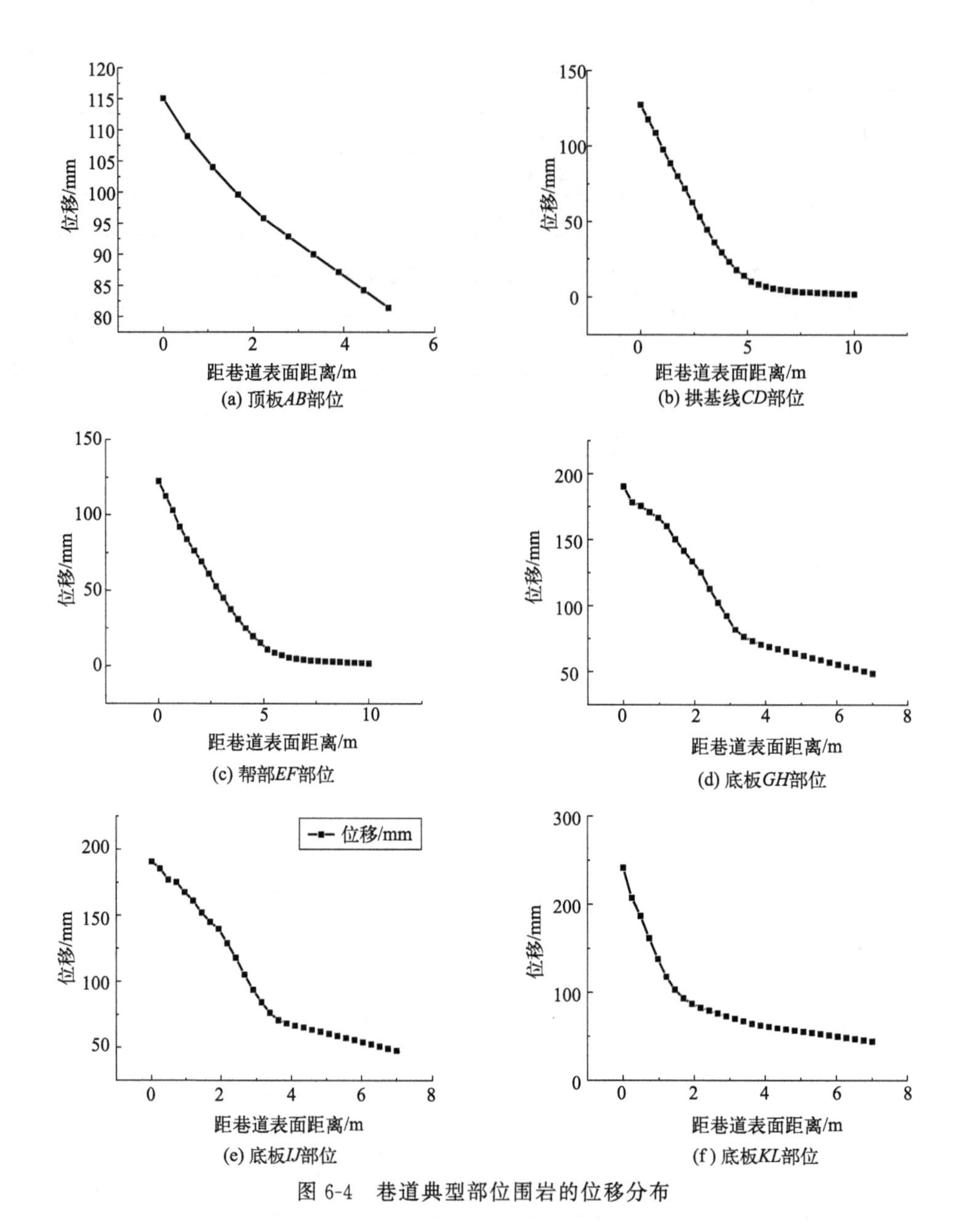

图 6-4 巷道典型部位围岩的位移分布

表 6-6 不同部位巷道围岩位移随距离变化回归系数

部位	k_0/mm	k_1/mm	k_2/m^{-1}
AB	63.65	51.05	1.61
CD	−8.67	145.22	0.60
EF	−9.08	138.57	0.59
GH	12.80	189.02	0.82
IJ	4.43	197.61	0.82
KL	50.56	191.97	0.82

依据式(3-2) 可得巷道典型部位松动圈厚度及碎胀特征分布见表 6-7。

表 6-7 巷道典型部位松动圈厚度及碎胀特征分布

部位	松动圈厚度/m	表面位移/mm	表面位移梯度/(mm/m)	松动圈边界位移梯度/(mm/m)
AB	0.72	115.09	10.95	10.18
CD	5.31	127.43	28.25	11.69
EF	5.35	122.60	29.11	13.21
GH	3.83	180.45	50.82	10.68
IJ	3.88	190.81	50.42	9.56
KL	3.85	241.85	82.63	10.09

(2) 工程应用

应选择的巷道合理支护形式及参数见图 6-5。

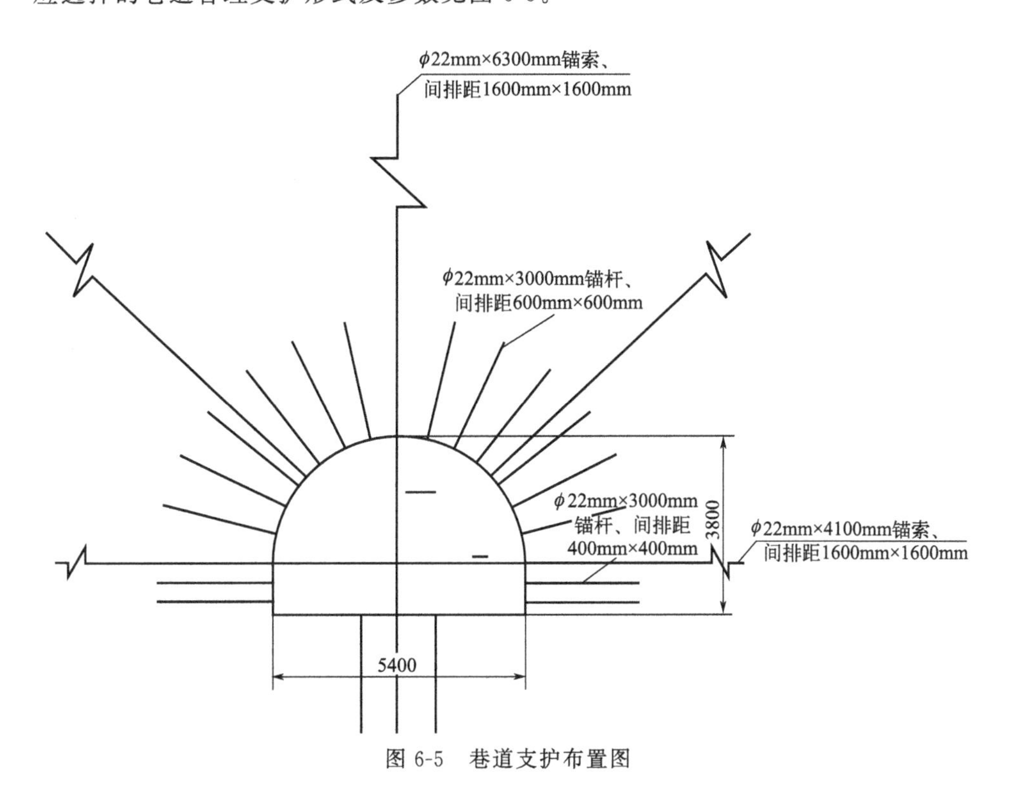

图 6-5 巷道支护布置图

6.2 典型深部软岩巷道钻孔卸压及合理二次支护选择（工程实例 2）

6.2.1 巷道原有支护存在问题分析

数值模拟及工程实测结果表明如下结论。

① 巷道帮部拱基线 bB 部位松动圈厚度约为 $R=3.158$m、表面变形速度衰减系数约为 $B_0=0.02$、表面变形量约为 $u=142.0$mm，表面位移梯度 $\lambda=63.78$mm/m，巷道帮部

拱基线 bB 围岩变形有明显的失稳趋势。

② 巷道帮部 cC 部位松动圈厚度约为 $R=3.42$m、表面变形速度衰减系数约为 $B_0=0.05$、表面变形量约为 $u=116.0$mm，$\lambda=41.01$mm/m，该部位围岩松动破碎范围较为显著，表面变形速度衰减系数接近临近允许值，围岩变形基本稳定。

③ 巷道底板 dD 部位松动圈厚度约为 $R=2.64$m，表面变形约为 $u=278.0$mm，表面位移梯度 $\lambda=361.25$mm/m，并呈加速增长趋势，尽管松动圈破碎范围不明显，但底板中部围岩变形失稳。

④ 巷道底板 eE、fF 部位松动圈厚度 R 约为 2.37m、1.84m，表面变形 u 约为 246.0mm、126.0mm，表面位移梯度 λ 为 296.18mm/m、140.12mm/m，尽管松动破碎范围较小，但仍有失稳趋势。

6.2.2 巷道围岩合理二次支护选择

6.2.2.1 巷道帮部合理二次支护选择

巷道帮部拱基线部位补加锚索，分析结果表明：巷道帮部拱基线 bB 部位补打一根长度 $L=4.1$m 的 YMS22-1860 锚索，相应的帮部增加二次支护后数值模拟结果如图 6-6 所示。

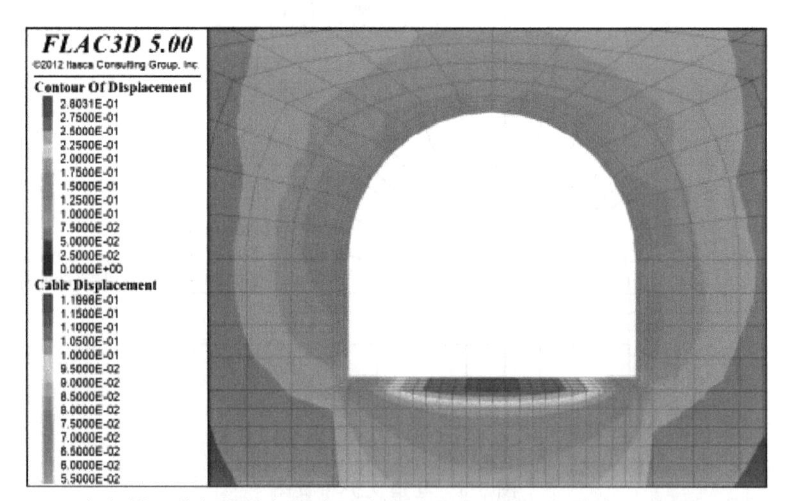

图 6-6 帮部拱基线部位补打锚索围岩位移分布云图（扫前言二维码可见彩图）

帮部拱基线位置未补打锚索时，拱基线 bB 位置和帮部 cC 位置围岩位移 u 分别为 142.0mm、126.0mm，补打锚索后围岩位移明显减小，拱基线 bB 位置围岩变形 $u=91.0$mm，较未补打锚索时减小 35.92%；帮部 cC 位置位移为 $u=93.0$mm，较未补打锚索时减小 26.19%。巷道帮部上部补打锚索二次支护后，对围岩拱基线和帮部上部的围岩变形有较好控制效果。考虑到拱基线部位围岩变形有失稳趋势，该部位施加 YMS22/4.1-1860 预应力锚索，锚索长度 $L=4.1$m。围岩一次蠕变结束后立即进行二次支护，二次支护时间 $t=20\sim25$d。

6.2.2.2 巷道底板二次支护参数

（1）锚杆支护

针对巷道底板底鼓显著，底板布置锚杆。锚杆布置方式为巷道底板全长布置五根长度$L=3.0\mathrm{m}$的锚杆，巷道底板中部布置三根长度$L=3.0\mathrm{m}$、间距$a=0.7\mathrm{m}$的锚杆。巷道围岩位移如图6-7所示，巷道底板中部dD部位围岩位移随距巷道表面距离变化如图6-8，结果表明：巷道底板中部布置三根长度$L=3.0\mathrm{m}$的锚杆与巷道底板全部布置五根长度$L=3.0\mathrm{m}$的锚杆，巷道底板中部dD部位表面变形分别为$u=116.0\mathrm{mm}$和$u=108.0\mathrm{mm}$，仅相差$\Delta u=8.0\mathrm{mm}$，距巷道表面距离$r>1.5\mathrm{m}$，两种布置形式dD部位位移基本相同。两种不同锚杆布置相差不明显，巷道底板中间部位布置锚杆较为合理。

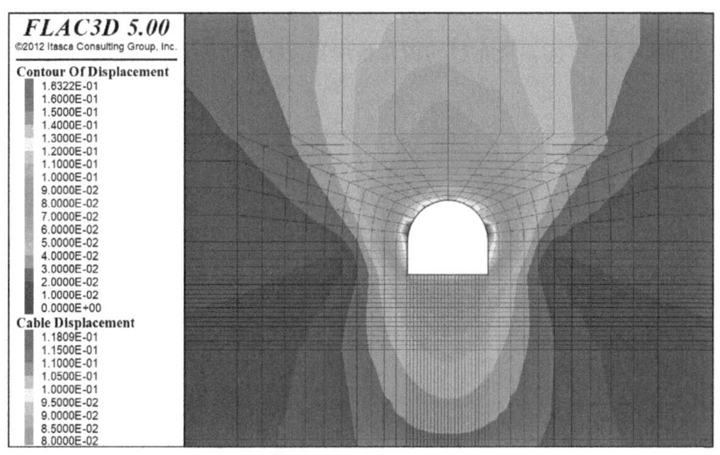

(a) 巷道底板全部布置锚杆

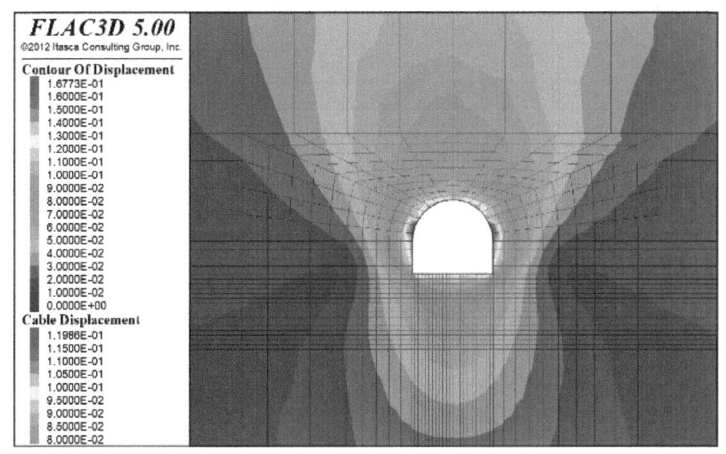

(b) 巷道底板中间布置锚杆

图6-7　不同底板锚杆分布围岩位移及锚杆受荷云图（扫前言二维码可见彩图）

为合理确定锚杆长度，巷道底板中间部位布置三根锚杆，锚杆长度L分别取为0.5m、1.0m、2.0m、3.0m，围岩位移见图6-9。不同锚杆长度巷道底板中间dD部位围岩位移随距离的变化见图6-10。不同锚杆长度巷道底板中部dD部位表面变形u分别为165.0mm、158.0mm、130.0mm、116.0mm，合理的锚杆长度L在2.0～3.0m。

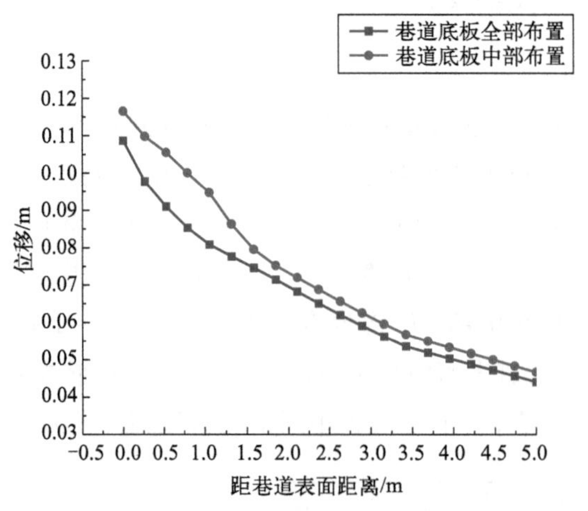

图 6-8　不同锚杆布置巷道底板中部 dD 部位位移随距离变化

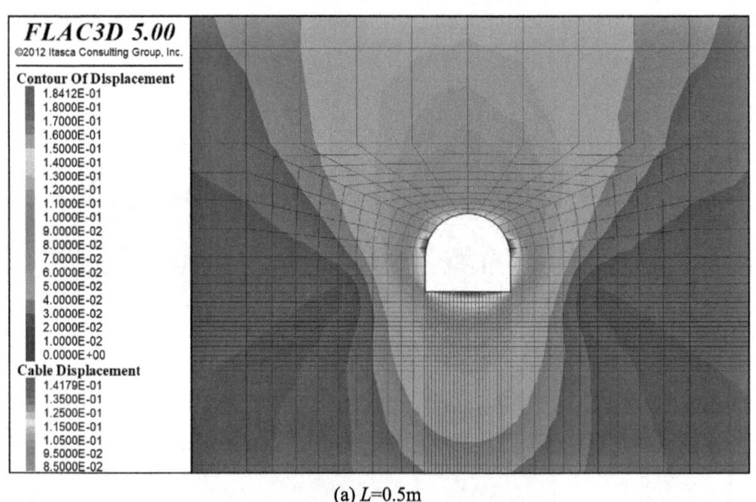

(a) L=0.5m

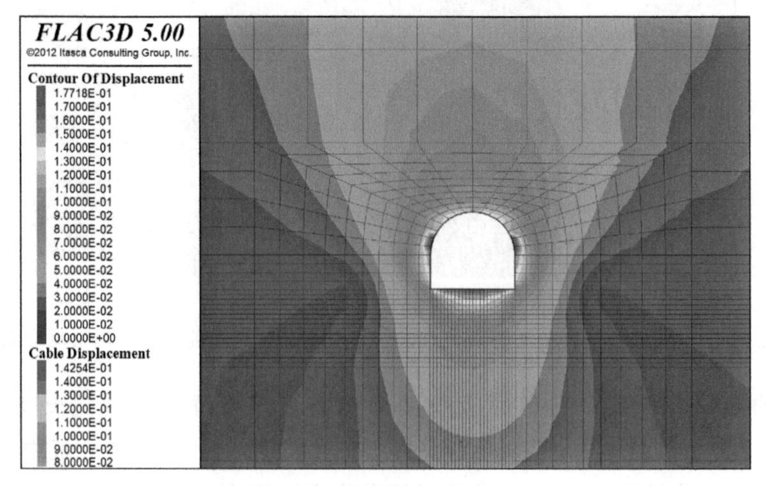

(b) L=1.0m

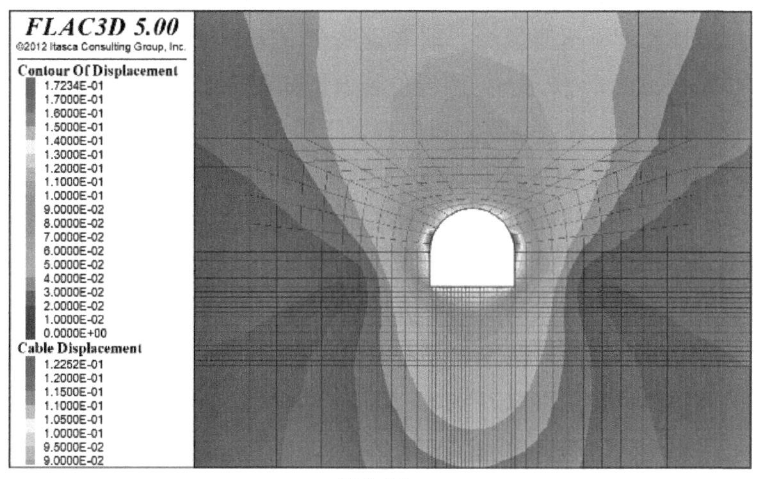

(c) L=2.0m

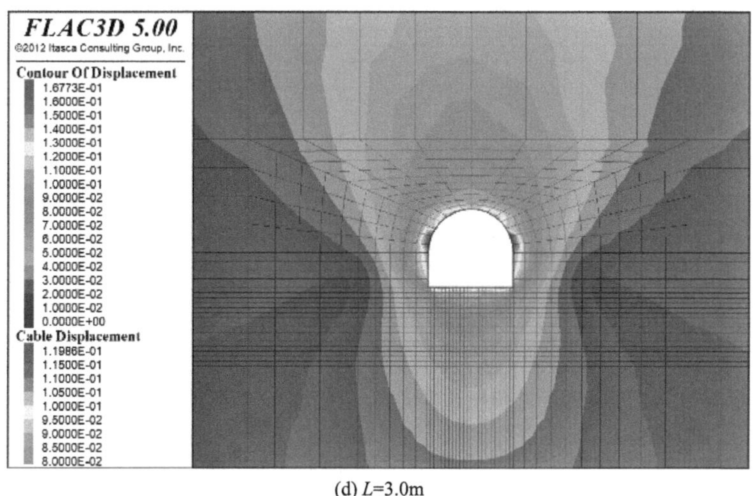

(d) L=3.0m

图 6-9 不同底板锚杆长度巷道围岩及锚杆受荷云图（扫前言二维码可见彩图）

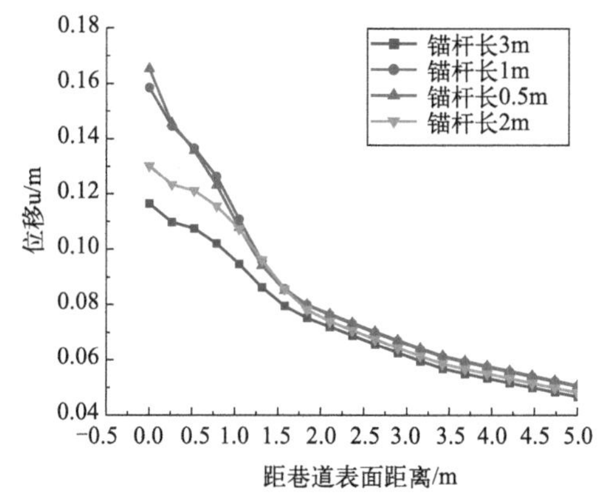

图 6-10 不同锚杆长度布置 dD 部位位移随距离的变化

以上计算结果分析表明：巷道底板 eE 部位及 fF 部位围岩松动破碎较巷道底板 dD 部位减弱，该部位锚杆长度可适当减少，取巷道底板 dD 部位锚杆长度 $L=3.0$m，巷道底板 eE、fF 部位锚杆长度 $L=2.2$m，围岩位移云图如图 6-11 所示，与巷道底板中部布置三根 3.0m 的锚杆的围岩比较，巷道底板中部 dD 部位围岩位移随距巷道表面距离的变化如图 6-12 所示。选取三根锚杆，长度分别为 $L=3.0$m、3.0m、3.0m 和 $L=2.2$m、3.0m、2.2m，巷道底板中部 dD 部位表面变形分别为 116.0mm 和 121.0mm，仅相差 5.0mm。巷道底板中部布置三根长度 $L=2.2$m、3.0m、2.2m、间距为 $a=0.7$m 的锚杆可有效控制底板变形。围岩一次蠕变结束后即进行底板二次支护，与顶板帮部围岩比较，巷道底板围岩一次蠕变时间明显减少，但考虑到工程施工方便，二次支护时间选择与顶板帮部二次支护时间一致，一般可取 $t=20\sim25$d。

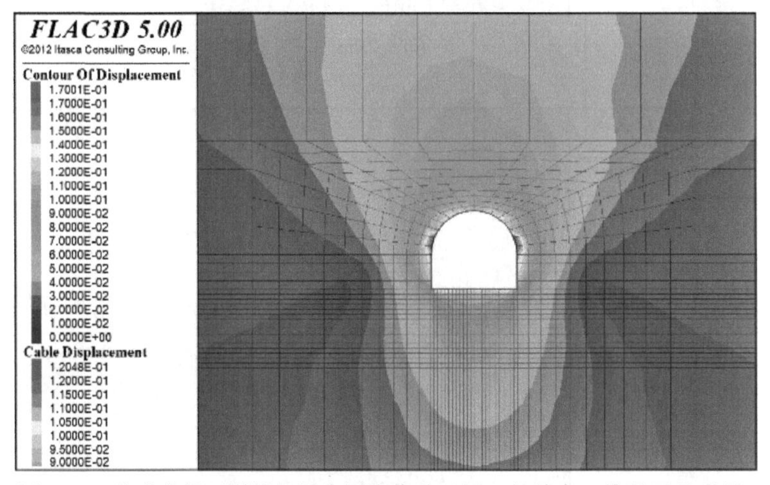

图 6-11　巷道中部不同锚杆长度围岩位移云图（扫前言二维码可见彩图）

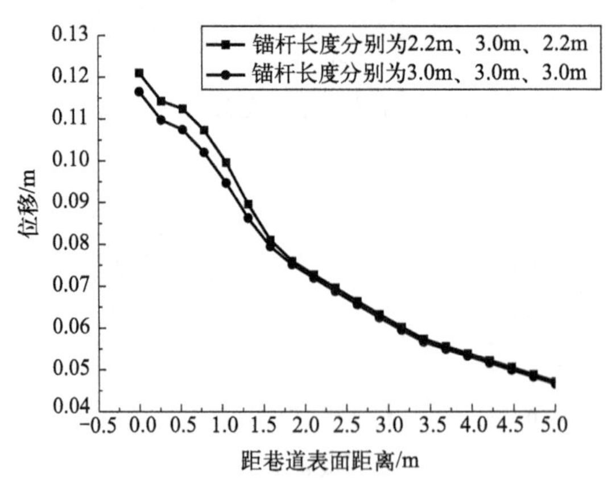

图 6-12　巷道中部不同锚杆长度布置围岩位移随距离的变化

(2) 巷道底板注浆

通过注浆增强底板稳定性，有关资料表明：通过巷道底板中间部位锚杆长度 $L=3.0$m 锚杆进行底板注浆，可以将围岩底板岩石黏结力 c 由 1.2MPa 增加至 1.5MPa，内摩擦角 φ 由 25°增加至 28°，数值模拟得出的底板注浆前后围岩的位移云图见图 6-13。注

浆后巷道底板中部 dD 部位围岩表面位移 u 由 280.0mm 减少至 156.0mm，有效保持了底板围岩稳定性。可选择巷道底板锚杆长度 $L=3.0$m 作为注浆锚杆进行底板注浆，注浆时间应在锚杆施工结束后尽早进行。

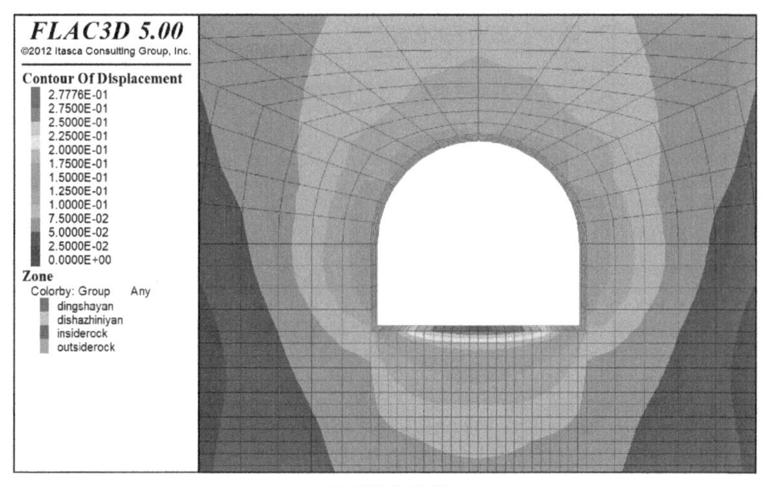

(a) 锚杆注浆前

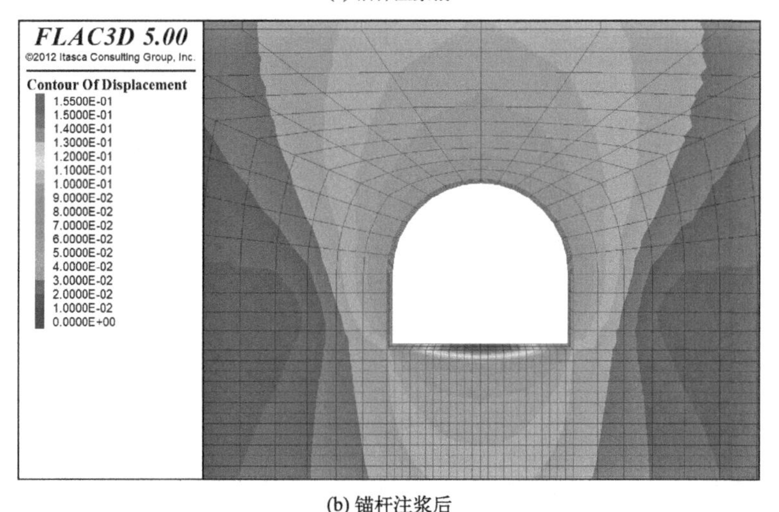

(b) 锚杆注浆后

图 6-13　巷道底板注浆前后围岩的位移云图（扫前言二维码可见彩图）

6.2.3　巷道帮部合理钻孔卸压参数选择

6.2.3.1　巷道帮部钻孔卸压数值模拟

（1）数值计算模型

如图 6-14 所示，依据朱仙庄三水平水仓巷道工程实际，建立长×宽×厚=60.0m×60.0m×1.0m 的网格体，巷道施工段围岩岩性为砂质泥岩，上部采用 apply 命令施加地应力 $P_0=16.0$MPa。模型两边及底部采用 fix 命令进行约束。钻孔卸压参数按照本书 5.5 节的分析结果进行选取，即直径 $d=100.0$mm、长度 $L=10.0$m、间排距 $a\times b=1.0$m×1.0m。

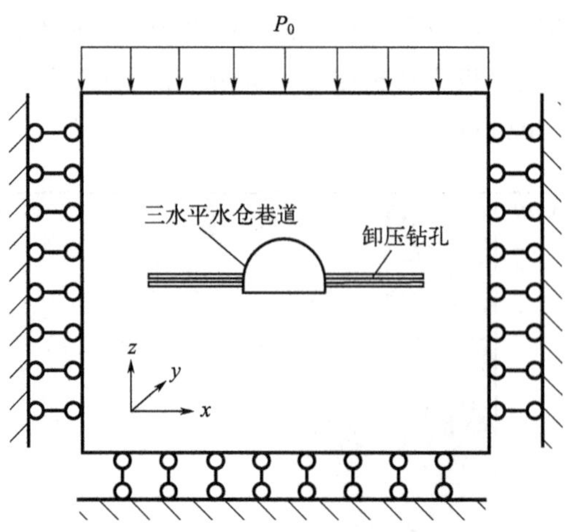

图 6-14 朱仙庄三水平水仓巷道数值计算模型图

(2) 数值模拟结果

比较采取钻孔卸压与未采取钻孔卸压的效果，围岩最大主应力云图比较见图 6-15；

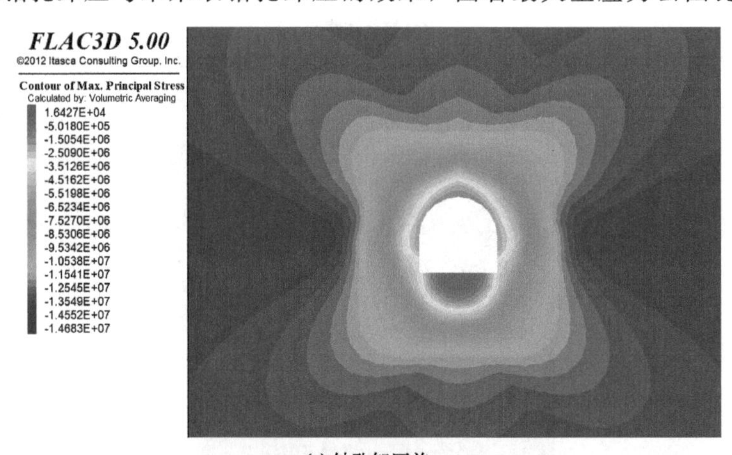

(a) 钻孔卸压前

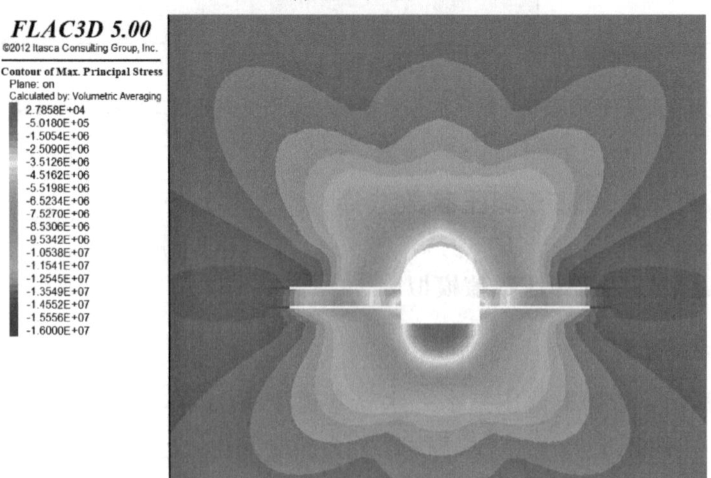

(b) 钻孔卸压后

图 6-15 巷道围岩钻孔卸压前后最大主应力云图（扫前言二维码可见彩图）

取如图 5-1 所示两卸压钻孔中间 fF 部位，围岩最大主应力随距巷道表面距离的变化见图 6-16；取如图 5-1 所示巷道直墙表面 gG 部位，表面位移比较见图 6-17。

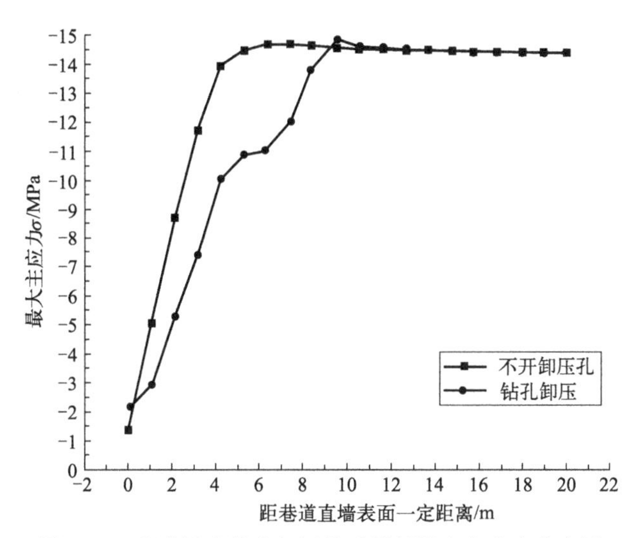

图 6-16　巷道围岩钻孔卸压前后帮部最大主应力分布图

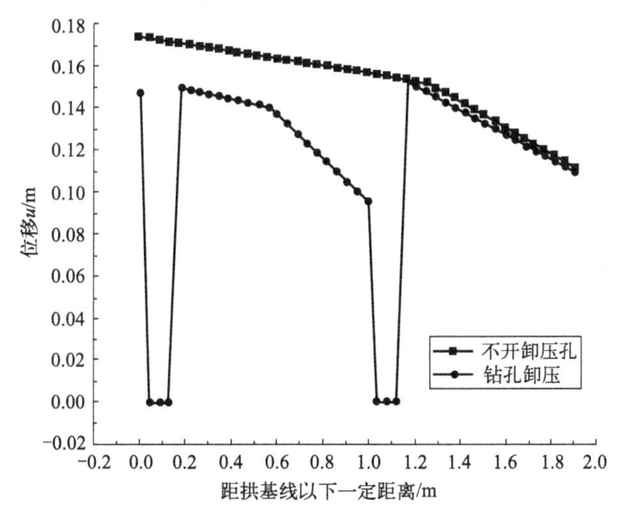

图 6-17　巷道围岩钻孔卸压前后直墙表面位移图

图 6-15 的计算结果表明，开挖巷道后帮部两侧形成椭圆形应力集中区，实施了钻孔卸压措施后的椭圆形应力集中区向远处发生了推移。

图 6-16 的计算结果比较表明：未实施钻孔卸压，距巷道表面距离 $r=7.36\text{m}$ 位置围岩最大主应力达到峰值 $\sigma_{max}=-14.68\text{MPa}$。钻孔卸压后，距巷道表面距离 $r=9.47\text{m}$ 位置围岩最大主应力达到峰值 $\sigma_{max}=-14.90\text{MPa}$，最大主应力峰值位置向后移动了 2.11m；在原峰值位置 $r=7.36\text{m}$ 处，最大主应力降低 2.64MPa，降低较为明显。

图 6-17 的计算结果比较表明：未实施钻孔卸压，巷道表面位移由拱基线表面 g 位置的表面位移 u 由 174.0mm 降低至帮部底部表面 G 位置的 113.0mm。实施钻孔卸压后，两卸压钻孔之间位置处位移变化明显，由 $u=150.0\text{mm}$ 降低至 $u=96.0\text{mm}$，位移减少了

61.0mm，第二个卸压钻孔以下位置位移变化不明显，位移由 153.0mm 降低至 149.0mm，位移减少量为 4.0mm。为施工方便，巷道开挖 t=2～3d 后即进行钻孔卸压。

6.2.3.2 工程应用效果实测

(1) 多点位移计布置

如图 6-18(a) 所示，巷道开挖后立即在巷道帮部进行钻孔卸压，并分别在巷道帮部两孔正中间布置多点位移计并编号，1 号、2 号多点位移计分别位于巷道直墙同一水平高度上，将各个锚爪埋设在巷道直墙围岩内，锚爪 A、B、C、D 距巷道直墙表面距离分别为 1.0m、8.0m、0.7m、4.0m，并在如图 6-18(b) 所示未采取钻孔卸压措施的巷道同位置布置 3 号、4 号多点位移计。实测距巷道直墙表面距离 0.0m、0.7m、1.0m、4.0m 处围岩不同部位的位移。

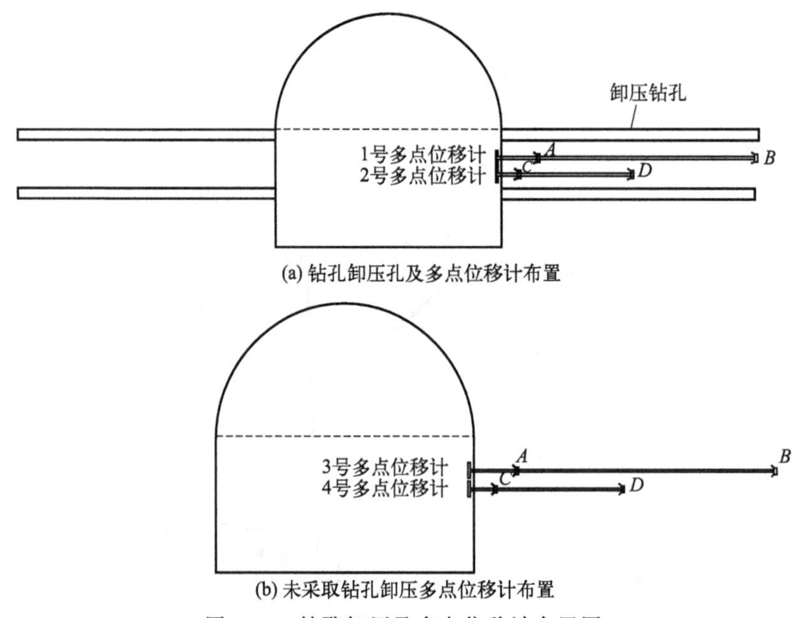

图 6-18 钻孔卸压及多点位移计布置图

(2) 数值模拟与工程实测结果对比

图 6-19 为未钻孔卸压前后数值模拟与工程实测结果对比，由图 6-19 可知当巷道未钻孔卸压时，距巷道直墙表面距离 r 分别为 0.0m、0.7m、1.0m、4.0m 的巷道围岩位移 u 数值模拟计算结果分别为 165.0mm、111.0mm、93.0mm、22.0mm；巷道围岩位移工程实测结果分别为 160.0mm、120.0mm、90.0mm、10.0mm。当巷道钻孔卸压时，距巷道直墙表面距离 r 分别为 0.0m、0.7m、1.0m、4.0m 的巷道围岩位移 u 数值模拟计算结果分别为 141.0mm、96.0mm、83.0mm、22.0mm；巷道围岩位移工程实测结果分别为 140.0mm、100.0mm、80.0mm、20.0mm。

实施钻孔卸压措施后，数值模拟与工程实测结果表明巷道围岩位移最大降低值 Δu_{max} 为 24.0mm、20.0mm，实测结果与模拟结果基本一致，钻孔卸压取得较好的结果。

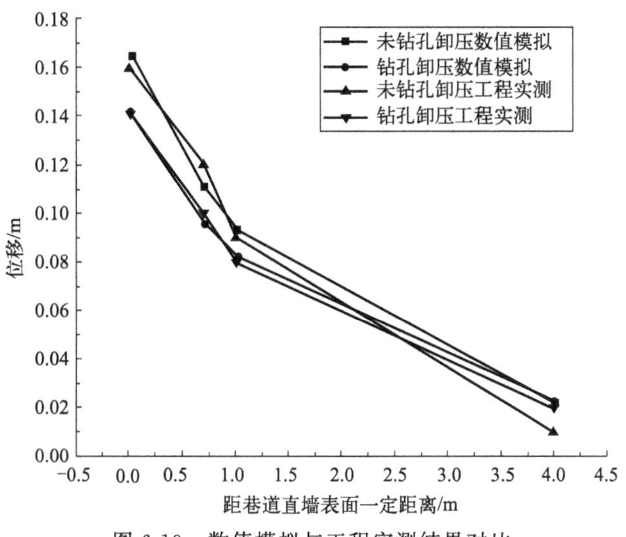

图 6-19 数值模拟与工程实测结果对比

6.2.4 底板合理挖槽卸压参数选择

选择两种不同的底板挖槽位置，一种为巷道中部开挖宽 $w=1.0$m，高 $h=0.4$m 的槽口，一种为巷道两边开挖宽 $w=0.5$m，高 $h=0.4$m 的槽口。两种不同施工方案卸压效果的数值模拟结果表明：巷道中部开挖宽 $w=1.0$m，高 $h=0.4$m 的槽口，可以使巷道底板表面位移由 278.0mm 减小至 249.0mm，巷道两帮开挖宽 $w=0.5$m、高 $h=0.4$m 的槽口，巷道底板表面位移由 278.0mm 减少至 255.0mm，巷道中部开挖槽口更有利于保持底板变形稳定，但相差不明显。为进一步分析槽口尺寸对卸压效果的影响，巷道中部布置槽口，改变槽口尺寸为宽度 $w=1.0$m、2.0m，数值模拟云图如图 6-20 所示，巷道表面位移 u 分别为 249.0mm、228.7mm，再继续增加槽口宽度，巷道表面位移减少不明显，合理的卸压槽布置应为巷道中部开挖宽 $w=2.0$m，深 $h=0.4$m 的槽口。

巷道挖槽宽度 $w=2.0$m，改变巷道开挖深度为 $h=0.75$m、1.0m，巷道底板中部表面位移 $u=179.0$mm、184.7mm，开挖深度 $h=0.40$m 增加至 $h=0.75$m，巷道底板表面位移减少 21.7%，开挖深度 $h=0.75$m 增加至 $h=1.0$m 时，巷道底板表面位移反而有所增加。合理的挖槽参数应为挖槽宽度 $w=2.0$m、挖槽深度 $h=0.75$m。尽管巷道底板中部挖槽更有利于底板卸压，但考虑到对巷道使用影响，在巷道两帮开挖卸压槽更有利于巷道正常使用，取巷道两帮各开挖槽宽度 $w=1.0$m、挖槽深度 $h=0.75$m 的卸压槽，为施工方便，一般巷道开挖 $t=2\sim3$d 后即开挖卸压槽。

6.2.5 围岩稳定性综合治理方案

巷道采用二次支护，帮部钻孔卸压及底板挖槽卸压后，应选择合理的围岩稳定性综合治理方案，如图 6-21 所示。其实施效果图见图 6-22，取得了较好效果。

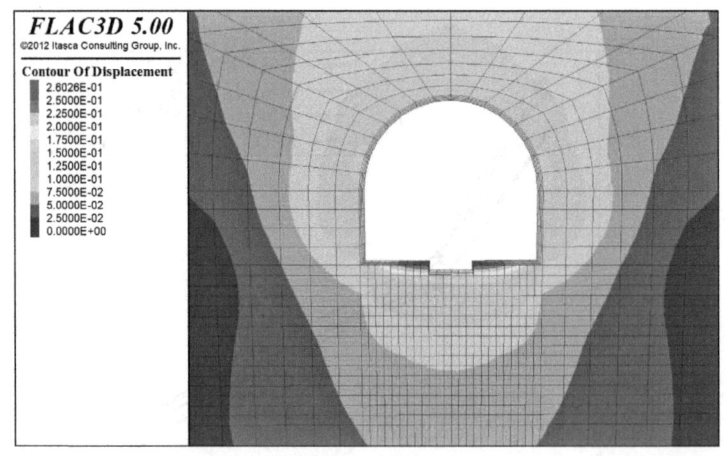

(a) w=1.0m、h=0.4m

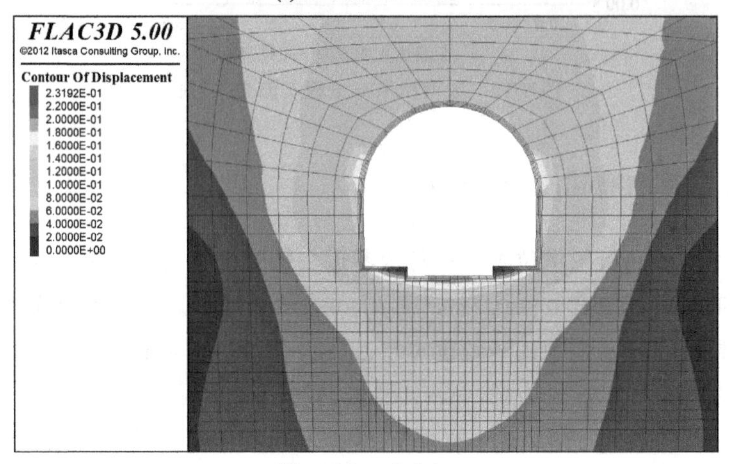

(b) w=2.0m、h=0.4m

图 6-20　巷道挖槽宽度不同的位移云图（扫前言二维码可见彩图）

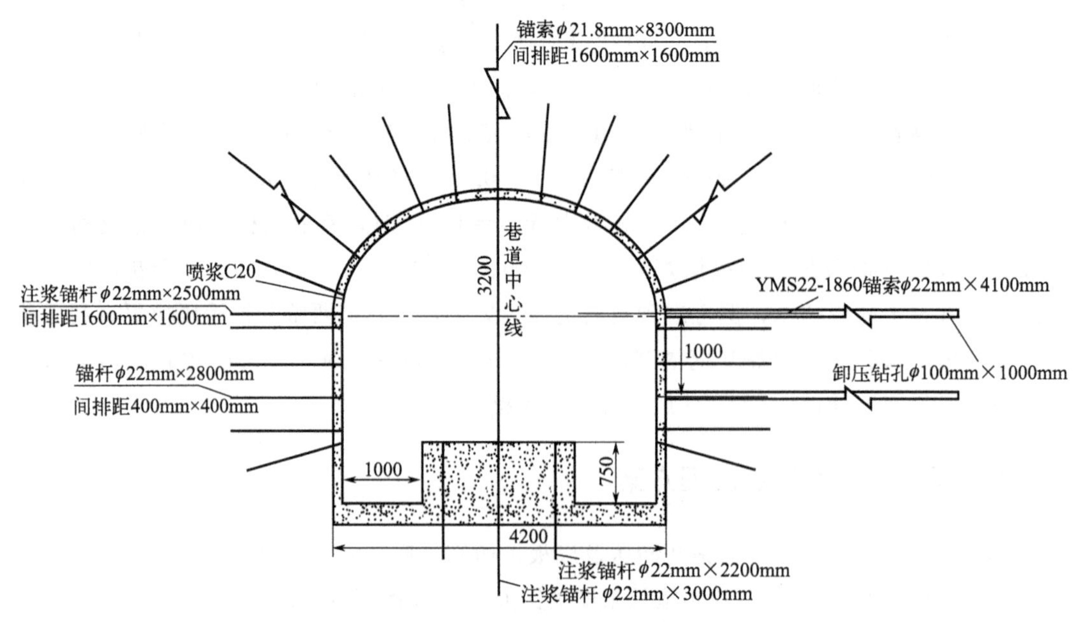

图 6-21　工程实例 2 的综合治理方案

(a) 施工现场(1)

(b) 施工现场(2)

图 6-22　综合治理方案实施效果图

6.3　本章小结

① 针对工程实例 1 的工程实际，典型巷道合理锚杆（索）支护参数应为：帮部锚杆间排距仍取为 $a \times b=400\mathrm{mm} \times 400\mathrm{mm}$，分两次支护，每次支护 $a \times b=800\mathrm{mm} \times 800\mathrm{mm}$ 间隔进行；改变巷道顶板锚杆间排距为 $a \times b=600\mathrm{mm} \times 400\mathrm{mm}$，锚杆长度 $L=2.5\mathrm{m}$，考虑到顶板离层稳定性，顶板靠近顶部三根锚索长度仍取为 $L=6.3\mathrm{m}$，锚索间排距仍取为 $a \times b=1600\mathrm{mm} \times 1600\mathrm{mm}$；考虑到拱基线位置松动圈厚度为 $R=3.50\mathrm{m}$，改变拱基线位置两根锚索长度为 $L=4.1\mathrm{m}$，相邻锚索间排距仍取为 $a \times b=1600\mathrm{mm} \times 1600\mathrm{mm}$，拱基线锚索作为二次支护，待巷道围岩开挖一次蠕变结束后进行，一般时间为 $t=20 \sim 25\mathrm{d}$；巷道底板中部布置三根长度为 $L=2.5\mathrm{m}$ 锚杆，间距为 $a \times b=800\mathrm{mm} \times 800\mathrm{mm}$，其中中间锚杆注浆。

② 针对工程实例 2 的工程实际，根据该巷道拱基线及帮部上部易于失稳、底板明显失稳的围岩变形特征，合理的二次支护参数、钻孔卸压布置及参数、挖槽布置及参数为：巷道顶板及帮部锚杆选择二次支护，一次支护及二次支护锚杆间排距分别为 $a \times b=800\mathrm{mm} \times 800\mathrm{mm}$；拱基线部位补打一根长度 $L=4.1\mathrm{m}$ 的 YMS22-1860 锚索二次支护；巷道底板中部布置三根长度 $L=2.2\mathrm{m}$、$3.0\mathrm{m}$、$2.2\mathrm{m}$，间距为 $a=0.7\mathrm{m}$ 的锚杆二次支护，并采用长度 $L=3.0\mathrm{m}$ 的中间锚杆进行注浆二次支护；合理的二次支护时间为巷道开挖后 $t=20 \sim 25\mathrm{d}$。巷道帮部拱基线位置及距离拱基线 $r=1.0\mathrm{m}$ 位置布置直径 $d=100.0\mathrm{mm}$、长度 $L=10.0\mathrm{m}$、间排距 $a \times b=1.0\mathrm{m} \times 1.0\mathrm{m}$ 的卸压钻孔两个，可有效地控制帮部上部围岩变形稳定；巷道两帮各开挖宽 $w=1.0\mathrm{m}$、高 $h=0.75\mathrm{m}$ 的卸压槽，可有效地控制底板变形；帮部卸压钻孔及底板卸压槽应在巷道开挖 $t=2 \sim 3\mathrm{d}$ 后及时实施。

第7章 结论

本书结合工程实例1及工程实例2，采用理论分析、数值模拟以及工程实测相结合的方法分析不同条件下巷道围岩典型部位的松动圈厚度、碎胀程度以及围岩稳定性，提出了依据多点位移计工程实测不同测点围岩位移估算围岩松动圈厚度及碎胀程度的方法，分析了原岩应力、围岩岩性及支护参数对松动圈厚度及碎胀程度影响，提出了深部巷道围岩稳定评价合理指标、围岩稳定性工程判据、围岩稳定性分类及相应的支护形式；针对安徽两淮矿区深井高应力区巷道围岩难以保持稳定的技术难题，结合工程实例2的工程实际，开展高地应力环境下围岩松动破碎变形特征、钻孔卸压、切槽卸压机制及矿压显现规律的研究，合理地确定了钻孔卸压、切槽卸压及二次支护参数。

本书的研究得出如下结论。

(1) 深部巷道围岩松动圈厚度及碎胀程度的工程监测方案

① 巷道围岩典型部位布置多点位移计，根据多点位移计实测巷道围岩不同测点的位移，依据公式 $u=k_0+k_1\mathrm{e}^{-k_2 r}$ 对实测数据进行回归分析，得出回归方程系数 k_0、k_1、k_2。

② 以位移梯度 $\lambda=\left|\frac{\mathrm{d}u}{\mathrm{d}r}\right|$ 表征巷道围岩各测点碎胀程度，得出典型部位碎胀特征，以位移梯度 $\lambda\leqslant 10\mathrm{mm/m}$ 范围作为松动圈厚度，通过回归方程系数 k_1、k_2，依据公式 $L=-\frac{1}{k_2}\ln\frac{10}{k_1 k_2}$ 估算松动圈厚度。

(2) 不同条件典型部位松动圈厚度及碎胀程度的分布特征

不同条件下巷道典型部位松动圈厚度及碎胀程度的分析结果表明：巷道典型部位围岩松动圈厚度及碎胀程度呈现明显非均匀分布，巷道顶板围岩松动圈厚度及碎胀程度不明显；巷道拱基线和巷道帮部围岩有明显松动圈范围和一定程度的碎胀，巷道底板围岩有一定松动圈厚度和明显碎胀。考虑预应力锚杆对围岩的加固作用，锚杆间排距及锚杆长度显著影响巷道围岩松动圈厚度、巷道围岩表面位移梯度及碎胀程度；不考虑预应力锚杆对围岩的加固作用，锚杆间排距及锚杆长度对巷道围岩典型部位松动圈厚度影响较小，对巷道拱基线及帮部表面位移梯度影响较大，对巷道拱基线及帮部表面位移有一定影响；由于预应力锚杆对围岩加固改变了围岩力学性能，使得围岩松动圈厚度及碎胀程度明显减小。原岩应力显著影响巷道各部位的松动圈厚度、表面位移梯度及表面位移，尤其是对巷道拱基线及帮部松动圈厚度、巷道底板表面位移梯度影响更为显著。

(3) 深部围岩稳定性评价指标及深部围岩稳定性工程判据

不同部位巷道围岩的松动圈厚度与围岩稳定性关联性分析结果表明：松动圈厚度作为围岩稳定性评价指标存在明显的局限性，不同原岩应力及支护参数与松动圈厚度与围岩稳定性的关联性分析结果表明：巷道表面位移作为围岩稳定性评价指标存在明显局限性，结合经典松动圈理论，以巷道表面位移梯度作为深部巷道围岩变形稳定性评价指标更趋于合理。深部巷道围岩变形稳定性可以通过围岩二次蠕变速度衰减系数作为工程判据并结合一次蠕变作用时间对深部巷道围岩稳定性判别，当二次蠕变衰减系数 $B_2 \leqslant 0.04$ 时，围岩变形有失稳趋势。当巷道开挖时间 $t_0 > 30$d 仍未呈现二次蠕变时，围岩将一次蠕变而呈现稳定；围岩一次蠕变作用时间越短，围岩越易失稳。

(4) 深部围岩稳定性分类及合理支护选择

以深部软岩巷道围岩二次蠕变系数 B_2 及一次蠕变作用时间为指标，将巷道围岩稳定性分为五类：极稳定状态、稳定状态、基本稳定状态、不稳定状态以及极不稳定状态，极稳定状态围岩仅产生一次蠕变而未有二次蠕变产生、稳定状态围岩产生二次蠕变但二次蠕变衰减系数 $B_2 \geqslant 0.05$，基本稳定状态围岩二次蠕变衰减系数 $B_2 = 0.04 \sim 0.05$，不稳定状态围岩二次蠕变衰减系数 $B_2 < 0.04$，极不稳定状态巷道开挖后仅在 5～10d 内围岩变形即进入加速变形阶段。极稳定巷道应降低现有巷道支护强度，基本稳定巷道围岩应进行二次支护局部加强支护强度，不稳定巷道围岩应进行及时二次支护加强支护强度，极不稳定巷道围岩应重新进行支护设计。二次支护及调整支护参数形式选择主要依据松动圈厚度及围岩表面碎胀程度进行确定。对于松动圈厚度 $R > 2.5$m 的部位，二次支护布置预应力锚索，锚索长度应取 $L = R + (0.5 \sim 1.0\text{m})$，对于松动圈厚度 $R < 2.5$m 部位，布置预应力锚杆，锚杆长度根据松动圈厚度 R 而定，一般应取 $L = R + (0.3 \sim 0.5\text{m})$，通过调整预应力锚杆间排距改变围岩碎胀程度在允许范围内，巷道顶板与帮部围岩表面碎胀程度控制在 $\lambda = 30 \sim 40$mm/m，巷道底板表面碎胀程度控制在 $\lambda = 50 \sim 70$mm/m。

(5) 高地应力环境下围岩松动破碎变形特征

① 围岩岩性为泥岩，原岩应力由 $P = 8.0$MPa 增加至 160MPa，巷道帮部中部围岩松动圈厚度与巷道底板中部松动圈厚度比值 n_R 由 1.38 增加至 1.90，巷道帮部松动圈厚度大于底板松动圈厚度，随原岩应力增加，帮部松动圈厚度增加更为显著；巷道底板 cC 方向围岩表面碎胀程度与巷道帮部 bB 方向围岩表面碎胀程度比值 n_λ 由 1.63 增加至 2.30，巷道底板围岩表面碎胀程度比巷道帮部围岩表面碎胀程度显著且增长明显。

② 原岩应力 $P = 16.0$MPa，不同岩性巷道底板中部与距巷道底板中部距离 $r = 1.6$m 处围岩表面位移比值与围岩表面位移梯度比值为：泥岩围岩表面位移比值 n_u 为 1.45，围岩表面位移梯度比值 n_λ 为 1.36；砂质泥岩围岩表面位移比值 n_u 为 1.41，表面位移梯度比值 n_λ 为 1.81；泥质砂岩围岩表面位移比值 n_u 为 1.47，表面位移梯度比值 n_λ 为 1.99。巷道底板中部围岩表面位移以及巷道表面碎胀程度明显，巷道表面碎胀程度尤为显著。

③ 原岩应力 $P = 16.0$MPa，围岩岩性为泥岩时，锚杆长度 L 为 2.0m、2.4m、2.6m、2.8m，巷道帮部中间部位松动圈厚度 R 分别为 9.11m、8.92m、8.76m、8.56m，

巷道底板松动圈厚度 R 分别为 4.15m、4.05m、3.93m、3.93m；巷道帮部中间部位围岩表面位移 u 分别为 427.3mm、420.1mm、406.7mm、379.2mm，巷道底板中间部位围岩表面变形 u 分别为 614.8mm、596.2mm、590.7mm、585.5mm。锚杆间排距由 $a \times b =$ 600mm×800mm 改变为 $a \times b =$ 500mm×500mm，巷道帮部中间部位松动圈厚度 R 由 8.56m 改变为 8.47m，表面位移 u 由 406.7mm 改变为 321.3mm；巷道底板中间部位松动圈厚度 R 由 4.15m 改变为 4.10m，表面位移 u 由 598.0mm 改变为 570.7mm。锚杆长度及锚杆间排距对围岩松动圈厚度影响不明显，对巷道帮部围岩表面位移影响显著。针对三水平水仓工程实际，合理的锚杆长度为 $L=2.8$m，锚杆间排距 $a \times b =$ 500mm×500mm。

(6) 高地应力环境下巷道围岩钻孔卸压机制

① 巷道开挖后直墙半圆拱帮部上部距离巷道直墙表面大约 $r=7.36$m 出现应力峰值，应力峰值分别为 $\sigma_{max} = -11.35 \sim -11.27$MPa。巷道开挖后尽快钻孔卸压有利于应力及时得到调整，考虑到工程实际施工，巷道开挖 2～3d 后即进行钻孔卸压，合理的钻孔卸压位置应选择在直墙帮部中上部位。

② 围岩岩性为泥岩时，钻孔卸压合理参数钻孔直径 $d=100$mm、钻孔长度 $L=15$m、间排距 $a \times b =$ 1m×1m。与不开卸压孔相比最大主应力峰值下降至 $\sigma = -12.60$MPa，距巷道直墙表面距离进一步向深部推移 3.95m，围岩最大主应力峰值向深部明显转移，有效地控制了巷道围岩松动破碎变形。

③ 围岩岩性为砂质泥岩时，钻孔卸压合理参数钻孔直径 $d=100$mm、钻孔长度 $L=$ 10m、间排距 $a \times b =$ 1m×1m。与不开卸压孔相比最大主应力峰值下降至 $\sigma = -11.23$MPa，距巷道直墙表面距离进一步向深部推移 4.21m，围岩最大主应力峰值向深部明显转移，有效地控制了巷道围岩松动破碎变形。

④ 围岩岩性为泥质砂岩时，钻孔卸压直径宜选择 $d=150$mm、钻孔长度宜 $L=8$m、间排距 $a \times b =$ 1m×1m。与不开卸压孔相比最大主应力峰值下降至 $\sigma_{max} = -11.17$MPa，距巷道直墙表面距离进一步向深部推移 3.15m，围岩最大主应力峰值向深部明显转移，有效地控制巷道围岩松动破碎变形。

(7) 典型巷道合理支护及综合治理方案选择

① 针对工程实例 1 的工程实际，典型巷道的合理锚杆（索）支护参数应为：帮部锚杆间排距仍取为 $a \times b =$ 400mm×400mm，分两次支护，每次支护 $a \times b =$ 800mm×800mm 间隔进行；改变巷道顶板锚杆间排距为 $a \times b =$ 600mm×400mm，锚杆长度 $L=$ 2.5m，考虑到顶板离层稳定性，顶板靠近顶部三根锚索长度仍取为 $L=6.3$m，锚索间排距仍取为 $a \times b =$ 1600mm×1600mm；考虑到拱基线位置松动圈厚度为 $R=3.50$m，改变拱基线位置两根锚索长度为 $L=4.1$m，相邻锚索间排距仍取为 $a \times b =$ 1600mm×1600mm，拱基线锚索作为二次支护，待巷道围岩开挖一次蠕变结束后进行，一般时间为 $t=20 \sim 25$d；巷道底板中部布置三根长度为 $L=2.5$m 锚杆，间距为 $a \times b =$ 800mm×800mm，其中中间锚杆注浆。

② 针对工程实例 2 的工程实际，典型巷道拱基线及帮部上部、巷道底板中部围岩变

形有失稳趋势，宜选择以下合理卸压钻孔参数及切槽参数、二次支护参数，保持围岩变形稳定。合理卸压钻孔及切槽参数选择：合理的钻孔卸压布置及参数、卸压槽布置及参数为：巷道帮部拱基线位置及距离拱基线 1.0m 位置布置直径 $d=100.0$mm、长度 $L=10.0$m、间排距 $a\times b=1.0$m$\times$1.0m 的卸压钻孔两个，巷道底板两侧各开挖宽 $w=1.0$m、高 $h=0.75$m 的卸压槽。卸压钻孔及卸压槽应在巷道开挖 $t=2\sim3$d 后及时实施。合理二次支护参数选择：巷道原有顶板锚索及注浆锚杆布置的基础上，巷道顶板及帮部布置长度 $L=2.8$m 的锚杆二次支护，一次支护和二次支护锚杆间排距分别为 $a\times b=800$mm$\times$800mm；拱基线部位增加一根长度 $L=4.1$m 的 YMS22-1860 锚索二次支护；围岩一次蠕变结束后立即进行二次支护，二次支护时间 $t=20\sim25$d。巷道底板中部布置三根长度 2.2m、3.0m、2.2m，间距为 $a=0.7$m 的锚杆二次支护，并采用长度 $L=3.0$m 的中间锚杆进行注浆二次支护；合理的二次支护时间为巷道开挖后 $t=20\sim25$d。

参考文献

[1] 国家统计局．中华人民共和国2022年国民经济和社会发展统计公报［J］．中国统计，2023（3）：12-29.

[2] 刘峰，郭林峰，赵路正．双碳背景下煤炭安全区间与绿色低碳技术路径［J］．煤炭学报，2022，47（1）：1-15.

[3] 谢和平，任世华，谢亚辰，等．碳中和目标下煤炭行业发展机遇［J］．煤炭学报，2021，46（7）：2197-2211.

[4] 谢和平，吴立新，郑德志．2025年中国能源消费及煤炭需求预测［J］．煤炭学报，2019，44（7）：1949-1960.

[5] 郭志伟．我国煤矿深部开采现状与技术难题［J］．煤，2017，26（12）：58-59+65.

[6] 康红普．我国煤矿巷道围岩控制技术发展70年及展望［J］．岩石力学与工程学报，2021，40（1）：1-30.

[7] 单仁亮，彭杨皓，孔祥松，等．国内外煤巷支护技术研究进展［J］．岩石力学与工程学报，2019，38（12）：2377-2403.

[8] 冯瑞广．复杂地应力场中深部巷道围岩稳定性分析［D］．邯郸：河北工程大学，2023.

[9] 陈晓宁．干河煤矿半煤岩巷大排距锚网索支护技术研究［J］．江西煤炭科技，2023（1）：67-70.

[10] 王爱辉．矩形巷道围岩受力与变形破坏特性试验研究［D］．西安：西安科技大学，2014.

[11] 沈明荣，陈建峰．岩体力学［M］．上海：同济大学出版社，2006.

[12] 范文，俞茂宏，陈立伟，等．考虑剪胀及软化的洞室围岩弹塑性分析的统一解［J］．岩石力学与工程学报，2004（19）：3213-3220.

[13] 侯朝炯，马念杰．煤层巷道两帮煤体应力和极限平衡区的探讨［J］．煤炭学报，1989（4）：21-29.

[14] 郑桂荣，杨万斌．煤巷煤体破裂区厚度的一种计算方法［J］．煤炭学报，2003（1）：37-40.

[15] 闫春岭．深埋巷道围岩塑性圈理论分析与研究［J］．煤炭科技，2012（3）：8-10.

[16] 陈建功，贺虎，张永兴．巷道围岩松动圈形成机理的动静力学解析［J］．岩土工程学报，2011，33（12）：1964-1968.

[17] 王成，汪良海，张念超．高应力软岩巷道围岩流变动态演化研究［J］．采矿与安全工程学报，2013，30（1）：14-18+127.

[18] 万志军，周楚良，马文顶，等．巷道/隧道围岩非线性流变数学力学模型及其初步应用［J］．岩石力学与工程学报，2005，24（5）：761-767.

[19] 郭广军，刘明君，徐咏彬，等．山东焦家金矿床工程岩体稳定性分类研究［J］．黄金科学技术，2012，20（4）：71-75.

[20] 齐彪，韩立军，陈轲，等．白象山铁矿巷道围岩稳定性分类及支护对策研究［J］．金属矿山，2014（6）：31-36.

[21] 杨仁树，王茂源，马鑫民，等．煤巷围岩稳定性分类研究［J］．煤炭科学技术，2015，43（10）：40-45+92.

[22] 袁颖，王晨晖，周爱红．巷道围岩稳定性分类的GSM-SVM预测模型［J］．煤矿安全，2017，48（6）：200-203.

[23] 丁增，张奇明，王恩元，等．深部围岩蠕变特性对巷道稳定性影响数值模拟［J］．地下空间与工程学报，2021，17（S1）：404-410+432.

[24] 燕发源，王恩志，刘晓丽，等．深部围岩相变理论与分区破裂化现场实测对比研究［J］．煤炭学报，2023（8）：1-9.

[25] 陈昊祥，王明洋，燕发源，等．深部巷道围岩塑性区演化的理论模型与实测对比研究［J］．岩土工程学报，2022，44（10）：1855-1863.

［26］ 高祥，杨科．考虑梯度应力的深部围岩板裂化模拟初步试验研究［J］．岩石力学与工程学报，2022，41（9）：1858-1873.

［27］ 陈绍杰，赵增辉，冯帆，等．双模量-强度跌落耦合特征下深部围岩应力场演化（英文）［J］．Journal of Central South University，2022，29（2）：680-692.

［28］ 段昌瑞，郑群，薛俊华，等．不同工况下深部围岩分区破坏非连续变形试验研究［J］．采矿与岩层控制工程学报，2021，3（4）：76-84.

［29］ 戚伟，付建新，李腾．考虑节理劣化效应的深部围岩应力演化规律及敏感性分析［J］．采矿与安全工程学报，2020，37（2）：327-337.

［30］ 马时强．大变形隧道洞周位移与深部围岩位移的关系及应用研究［J］．现代隧道技术，2017，54（6）：85-92＋102.

［31］ 姜育科，梅宇，陈旭光．深部围岩分区破裂的形态及其敏感性因素研究［J］．能源与环保，2017，（1）：54-59＋64.

［32］ 岳海，苏永华，方砚兵．深部围岩非规则破裂化的温度效应分析［J］．水文地质工程地质，2017，44（1）：48-56.

［33］ 王正义，窦林名，王桂峰，等．锚固巷道围岩结构动态响应规律研究［J］．中国矿业大学学报，2016，45（6）：1132-1140.

［34］ 谢和平，高峰，鞠杨，等．深部开采的定量界定与分析［J］．煤炭学报，2015，40（1）：1-10.

［35］ 来兴平，索振永，蒋新军，等．屯宝煤矿综放巷道深部围岩动态变形与失稳监测［J］．煤炭工程，2014，46（12）：75-77.

［36］ 袁亮，顾金才，薛俊华，等．深部围岩分区破裂化模型试验研究［J］．煤炭学报，2014，39（6）：987-993.

［37］ 李文培，王明洋，范鹏贤，等．深部围岩变形与破坏模型及数值方法研究［J］．岩石力学与工程学报，2011，30（6）：1250-1257.

［38］ 高金忠，肖福坤．深部围岩稳定性影响因素研究［J］．煤炭技术，2010，29（3）：79-81.

［39］ 谢广祥，常聚才，张永将．谢一矿深部软岩巷道位移破坏特征研究［J］．煤炭科学技术，2009，37（12）：5-8＋31.

［40］ 陈坤福．深部巷道围岩破裂演化过程及其控制机理研究与应用［D］．徐州：中国矿业大学，2010.

［41］ 张虎，弓培林，史明将，等．不同底板岩性条件下煤柱宽度对巷道底鼓影响［J］．煤炭技术，2023，42（5）：46-50.

［42］ 韩孟博．不同顶板岩性的巷道支护参数设计研究［J］．能源与环保，2019，41（10）：166-169.

［43］ 杨付领，陈昕昕，梁华杰．深部软岩巷道不同岩性段变形特征及影响因素分析［J］．煤炭技术，2017，36（11）：15-18.

［44］ 刘杭杭，金燕燕．不同岩性围岩变形随巷道埋深变化分析［J］．安徽建筑工业学院学报（自然科学版），2013，21（1）：74-76.

［45］ 张波．巷道埋深对大断面巷道围岩变形及应力分布规律影响［J］．能源与环保，2020，42（3）：144-147.

［46］ 孟庆彬，韩立军，乔卫国，等．深部高应力软岩巷道围岩流变数值模拟研究［J］．采矿与安全工程学报，2012，29（6）：762-769.

［47］ 吴德义，程桦．软岩允许变形合理值现场估算［J］．岩土工程学报，2008（7）：1029-1032.

［48］ Paterson. Experimental rock deformation-the brittle field［M］. Berlin：Springer，1978.

［49］ 郑颖人，邱陈瑜．普氏压力拱理论的局限性［J］．现代隧道技术，2016，53（2）：1-8.

［50］ 董方庭．最大水平应力支护的理论和应用问题［J］．锚杆支护，2000，4（3）：1-5.

［51］ 康红普，姜鹏飞，冯彦军，等．煤矿巷道围岩卸压技术及应用［J］．煤炭科学技术，2022，50（6）：1-15.

［52］ 杨军，石海洋．亭南煤矿深部软岩巷道底鼓“四控”机理及应用［J］．采矿与安全工程学报，2015，32（2）：247-252.

[53] 张站群．大直径煤仓围岩卸荷蠕变特性与支护控制技术研究［D］．徐州：中国矿业大学，2022.
[54] 肖宇，王卫军，袁超，等．巷道支护中锚固段位置对深部围岩塑性区的影响［J］．矿业工程研究，2020，35（1)：1-6.
[55] 任明洋．深部隧洞施工开挖围岩——支护体系协同承载作用机理研究［D］．济南：山东大学，2021.
[56] 李冬红．矿井深部围岩破碎巷道加固技术研究及应用［J］．煤炭与化工，2016，39（5)：89-90+94.
[57] 赵博．深部围岩巷道支护技术的应用研究［J］．山西焦煤科技，2017，41（5)：35-38.
[58] 刘泉声，康永水，白运强．顾桥煤矿深井岩巷破碎软弱围岩支护方法探索［J］．岩土力学，2011，32（10)：3097-3104.
[59] 肖旺，苏永华，方砚兵．考虑锚杆支护的深部围岩分层破裂数值模拟［J］．水文地质工程地质，2016，43（1)：64-71.
[60] 王珏．陈四楼矿深部围岩力学特性测试研究［J］．煤炭技术，2020，39（4)：44-47.
[61] 文志杰，卢建宇，肖庆华，等．软岩回采巷道底臌破坏机制与支护技术［J］．煤炭学报，2019，44（7)：1991-1999.
[62] 王炯，郝育喜，郭志飚，等．亭南煤矿东翼轨道大巷底鼓力学机制及控制技术［J］．采矿与安全工程学报，2015，32（2)：291-297.
[63] 高晓君．深部煤巷围岩裂化破坏特征及控制技术研究［D］．徐州：中国矿业大学，2019.
[64] 余伟健，王卫军，张农，等．深井煤巷厚层复合顶板整体变形机制及控制［J］．中国矿业大学学报，2012，41（5)：725-732.
[65] 侯朝炯．深部巷道围岩控制的关键技术研究［J］．中国矿业大学学报，2017，46（5)：970-978.
[66] 何满潮，张国锋，王桂莲等．深部煤巷底臌控制机制及应用研究［J］．岩石力学与工程学报，2009，28（S1)：2593-2598.
[67] 华心祝，李志华，李迎富，等．深井大断面沿空留巷分阶段底鼓特征分析［J］．煤炭科学技术，2016，44（9)：26-30.
[68] 杨仁树，李永亮，郭东明，等．深部高应力软岩巷道变形破坏原因及支护技术［J］．采矿与安全工程学报，2017，34（6)：1035-1041.
[69] 江成玉，刘勇，韩连昌，等．深部高应力软岩巷道变形特征及支护技术研究［J］．煤炭工程，2021，53（1)：47-51.
[70] 孙晓明，苗沛阳，申付新，等．不同应力状态下深井水平层状软岩巷道底鼓机理研究［J］．采矿与安全工程学报，2018，35（6)：1099-1106.
[71] 王志强，王鹏，吕文玉，等．沿空巷道非对称底鼓机理及防控研究［J］．采矿与安全工程学报，2021，38（2)：215-226.
[72] 翟新献，秦龙头，陈成宇，等．深部机头硐室锚注和底板卸压联合支护技术研究［J］．地下空间与工程学报，2017，13（5)：1363-1372.
[73] 张军华，吴蒸，张恩强，等．红石岩煤矿工作面回风巷破坏机理及防治技术［J］．煤炭科学技术，2018，46（2)：150-155.
[74] 程志超，高明仕，权修才．高水平应力下巷道底板切槽底鼓防治研究［J］．煤矿安全，2016，47（3)：52-55.
[75] 孙利辉，杨本生，孙春东，等．深部软岩巷道底鼓机理与治理试验研究［J］．采矿与安全工程学报，2017，34（2)：235-242.
[76] 沐兴旺，唐琳，孙承超，等．高应力环境软岩巷道底鼓破坏机理及控制对策研究［J］．采矿技术，2022，22（3)：120-123.
[77] 柏建彪，李文峰，王襄禹，等．采动巷道底鼓机理与控制技术［J］．采矿与安全工程学报，2011，28（1)：1-5.
[78] 谢广祥，常聚才．超挖锚注回填控制深部巷道底臌研究［J］．煤炭学报，2010，35（08)：1242-1246.

[79] 刘泉声，刘学伟，黄兴，等．深井软岩破碎巷道底臌原因及处置技术研究 [J]．煤炭学报，2013，38 (4)：566-571.

[80] 江军生，曹平．深部高应力下层状岩体巷道底鼓机理及控制技术 [J]．中南大学学报（自然科学版)，2015，46 (11)：4218-4224.

[81] 王虎强．松软巷道底鼓治理技术应用 [J]．山西冶金，2023，46 (07)：229-230＋233.

[82] 王港盛，杨鹏飞．深部高应力巷道非对称底鼓成因分析及防治技术研究 [J]．煤炭技术，2023，42 (1)：25-29.

[83] 杨鹏彬，张瑾，段凯，等．双煤层同采下煤层回采巷道底板切槽卸压数值模拟研究 [J]．山西煤炭，2022，42 (4)：48-57.

[84] 董崇泽，翟志伟．近距离煤层回采扰动下巷道分区段底鼓控制方法研究 [J]．矿业研究与开发，2022，42 (9)：84-91.

[85] 杨冉，郝兵元，刘世涛，等．多因素权重下底鼓巷道切槽深度分级研究 [J]．煤炭技术，2022，41 (7)：15-19.

[86] 高一朝．告成煤矿深部巷道底板开槽卸压机理数值模拟研究 [D]．焦作：河南理工大学，2023.

[87] 程志超，高明仕，权修才．高水平应力下巷道底板切槽底鼓防治研究 [J]．煤矿安全，2016，47 (3)：52-55.

[88] 杨阳．注浆锚固体强度强化特征及应用研究 [D]．焦作：河南理工大学，2012.

[89] 王睿，梁艳，寇君淑．茶镇隧道围岩松动圈范围测量与研究 [J]．西安工业大学学报，2014，34 (10)：815-818.

[90] 宋宏伟，杜晓丽．岩土空洞周围的压力拱及其特性 [M]．北京：煤炭工业出版社，2012.

[91] 史兴国．巷道围岩松动圈理论的发展 [J]．河北煤炭，1995，(04)：5.

[92] 董方庭，宋宏伟，郭志会，等．巷道围岩松动圈支护理论 [J]．煤炭学报，1994 (1)：21-32.

[93] 中华人民共和国住房和城乡建设部，中华人民共和国质量检验监督检疫总局．工程岩体试验方法标准：GB 50266—2013 [S]．北京：中国计划出版社，2013.

[94] Arora K，Gutierrez M. Viscous-elastic-plastic response of tunnels in squeezing ground conditions：Analytical modeling and experimental validation [J]. International Journal of Rock Mechanics and Mining Sciences，2021，146：104888.

[95] 王一立，范留军．传统悬吊、组合拱理论与松动圈理论联系差异探究 [J]．科技视界，2015，(24)：136-137.

[96] 李常文，周景林，韩洪德．组合拱支护理论在软岩巷道锚喷设计中应用 [J]．辽宁工程技术大学学报，2004，23 (5)：594-596.

[97] 潘睿．锚杆组合拱理论在煤巷中的应用 [J]．矿山压力与顶板管理，2002，(2)：57-58.

[98] 丁亮．隧道围岩分类方法综述 [J]．广东交通职业技术学院学报．2005，4 (4)：73-75.

[99] 关宝树．围岩分类的数量化研究 [M]．北京：人民铁道出版社，1978.

[100] 路石．围岩分类——隧道设计的助手 [J]．铁道建筑．1989，(02)：38.

[101] 李惠春．隧道的围岩分类：下 [J]．铁道建筑．1981，(5)：5.

[102] 白国良，梁冰．巷道岩体能量破坏机理探讨 [J]．矿山压力与顶板管理，2004，(01)：86-88＋118.

[103] 王岩宁．深部巷道围岩应变软化机理与稳定性控制研究 [D]．徐州：中国矿业大学，2018.

[104] 赵景礼．厚煤层错层位巷道布置采全厚采煤法的研究 [J]．煤炭学报，2004，(02)：142-145.

[105] 吴玉意，朱磊，徐凯，等．基于结构力学的沿空留巷顶板变形控制原理研究与应用 [J]．煤炭技术，2022，41 (12)：101-106.

[106] 刘超，赵国贞，王帅．近距离煤层下位煤层巷道内外错布置及应力分布规律研究 [J]．矿业研究与开发，2022，42 (12)：63-69.

[107] 王国龙，常云博，林陆，等．三软煤层巷道布置优化与联合支护技术研究 [J]．煤炭工程，2022，54 (02)：55-61.

[108] 高一朝．深部巷道底板开槽卸压数值模拟分析［J］．洛阳理工学院学报（自然科学版），2021，31（03）：39-43.

[109] 左建平，史月，刘德军，等．深部软岩巷道开槽卸压等效椭圆模型及模拟分析［J］．中国矿业大学学报，2019，48（01）：1-11.

[110] 娄嵩．高应力软岩巷道围岩开槽卸压及参数优化［D］．淮南：安徽理工大学，2017.

[111] 何江，曹立厅，吴江湖，等．冲击危险巷道底板开槽卸压参数研究［J］．采矿与安全工程学报，2021，38（05）：963-971.

[112] 李俊平，肖清，叶浩然．滑镁岩巷道破坏原因及治理对策分析［J］．安全与环境学报，2020，20（06）：2196-2202.

[113] 卢全体．高应力软岩煤巷钻孔卸压支护技术研究［D］．徐州：中国矿业大学，2015.

[114] 袁红辉，季相栋，杜泽文，等．深部巷道钻孔卸压围岩力学性能研究［J］．煤炭技术，2022，41（03）：39-43.

[115] 张兆民．大直径钻孔卸压机理及其合理参数研究［D］．青岛：山东科技大学，2011.

[116] 刘志刚，曹安业，井广成．煤体卸压爆破参数正交试验优化设计研究［J］．采矿与安全工程学报，2018，35（05）：931-939.

[117] 王红星．深部硬岩巷道侧帮钻孔爆破卸压数值模拟研究［D］．西安：西安建筑科技大学，2016.

[118] 徐翔．爆破卸压在冲击地压防治中的应用研究［D］．阜新：辽宁工程技术大学，2014.

[119] 郭辉，芦盛亮，李振波，等．岩巷综掘的超前深孔预裂松动爆破技术研究［J］．矿业研究与开发，2019，39（01）：14-18.

[120] 任占营，丁小华，肖双双．露天矿松动爆破设计系统的开发与应用［J］．中国煤炭，2015，41（11）：48-51.

[121] 苏海，赵玉成，刘家成，王明，张学薇．卸压巷道位置和尺寸对下部巷道底鼓影响规律研究［J］．煤炭技术，2015，34（02）：53-55.

[122] 刘斌，侯大德，孙国权．高地应力巷道卸压控制技术 ABAQUS 模拟［J］．金属矿山，2015（11）：45-50.

[123] 赵强，宋岳．深部开采卸压巷道合理位置研究［J］．能源与环保，2018，40（05）：185-189.

[124] 孙广义．利用卸压巷道技术控制深井回采巷道变形破坏［J］．黑龙江科技学院学报，2012，22（03）：211-214＋201.

[125] 张星宇．高应力巷道聚能切缝卸压技术与原理［D］．北京：中国矿业大学（北京），2021.

[126] 林家旭．11502W 工作面切顶成巷爆破切缝技术参数优化研究［D］．淮南：安徽理工大学，2021.

[127] 齐庆新，雷毅，李宏艳，等．深孔断顶爆破防治冲击地压的理论与实践［J］．岩石力学与工程学报，2007（S1）：3522-3527.

[128] 康红普，冯彦军．煤矿井下水力压裂技术及在围岩控制中的应用［J］．煤炭科学技术，2017，45（01）：1-9.

[129] 闫少宏，宁宇，康立军，等．用水力压裂处理坚硬顶板的机理及实验研究［J］．煤炭学报，2000（01）：34-37.

[130] 张涵锐．综采工作面预掘回撤通道水力压裂卸压控制研究［D］．徐州：中国矿业大学．

[131] 程利兴．千米深井巷道围岩水力压裂应力转移机理研究及应用［D］．北京：中国矿业大学（北京），2021.

[132] 林健，王洋，石垚，王志超．水力压裂纵向切槽钻头的研制与试验［J］．能源与环保，2022，44（12）：1-6＋12.

[133] 孔德森，门燕青，孟庆辉，等．深部大变形巷道锚注加固数值模拟分析［J］．煤，2010，19（03）：1-4＋19.

[134] 康红普，伊丙鼎，高富强，等．中国煤矿井下地应力数据库及地应力分布规律［J］．煤炭学报，2019，44（01）：23-33.

[135] 徐晓鼎．曹家滩矿井特厚煤层沿空巷道强矿压显现机制及卸压控制研究［D］．长春：吉林大学，2022.